高等院校信息技术规划教材

MySQL数据库技术与实验指导

钱雪忠 王燕玲 张平 编著

清华大学出版社

北 京

内容简介

本书是作者在长期从事数据库课程教学和科研的基础上，为满足“数据库原理及应用”课程的教学需要而编写的实验指导书。

全书由数据库与MySQL简介、14个实验和4个附录组成。实验内容全面并与“数据库原理及应用”类课程的内容基本对应。实验内容主要包括数据库系统基础操作，MySQL数据库基础操作，表、ER图、索引与视图的基础操作，SQL语言——Select查询操作，SQL语言——数据更新操作，嵌入式SQL应用，数据库存储和优化，存储过程的基本操作，触发器的基本操作，数据库安全性，数据库完整性，数据库并发控制，数据库备份与恢复，数据库应用系统设计与开发。

本书实验内容循序渐进、深入浅出，可作为本科、专科及相关专业“数据库原理及应用”课程的配套实验教材，同时也可以供参加自学考试人员、数据库应用系统开发设计人员参考。

本书封面贴有清华大学出版社防伪标签，无标签者不得销售。
版权所有，侵权必究。举报：010-62782989，beiqinquan@tup.tsinghua.edu.cn。

图书在版编目(CIP)数据

MySQL数据库技术与实验指导/钱雪忠等编著. —北京：清华大学出版社，2012.6（2021.8重印）
（高等院校信息技术规划教材）
ISBN 978-7-302-28010-1

Ⅰ. ①M… Ⅱ. ①钱… Ⅲ. ①关系数据库—数据库管理系统，MySQL—高等学校—教材
Ⅳ. ①TP311.138

中国版本图书馆CIP数据核字(2012)第019823号

责任编辑：袁勤勇 顾 冰
封面设计：傅瑞学
责任校对：李建庄
责任印制：丛怀宇

出版发行：清华大学出版社
网 址：http://www.tup.com.cn，http://www.wqbook.com
地 址：北京清华大学学研大厦A座 **邮 编：**100084
社 总 机：010-62770175 **邮 购：**010-62786544
投稿与读者服务：010-62776969，c-service@tup.tsinghua.edu.cn
质 量 反 馈：010-62772015，zhiliang@tup.tsinghua.edu.cn
印 装 者：三河市龙大印装有限公司
经 销：全国新华书店
开 本：185mm×260mm **印 张：**17.75 **字 数：**445千字
版 次：2012年6月第1版 **印 次：**2021年8月第13次印刷
定 价：39.80元

产品编号：042054-02

前言 Foreword

数据库技术是计算机科学技术中发展最快的领域之一，也是应用范围最广、实用性很强的技术之一，它已成为信息社会的核心技术和重要基础。“数据库原理及应用”是计算机科学与技术专业学生的专业必修课程，其主要目的是使学生在较好掌握数据库系统原理的基础上，熟练掌握较新主流数据库管理系统（如 Oracle、SQL Server 或 MySQL）的应用技术，并利用常用的数据库应用系统开发工具（如 Java、.NET 平台、VB、Delphi、PB、C、VC++ 等）进行数据库应用系统的设计与开发。

在 Internet 高速发展的信息化时代，信息资源的经济价值和社会价值越来越明显，建设以数据库为核心的各类信息系统对提高企业的竞争力与效益、改善部门的管理能力与管理水平均具有实实在在的重要意义。本实验指导书能合理安排课程实验，引导读者逐步掌握数据库应用的各种技术，为数据库应用系统设计与开发打好基础。

目前在高校教学中介绍数据库原理与技术一类的教材比较多，但与之相适应的实验指导书较少，本书是作者在长期从事数据库课程教学和科研的基础上，为满足“数据库原理及应用”课程的教学需要，配合选用《数据库原理及技术》（钱雪忠等编著，清华大学出版社）教材而编写的系列实验指导书之一。由于本实验内容全面，并紧扣课程理论教学内容，使它同样能适用于选用其他课程教材的教学实验需要。

本书内容循序渐进、深入浅出、全面连贯，一个个实验使读者可以充分利用较新的 MySQL 数据库系统来深刻理解并掌握数据库概念与原理，能充分掌握数据库应用技术，能利用 Java、C# 等开发工具进行数据库应用系统的初步设计与开发，达到理论联系实践、学以致用的教学目的与教学效果。本书共有 14 个实验（根据实验要求与课时而选做），具体如下：

- 实验 1　数据库系统基础操作；
- 实验 2　MySQL 数据库基础操作；

- 实验3 表、ER图、索引与视图的基础操作；
- 实验4 SQL语言——Select查询操作；
- 实验5 SQL语言——数据更新操作；
- 实验6 嵌入式SQL应用；
- 实验7 数据库存储和优化；
- 实验8 存储过程的基本操作；
- 实验9 触发器的基本操作；
- 实验10 数据库安全性；
- 实验11 数据库完整性；
- 实验12 数据库并发控制；
- 实验13 数据库备份与恢复；
- 实验14 数据库应用系统设计与开发。

本书各实验内容翔实，可边学习、边操作实践、边思考与扩展延伸实验，教学中可按需选做实验，而且各实验内容也可按课时与课程要求的不同而作取舍。本书有关实验资料可以在清华大学出版社网站下载。

本书可作为本科、专科及相关专业"数据库原理及应用"、"数据库系统原理"、"数据库系统概论"、"数据库系统导论"、"数据库系统技术"等课程的配套实验教材，同时也可以供参加自学考试人员阅读参考，也可以供数据库应用系统开发设计人员应用参考。

本书由钱雪忠主编，全书由钱雪忠（江南大学）、王燕玲（洛阳师范学院，主要完成实验6、7、10、12、13的编写）、张平（江南大学）、陈国俊（无锡太湖学院）、李京、程建敏、马晓梅等组织编写，盛开元、李玉、殷振华等参与了书稿编辑、实验等工作。编写中得到江南大学物联网工程学院数据库课程组全体教师的大力协助与支持，使编者获益良多，谨此表示衷心的感谢。

由于时间仓促，编者水平有限，书中难免有错误、疏漏和欠妥之处，敬请广大读者与同行专家批评指正。

编者联系方式E-mail：qxzvb@163.com或xzqian@jiangnan.edu.cn。

编者于江南大学蠡湖校区

2012年4月

目录 Contents

概述

数据库与 MySQL 简介

MySQL 是支持 SQL(Structured Query Language,结构化查询语言)的一个开源的关系数据库服务器,本章主要讨论数据库的一些基本知识并对 MySQL 的特性和体系结构进行介绍。

0.1 数据库、数据库服务器和数据库语言

在深入学习 MySQL 和 SQL 语言实现之前,应该对数据库及数据库技术的某些基本概念有所了解。当我们从自己的电子邮件地址簿里查找名字时,就使用了数据库;当在自动取款机上使用银行卡时,也使用了数据库;当在百度上进行搜索时,还是在使用数据库。虽然我们一直都在使用数据库,但是对究竟什么是数据库并不十分清楚。下面,首先对数据库术语做一些介绍。

1. 数据

数据是用来记录信息的可识别的符号,是信息的具体表现形式。

2. 数据库

数据库,从字面意思来说就是存放数据的仓库。具体而言,就是长期存放在计算机内的有组织、可共享的数据集合,可供多用户共享。数据库中的数据按一定的数据模型组织、描述和储存,具有尽可能小的冗余度和较高的数据独立性与易扩展性。

3. 数据库管理系统

根据该定义,数据库中的数据是由另外一个系统程序来管理的,这个系统程序叫做数据库管理系统或者数据库服务器。MySQL 就是这样一个数据库管理系统。数据库管理系统可以处理存储在数据库中的数据。根据 R. Elmasri 的定义:数据库管理系统是程序的集合,它使得用户能够创建、维护和管理数据库。

数据库管理系统主要包括以下几个功能。

1) 数据定义

DBMS 提供数据定义语言(Data Definition Language,DDL),用户通过它可以方便

地对数据库中的数据对象(包括表、视图、索引和存储过程等)进行定义。定义相关数据库系统的结构和有关的约束条件。

2）数据操纵

DBMS 提供数据操纵语言(Data Manipulation Language,DML),通过 DML 操纵数据实现对数据库的一些基本操作,如查询、插入、修改和删除等。

3）数据库的运行管理

数据库的运行管理是数据库管理系统的核心所在。DBMS 通过对数据库在建立、运用和维护时提供统一管理和控制,以保证数据安全、正确、有效地正常运行。DBMS 主要通过数据的安全性控制、完整性控制、多用户应用环境的并发性控制和数据库数据的系统备份与还原 4 个方面来实现对数据库的统一控制功能。

4）数据库的建立和维护功能

数据库的建立和维护功能包括数据库初始数据的输入(或装载)、转换功能、数据库的转储、恢复功能、重组织功能及性能监视、分析功能等。

4. 数据库系统

数据库系统是指在计算机系统中引入数据库后的系统,其构成主要有数据库及相关硬件、数据库管理系统及其开发工具、应用系统、数据库管理员以及用户这几部分。其中数据库的建立、使用和维护由专门的人员来完成,这些专门的人员称为数据库管理员。

0.2 关系模型

SQL 是以一个形式化和数学的理论为基础。这个理论由一组概念和定义组成,叫做关系模型。E. F. Codd 于 1970 年在 IBM 定义了关系模型,他在文章 *A Relational Model of Data for Large Shared Data Banks* 中引入了关系模型的概念。

1. 关系模型的基本术语

下面通过图 0-1 所示的教师登记表,介绍关系模型中的相关术语。

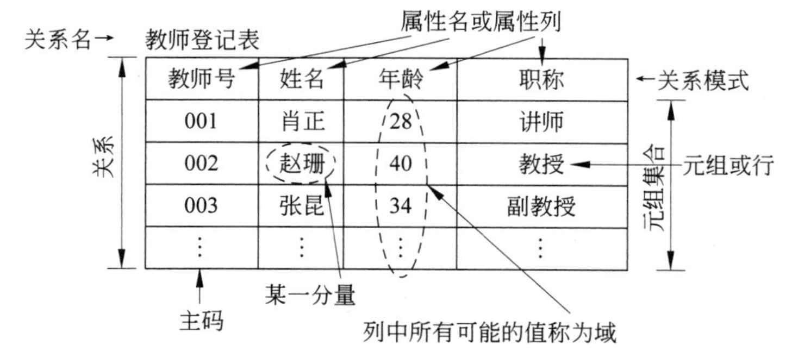

图 0-1 教师登记表

关系：一个关系对应一张二维表，图 0-1 表示的就是一张教师登记表，即一个教师关系。

属性：二维表中的一列称为一个属性，对应每一个属性的名字称为属性名。图 0-1 所示表有 4 列，对应 4 个属性(教师号、姓名、年龄、职称)。

元组：二维表中的一行称为一个元组。

主码：如果二维表中的某个属性或是属性组可以唯一确定一个元组，则称为主码，也称为关系键。如图 0-1 所示的教师号可以唯一确定一个教师，也就成为本关系的主码。

域：属性的取值范围称为域，如人的年龄一般在 1～120 岁之间，大学生的年龄属性的域是 14～38，性别域是男和女。

分量：元组中的一个属性值。例如，教师号对应的值 001、002、003 都是分量。

关系模式：表现为关系名和属性的集合，是对关系的具体描述。一般表示为：

关系名(属性 1，属性 2，属性 3，…，属性 N)

例如，上面的关系可以描述为：教师(教师号，姓名，年龄，职称)

2. 关系模型的数据操作与约束条件

关系模型的操作主要包括查询、插入、删除和修改四类。这些操作必须全部满足关系的完整性条件，即实体完整性、参照完整性和用户自定义完整性。

在非关系模型中，操作对象是单个记录，而关系模型中的数据操作是集合式操作，操作对象和操作结果都是关系，关系即是若干元组的集合。另一方面，关系模型把对数据的存取路径向用户隐蔽起来，用户只需要指出“干什么”，不必详细说明“怎么干”，从而提高了数据的独立性。

3. 关系模型的存储结构

在关系模型中，全部信息都用二维表来表示。在数据库的物理组织中，表以文件形式存储，每一个表可以对应一个文件，也可以多个表对应一个或几个文件。

0.3 关系数据库管理系统的体系结构

关系型数据库管理系统的体系结构主要有三种：单机结构、客户端/服务器体系结构和浏览器/服务器(Browser/Server)体系结构。

1. 单机结构

最简单的就是单机结构。在单机结构中，所有东西都是运行在同一机器上。这个机器可以是一台大型机、一台小型的 PC 或者中型机。由于应用程序和数据库管理系统都是安装和运行在同一机器上，它们之间可以通过非常快的内部通信线路来进行通信。单机架构如图 0-2 所示。

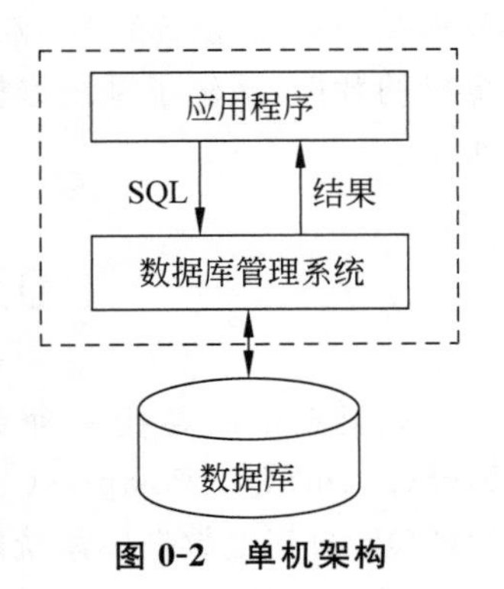

图 0-2　单机架构

2. 客户端/服务器体系结构

在客户端/服务器体系结构中，应用程序运行的机器和数据库管理系统运行的机器不同，如图 0-3 客户端/服务器体系结构所示。这就是所谓的远程数据库管理系统。内部通信通常通过局域网进行。

3. 浏览器/服务器体系结构

在这种体系结构中，把客户端/服务器体系结构中的客户端上运行的应用程序划分成两个部分，如图 0-4 所示。一部分客户端应用程序，负责用户或用户界面，运行在客户端上。另一部分服务器运行程序，和数据库管理系统进行交互，在服务器上运行。

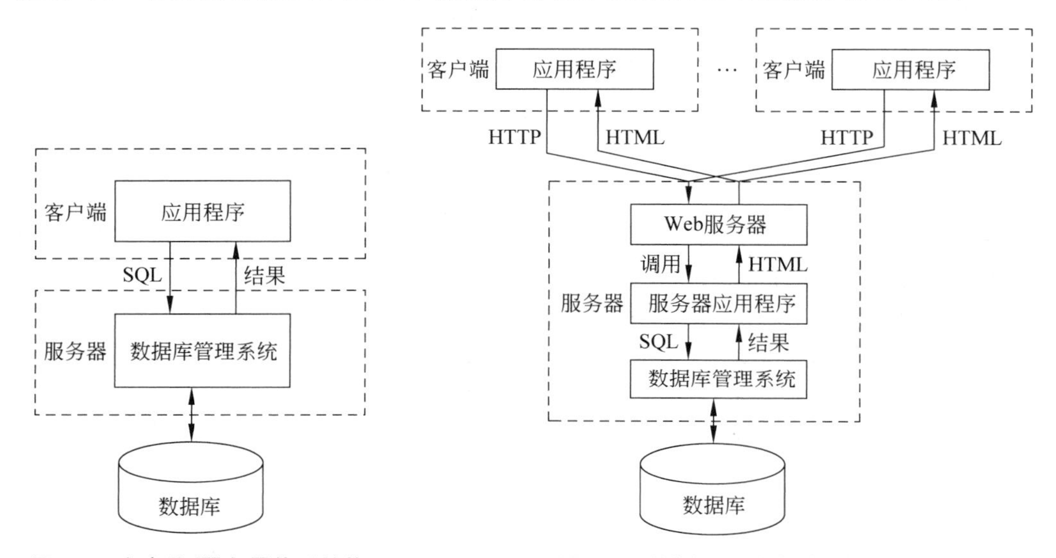

图 0-3　客户端/服务器体系结构　　**图 0-4　浏览器/服务器体系结构**

浏览器/服务器体系结构即浏览器和服务器结构。它是随着 Internet 技术的兴起，对客户端/服务器体系结构的一种变化或者改进的结构。在这种结构下，用户工作界面是通过 WWW 浏览器来实现，极少部分事务逻辑在前端(Browser)实现，但是主要事务逻辑在服务器端(Server)实现，形成所谓三层 3-tier 结构。这样就大大简化了客户端计算机的载荷，减轻了系统维护与升级的成本和工作量，降低了用户的总体成本，如图 0-4 所示。

0.4　MySQL 数据库特性

如果您正在寻找一种免费的或不昂贵的数据库管理系统，可以有几个选择，如：MySQL、mSQL、Postgres(一种免费的但不支持来自商业供应商引擎的系统)等。在将 MySQL 与其他数据库系统进行比较时，所要考虑的最重要的因素是性能、支持、特性(与 SQL 的一致性、扩展等)、认证条件和约束条件、价格等。相比之下，MySQL 具有许多吸引人之处：

（1）速度。MySQL运行速度很快。开发者声称MySQL可能是目前所能得到的最快的数据库。

（2）容易使用。MySQL是一个高性能且相对简单的数据库系统，与一些更大系统的设置管理相比，其复杂程度较低。

（3）价格。MySQL对多数个人用户来说是免费的。

（4）支持查询语言。MySQL可以使用SQL（结构化查询语言），SQL是一种所有现代数据库系统都选用的语言；MySQL也可以通过ODBC（开放式数据库连接）与应用程序相连。

（5）性能。许多客户机可同时连接到服务器。多个客户机可同时使用多个数据库。可利用几种输入查询并查看结果的界面来交互式地访问MySQL。这些界面为：命令行客户机程序、Web浏览器或X Window System客户机程序。此外，还有由各种语言（如C、Perl、Java、PHP和Python）编写的界面。

（6）连接性和安全性。MySQL是完全网络化的，其数据库可在因特网上的任何地方访问，而且MySQL还能控制哪些人不能看到您的数据。

（7）可移植性。MySQL可运行在各种版本的UNIX以及其他非UNIX的系统（如Windows和OS/2）上。MySQL可运行在从家用PC到高级的服务器上。

如果用户对价格、速度和性能等方面要求较高，那么选择MySQL将比较适合。

0.5 MySQL体系结构

因为MySQL采用的是客户机/服务器体系结构，所以MySQL RDBMS由如下两部分组成：

服务器端工具：包括MySQL数据库服务器以及其他管理多个MySQL数据库服务器、优化和修改MySQL表、创建故障记录的工具。MySQL数据库服务器是核心系统，负责创建和管理数据库、执行查询和返回查询结果，并且对数据库的安全性负责。

客户端工具：

- 命令行方式的mysql客户机，它是一个交互式的客户机程序，能发布查询并看到结果。
- mysqldump和mysqlimport，分别导出表的内容到某个文件或将文件的内容导入某个表。
- mysqladmin用来查看服务器的状态并完成管理任务，如告诉服务器关闭、重起服务器、刷新缓存等。

如果现有的客户端工具不能满足需要，那么MySQL还提供了一个客户机编程库，可以编写自己的程序。客户机编程库可直接从C程序中调用。

MySQL的客户机/服务器体系结构具有如下优点：

（1）服务器提供并发控制，使两个用户不能同时修改相同的记录。所有客户机的请求都通过服务器处理，服务器分类辨别谁准备做什么，何时做。如果多个客户机希望同时访问相同的表，它们不必互相裁决和协商，只要发送自己的请求给服务器并让它仔细确定完成这些请求的顺序即可。

(2) 不必在数据库所在的机器上注册。MySQL 可以非常出色地在因特网上工作，因此您可以在任何位置运行一个客户机程序，只要此客户机程序可以连接到网络上的服务器。

当然不是任何人都可以通过网络访问你的 MySQL 服务器。MySQL 含有一个灵活而又有成效的安全系统，只允许那些有权限访问数据的人访问。而且可以保证用户只能够做允许他们做的事。

0.5.1 逻辑模块组成

总的来说，MySQL 可以看成是二层架构，第一层我们通常叫做 SQL Layer，在 MySQL 数据库系统处理底层数据之前的所有工作都是在这一层完成的，包括权限判断、sql 解析、执行计划优化、query cache 的处理等；第二层就是存储引擎层，我们通常叫做 Storage Engine Layer，也就是底层数据存取操作实现部分，由多种存储引擎共同组成。所以，可以用一张最简单的架构示意图来表示 MySQL 的基本架构，如图 0-5 所示。

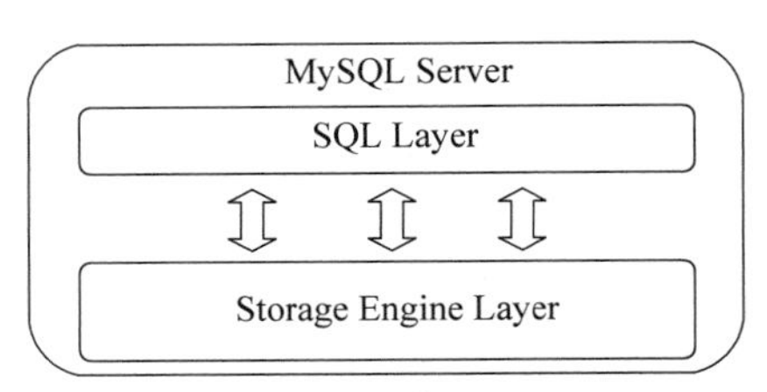

图 0-5 MySQL 的基本架构

存储引擎层中由存储引擎接口模块和多种存储引擎共同组成。存储引擎接口模块可以说是 MySQL 数据库中最有特色的一点了。目前各种数据库产品中，基本上只有 MySQL 可以实现其底层数据存储引擎的插件式管理。这个模块实际上只是一个抽象类，但正是因为它成功地将各种数据处理高度抽象化，才成就了今天 MySQL 可插拔存储引擎的特色。

0.5.2 插件式存储引擎(也称作表类型)

在 MySQL 5.1 中，MySQL AB 引入了新的插件式存储引擎体系结构，允许将存储引擎加载到正在运行的 MySQL 服务器中。应用程序编程人员和 DBA 通过位于存储引擎之上的连接器 API 和服务层来处理 MySQL 数据库。如果应用程序的变化需要改变底层存储引擎，可能需要增加 1 个或多个额外的存储引擎以支持新的需求。

1. 选择存储引擎

与 MySQL 一起提供的各种存储引擎在设计时考虑了不同的使用情况。为了更有效地使用插件式存储体系结构，最好了解各种存储引擎的优点和缺点。最常用的存储引擎如下：

(1) MyISAM：MyISAM 存储引擎是 MySQL 官方提供的存储引擎。其特点是不支持事务、表锁和全文索引，对于一些 OLAP(Online Analytical Processing，在线分析处理)操作速度快。除 Windows 版本外，是所有 MySQL 版本默认的存储引擎。MyISAM 存储引擎表由 MYD 和 MYI 组成,MYD 用来存放数据文件,MYI 用来存放索引文件。可以通过使用 myisampack 工具来进一步压缩数据文件,因为 myisampack 工具使用赫夫曼(Huffman)编码静态算法来压缩数据,因此使用 myisampack 工具压缩后的表是只读的,当然你也可以通过 myisampack 来解压数据文件。在 MySQL 5.0 版本之前,MyISAM 默认支持的表大小为 4G,如果需要支持大于 4G 的 MyISAM 表时,则需要制定 MAX_ROWS 和 AVG_ROW_LENGTH 属性。从 MySQL 5.0 版本开始,MyISAM 默认支持 256T 的单表数据,这足够满足一般应用的需求。

注意:对于 MyISAM 存储引擎表,MySQL 数据库只缓存其索引文件,数据文件的缓存交由操作系统本身来完成,这与其他使用 LRU 算法缓存数据的大部分数据库大不相同。此外,在 MySQL 5.1.23 版本之前,无论是在 32 位还是 64 位操作系统环境下,缓存索引的缓冲区最大只能设置为 4G。在之后的版本中,64 位系统可以支持大于 4G 的索引缓冲区。

(2) InnoDB:InnoDB 存储引擎支持事务,主要面向在线事务处理(OLTP)方面的应用。其特点是行锁设计、支持外键,并支持类似于 Oracle 的非锁定读,即默认情况下读取操作不会产生锁。MySQL 在 Windows 版本下的 InnoDB 是默认的存储引擎,同时 InnoDB 默认地被包含在所有的 MySQL 二进制发布版本中。InnoDB 存储引擎将数据放在一个逻辑的表空间中,这个表空间就像黑盒一样由 InnoDB 自身进行管理。从 MySQL 4.1(包括 4.1)版本开始,它可以将每个 InnoDB 存储引擎的表单独存放到一个独立的 ibd 文件中。与 Oracle 类似,InnoDB 存储引擎同样可以使用裸设备(row disk)来建立其表空间。InnoDB 通过使用多版本并发控制(MVCC)来获得高并发性,并且实现了 SQL 标准的 4 种隔离级别,默认为 REPEATABLE 级别。同时使用一种被称为 next-key locking 的策略来避免幻读(phantom)现象的产生。除此之外,InnoDB 储存引擎还提供了插入缓冲(insert buffer)、二次写(double write)、自适应哈希索引(adaptive hash index)、预读(read ahead)等高性能和高可用的功能。对于表中数据的存储,InnoDB 存储引擎采用了聚集(clustered)的方式,这种方式类似于 Oracle 的索引聚集表(index organized table,IOT)。每张表的存储都按主键的顺序存放,如果没有显式地在表定义时指定主键,InnoDB 存储引擎会为每一行生成一个 6 字节的 ROWID,并以此作为主键。

(3) Memory:将所有数据保存在 RAM 中,在需要快速查找引用和其他类似数据的环境下,可提供极快的访问。每个 MEMORY 表和一个磁盘文件关联起来。文件名由表的名字开始,并且由一个.frm 的扩展名来指明它存储的表定义。

(4) Cluster/NDB:MySQL 的簇式数据库引擎,尤其适合于具有高性能查找要求的并发应用程序,这类查找需求还要求具有最高的正常工作时间和可用性。MySQL 簇是一种技术,该技术允许在无共享的系统中部署"内存中"数据库的簇。通过无共享体系结构,系统能够使用廉价的硬件,而且对软硬件无特殊要求。此外,由于每个组件有自己的内存和磁盘,不存在单点故障。MySQL 簇将标准的 MySQL 服务器与名为 NDB 的"内存中"簇式存储引擎集成了起来。在 MySQL 中,术语 NDB 指的是与存储引擎相关的设置部分,而术语"MySQL 簇"指的是 MySQL 和 NDB 存储引擎的组合。关于 NDB 存储引擎,有一个问题值得注意,那就是 NDB 存储引擎的连接操作(JOIN)是在 MySQL 数据库层完成的，而不是在存储引擎层完成的。

（5）MyISAM Merge存储引擎：MyISAM Merge引擎是MyISAM的一个变种。一个Merge表是将一系列的完全相同的MyISAM表合并成为一个虚拟表。这在日志和数据仓库应用中将变得极为有用。

（6）Archive存储引擎：Archive引擎只支持INSERT和SELECT语句，并且它不支持索引。它比MyISAM使用更少的磁盘输入和输出，因此它会在写操作之前将数据缓存并利用zlib来压缩。而SELECT查询操作则需要一个全表扫描。因此Archive表是日志和数据采集的理想选择。Archive引擎支持行级别的锁以及一个特殊的缓冲系统以期达到高并发的写操作。它在查询时会将整个表扫描一次。它同时也会将批量写操作屏蔽直到全部的写操作完成。这些特性模拟了事务的部分特性，但是Archive引擎并不是一个事务型引擎。它只是一个优化了插入操作以及压缩了数据的引擎。

（7）CSV存储引擎：CSV引擎可以将以逗号分隔的CSV文件当做数据表来处理，但是它不支持索引。这个引擎允许在服务器运行的时候将数据文件拷贝进数据库或者从数据库里拷贝出去。CSV表作为数据格式在转换中极为有用。

对于整个服务器或方案，并不一定要使用相同的存储引擎，可以为方案中的每个表使用不同的存储引擎，这点很重要。

2. 查看现有的存储引擎

如果需要确定目前服务器支持什么存储引擎，可以使用SHOW ENGINES命令来确定。

例0-1 确定数据库已支持的存储引擎，及其目前状态。

解：

```
mysql> show engines;
+---------+------+---------+----+---------+
| Engine     | Support|Transactions| XA  | Savepoints |
+---------+------+---------+----+---------+
| MyISAM     | YES     | NO            | NO  | NO         |
| CSV        | YES     | NO            | NO  | NO         |
| MRG_MYISAM | YES     | NO            | NO  | NO         |
| BLACKHOLE  | YES     | NO            | NO  | NO
| FEDERATED  | NO      | NULL          |NULL | NULL       |
| InnoDB     | DEFAULT | YES           | YES | YES        |
| ARCHIVE    | YES     | NO            | NO  | NO         |
| MEMORY     | YES     | NO            | NO  | NO         |
+---------+------+---------+----+---------+
8 rows in set (0.00 sec)
```

其中，support指服务器是否支持该存储引擎；transactions指该存储引擎是否支持事务处理；XA指该存储引擎是否支持分布式事务处理；Savepoints指该存储引擎是否支持保存点。

3. 将存储引擎指定给表

可以在创建新表时指定存储引擎,或通过使用ALTER TABLE语句指定存储引擎。

(1) 要想在创建表时指定存储引擎,可使用ENGINE参数。

例0-2　创建存储引擎为MyISAM的表。

解:

```
mysql>CREATE TABLE engineTest(
    ->id INT
    ->)ENGINE=MyISAM;
```

(2) 要想更改已有表的存储引擎,可使用ALTER TABLE语句。

例0-3　修改表的存储引擎为ARCHIVE。

解:

```
ALTER TABLE engineTest ENGINE=ARCHIVE;
```

0.6　MySQL汉字乱码问题的处理方法

使用MySQL数据库时,经常会遇到汉字乱码问题,表现在:

(1) 对MySQL数据库命令显示、输入、修改时出现乱码或命令出错。

(2) 网页显示MySQL数据时所有汉字都变成了?号。

(3) 用PHPmyAdmin输入汉字正常,但当PHP网页显示MySQL数据时汉字就变成了?号,并且有多少个汉字就有多少个?号。

(4) 用PHPmyAdmin输入数据时发生错误,不让输入或出现乱码。

(5) 用php+mysql做系统的时候发现数据库的汉字在数据库里是显示正常的,但是一旦数据库与php连接,汉字就会显示为?? 多个问号。

解决使用MySQL数据库时,出现汉字乱码问题,有以下方法可以检查与配置,经处理后一般汉字乱码问题都能得到解决:

(1) 只要是gb2312,gbk,utf8等支持多字节编码的字符集都可以储存汉字,当然,gb2312中的汉字数量远少于gbk,而gb2312,gbk等都可在utf8下编码。

(2) 用命令show variables like 'character_set_%';查看当前字符集设定:

```
+---------------------------+---------+
| Variable_name             | Value   |
+---------------------------+---------+
| character_set_client      | gb2312  |
| character_set_connection  | gb2312  |
| character_set_database    | gb2312  |
```

```
| character_set_filesystem          | binary     |
| character_set_results             | gb2312     |
| character_set_server              | latin1     |
| character_set_system              | utf8       |
+-----------------------------------+------------+
```

显示中文乱码主要有两个设置：character_set_connection 和 character_set_results，如果你的这两个设置不支持中文编码，就会出现乱码，设置中文编码用以下命令：

```
set character_set_results=gbk;
```

（3）还可以使用命令 mysql_query("SET NAMES UTF8")；一次性设置客户端的所有字符集。如果需要存放 gbk 编码字符，可在连接成功后执行 set names gbk。

（4）网页文件 head 设置编码支持汉字，可类似如下设置：

```
<meta http-equiv="Content-Type" content="text/html; charset=utf8" />
```

（5）页面在保存的时候使用 utf8 编码保存，可以用记事本或 convertz802 转换文件。

（6）在 MySQL 中新建数据库时，选择 UTF8 等编码字符集，如设定为 utf8_unicode_ci(Unicode(多语言)，不区分大小写)，数据库里表 table 的编码设置为 utf8，Collation 选用 utf8_general_ci，表 table 里面的每个字段的编码也都设置为 utf8，Collation 选用 utf8_general_ci。

① 设置数据库默认编码。

安装 MySQL 时可选择编码，如果已经安装过，可以更改文件 my. ini（此文件在 MySQL 的安装目录下）中的配置以达到设置编码的目的。分别在[MySQL]和[MySQLd]配置段中增加或修改 default_character_set＝gb2312，打开 my. ini 文件，内容类似如下：

```
[client]
port=3306
[mysql]
default-character-set=gb2312
[mysqld]
#The default character set that will be used when a new schema or table is
#created and no character set is defined
default-character-set=gb2312
```

② 新建数据库后，数据库目录下有一个 db. opt 文件，此处编码与数据库编码要保持一致。内容类似如下：

```
default-character-set=gb2312
default-collation=gb2312_chinese_ci
```

（7）在 PHP 连接数据库的时候，也就是 mysql_connect()之后加入：

```
//设置数据的字符集 utf8
mysql_query("set names 'utf8' ");
```

```
mysql_query("set character_set_client=utf8");
mysql_query("set character_set_results=utf8");
```

UTF8是国际标准编码，为使汉字显示正常，UTF8也可换成GB2312或GBK等。

(8) 客户端工具编码。

客户端工具编码设置与数据库编码设置类似，找到客户端工具设置字符集处，设置为utf8、gb2312或gbk，这样客户端工具可以直接写入数据，不会产生乱码。

(9) web.config中编码设置。

① 连接字符串中的编码设置(使用MySQL Connector Net 6.4.3)。

```
<connectionStrings>
    <add name="MySqlServer" connectionString="Data Source=127.0.0.1;User ID=
root;Password=123456;DataBase=kcgl;Charset=gb2312"/>
</connectionStrings>
```

② 读取与写入的编码设置。

```
<globalization responseEncoding="gb2312" requestEncoding="gb2312"/>
```

如果需要做一个繁体网站，可把以上设置编码的地方变成gbk即可。

(10) .NET编程时，也可在连接字符串中指定使用汉字字符集。连接字符串类似如下：

```
public static string connectionString="Data Source=mh;Password=zhou;User=
root;Location=localhost;Port=3306;CharSet=gb2312";
```

(11) Java编程开发中，在连接字符串中指定使用utf8汉字字符集。连接字符串类似如下：

```
……
//如下赋值语句中，DB2存放数据库名，UID2存放用户名，Passd2存放密码
String url ="jdbc:mysql://localhost/"+DB2+"?"+"user="+UID2+"&"+"password="
+Passd2+"&useUnicode=true&characterEncoding=utf8";
……
```

此连接字符串类中的useUnicode=true和characterEncoding=utf8支持对utf8汉字的显示与处理。

实验1 EXPERIMENT 1

数据库系统基础操作

实验目的

安装某数据库管理系统，了解该数据库管理系统的组织结构和操作环境，熟悉数据库管理系统的基本使用方法。

背景知识

学习与使用数据库，首先要选择并安装某数据库管理系统。目前，主流的数据库管理系统有Oracle、MS SQL Server、DB2、Informix、Sybase、PostgreSQL、VFP、Access和MySQL等。自1996年开始，从一个简单的SQL工具到当前"世界上最受欢迎的开放源代码数据库"的地位，MySQL已经走过了一段很长的路。根据MySQL AB(MySQL的开发者)发布的信息，到2010年，MySQL的装机量在全世界已经超过1000万台。

目前，MySQL的最新社区版本是5.5.9。在5.5.9版本中，MySQL做了很多改进：

(1) 增强了面向Web应用的功能。

MySQL 5.5提供的定制功能和可扩展性让MySQL DBA和开发人员能更好使用。

(2) MySQL 5.5的其他增强功能包括：

改进的性能和可扩展性：MySQL数据库和InnoDB存储引擎的改进，在运行于最新的多CPU和多核硬件及操作系统上时，提供最佳性能和可扩展性。此外，InnoDB是Windows安装版本MySQL数据库的默认存储引擎，可提供ACID事务特性、参照完整性和应急恢复。

可用性的提高：改进了半复制功能的失效转移速度和可靠性。

易用性的改进：改进了索引和表划分、SIGNAL/RESIGNAL支持以及包括新的PERFORMANCE_SCHEMA在内的增强诊断功能；改进了MySQL 5.5的可管理性。

(3) 性能提升。

在Windows上运行：读写操作时性能提升高达15倍，仅读操作时性能提升高达5倍。

在 Linux 上运行：读写操作时性能提升高达 3.6 倍，仅读操作时性能提升高达 2 倍。

总之，MySQL 成为一个更加符合 SQL-92 标准的高性能、多线程、多用户、建立在客户端/服务器结构上的 RDBMS。本书以 5.5.9 版本为例，介绍 MySQL 的安装和使用。

实验示例

1.1 安装 MySQL

1.1.1 选择 MySQL 版本

MySQL 数据库服务器和客户端软件可以在多种操作系统上运行，如 Linux、FreeBSD、Sun Solaris、IBM AIX 和 Windows 等操作系统。在下载安装包之前，首先需要确定将要安装的 MySQL 版本。最佳选择是 MySQL AB 官方网站推荐的最终稳定版。该版本是正式发布(Generally Available，GA)版。如果要用到新版本的一些新增功能，可以选择安装最新的开发版本，如测试版或候选发行版(Release Candidate，RC)。如果用户正使用的数据库或 API 应用程序必须在旧版本之下才能运行，可以选择安装旧正式发布版。

进入 MySQL 的官方下载页面 http://www.mysql.com/downloads。在该页面中可知，MySQL 及其相关工具包括(打开网页看到的可能是更高版本的安装软件信息，如果想找旧的发布版本，可进入页面 http://downloads.mysql.com/archives.php)：

- MySQL Community Server 5.5 (5.5.9 GA)：MySQL Community Server 5.5 是 MySQL 的免费版本，包括了 MySQL 数据库服务器软件、客户端软件。
- MySQL Workbench 5.2 (5.2.31a GA)：MySQL Workbench(工作台)是一个专用于 MySQL 的 ER/数据库建模工具，使用 MySQL Workbench 还可以设计和创建新的数据表，操作现有的数据库以及执行更复杂的服务器管理功能。
- MySQL Cluster 7.1 (7.1.10 GA)：MySQL Cluster 是 MySQL 适合于分布式计算环境的高实时、高冗余版本。它采用了 NDB Cluster 存储引擎，允许在一个 Cluster 中运行多个 MySQL 服务器。在 MyQL 5.0 及以上的二进制版本中，以及与最新的 Linux 版本兼容的 RPM 中提供了该存储引擎(注意，要想获得 MySQL Cluster 的功能，必须安装 mysql-server 和 mysql-max RPM)。
- MySQL Connectors：MySQL Connectors 提供基于标准驱动程序 JDBC、ODBC 和.NET 的连接，允许开发者选择语言来建立数据库应用程序。

安装时，可以选择 MySQL 源码分发版或者二进制分发版。与源码分发版相比，安装二进制分发版更容易些。所以本书选择安装二进制分发版。然而，如果在安装或编译时有特殊的配置要求，那么安装源码分发版可能更加合适。如果操作系统不支持二进制分发版，那么只能选择安装源码分发版进行安装。

了解 MySQL Community Server 的安装版本之后，下面将讲解如何安装 Windows 分发版与 Linux 的分发版；简要介绍 MySQL 数据库的使用及 MySQL Workbench 5.2 的安装和简单使用。本书所有示例基于 MySQL Community Server 5.5.9 和 MySQL Workbench 5.2 (5.2.31a GA)。

1.1.2 安装 Windows 分发版

在 Windows 系统的服务器上安装 MySQL 是一件非常容易的事情。在 MySQL AB 网站上，有三种 MySQL Community Server 5.5 安装软件包可供选择：

- 自动安装。该安装软件包的文件名类似于 mysql-5.5.9-win32.msi(适用于 32 位的 Windows 操作系统)或 mysql-5.5.9-win64.msi(适用于 64 位的 Windows 操作系统)，包含在 Windows 中安装 MySQL 所需要的全部文件，包括配置向导，可选组件，例如嵌入式服务器和基准套件。
- 非自动安装文件。该安装软件包的文件名类似于 mysql-5.5.9-win32.zip(适用于 32 位的 Windows 操作系统)或 mysql-5.5.9-win64.zip(适用于 64 位的 Windows 操作系统)，包含完整安装包中的全部文件，只是不包括配置向导。该安装软件包不包括自动安装器，必须手动安装和配置。
- 源码文件。该软件包的文件名类似于 mysql-5.5.9.zip，包含 mysql 的所有源码文件，需要编译环境(cmake)进行重新编译。

对于大多数用户，建议选择自动安装，即根据自己操作系统是 32 位或 64 位选择下载 mysql-5.5.9-win32.msi 或 mysql-5.5.9-win64.msi。本书实验操作系统环境为 WinXP(为 32 位操作系统)，下载安装包为 mysql-5.5.9-win32.msi。双击该安装包，启动安装过程，如图 1-1 所示。

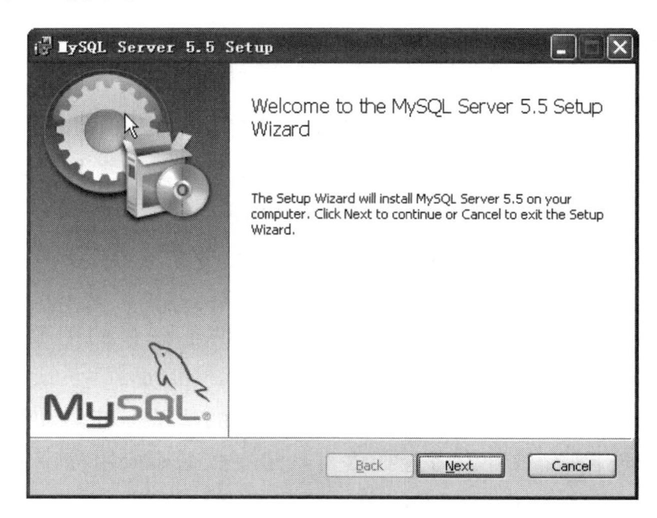

图 1-1　安装启动界面

单击 Next 按钮，进入下一步，如图 1-2 所示。

选择接受协议复选框，单击 Next 按钮，进入下一步，如图 1-3 所示。

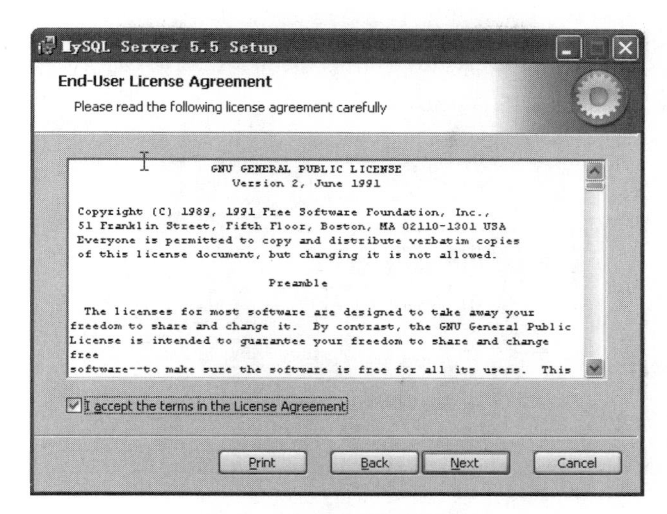

图 1-2 最终用户协议界面

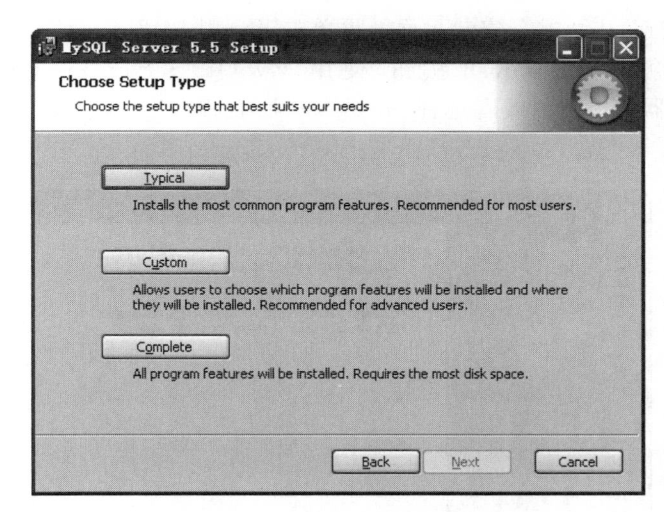

图 1-3 选择安装类型界面

MySQL Community Server 5.5.9 有三种安装类型：

- Typical(典型安装)：只安装 MySQL 服务器、mysql 命令行客户端和命令行实用程序。
- Custom(定制安装)：允许完全控制想要安装的软件包和安装路径。
- Complete(完全安装)：将安装软件包内包含的所有组件。完全安装软件包包括的组件有嵌入式服务器库、基准套件、支持脚本和文档。

单击 Custom 按钮，然后单击 Next 按钮，进入定制安装界面(如图 1-4 所示)安装。

在 Custom Setup 对话框中更改安装组件和安装路径。单击 Browse(路径设置)按钮，把安装盘符改成 D 盘，这样方便以后进行备份和恢复。另外，将 Development Components 也选中进行安装。

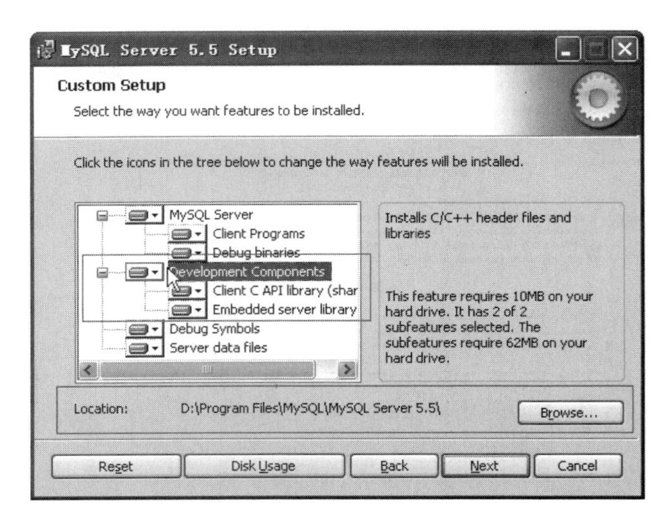

图 1-4　修改安装路径界面

单击 Next 按钮,进入准备安装界面。再单击 Install 按钮,安装完成。

安装完成之后,单击 Finish 按钮,使用 MySQL Server Instance Configuration Wizard 进行服务器的配置。或者选择"开始"→"所有程序"→MySQL→MySQL Server 5.5 命令进行服务器配置,如图 1-5 所示。

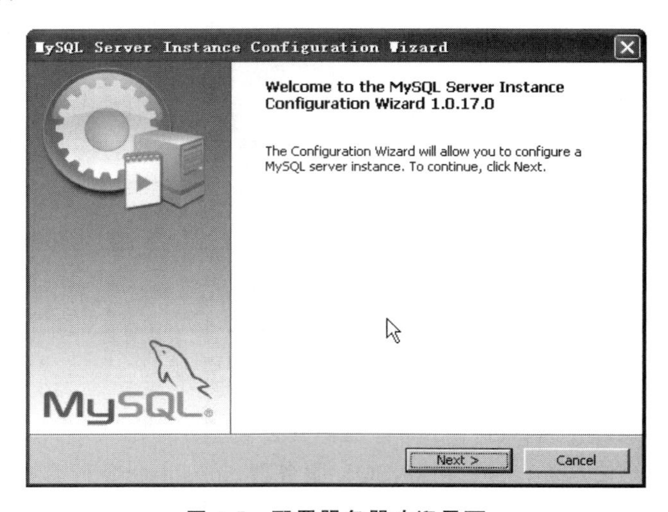

图 1-5　配置服务器欢迎界面

单击 Next 按钮,进入注册类型对话框,如图 1-6 所示。

注册类型分为 Detailed Configuration(详细配置)和 Standard Configuration(标准配置)。

Standard Configuration 选项适合想要快速启动 MySQL 而不必考虑服务器配置的新用户。Detailed Configuration 选项适合想要更加细粒度控制服务器配置的高级用户。在此,建议选择 Detailed Configuration。单击 Next 按钮,进入服务器类型对话框,如图 1-7 所示。

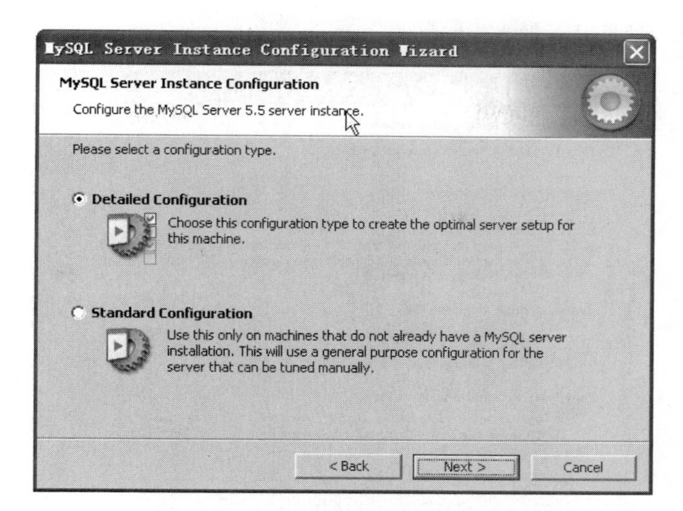

图 1-6 选择注册类型对话框

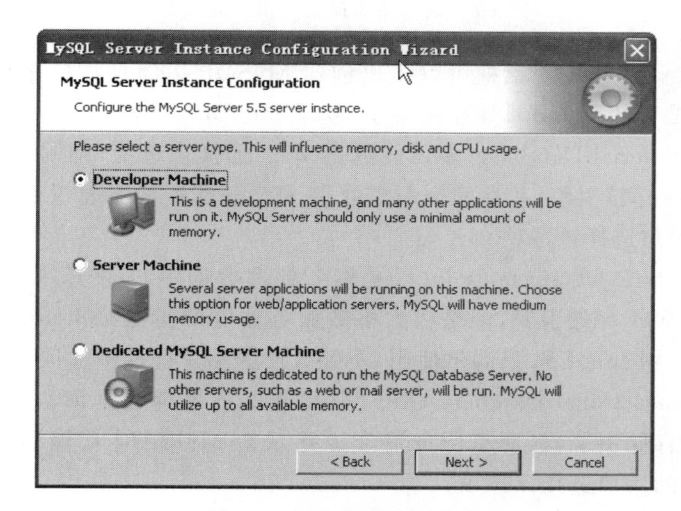

图 1-7 服务器类型对话框

可以选择三种服务器类型，选择哪种服务器将影响到 MySQL Configuration Wizard（配置向导）对内存、硬盘和过程或使用的决策。

- Developer Machine（开发机器）：该选项代表典型个人用桌面工作站。假定机器上运行着多个桌面应用程序。将 MySQL 服务器配置成使用最少的系统资源。
- Server Machine（服务器）：该选项代表服务器，MySQL 服务器可以同其他应用程序一起运行，例如 FTP、E-mail 和 Web 服务器。MySQL 服务器配置成使用适当比例的系统资源。
- Dedicated MySQL Server Machine（专用 MySQL 服务器）：该选项代表只运行 MySQL 服务的服务器。假定没有运行其他应用程序。MySQL 服务器配置成使用所有可用系统资源。

在此，选择 Developer Machine 单选按钮，单击 Next 按钮，进入 Database Usage（数

据库使用)对话框,如图 1-8 所示。

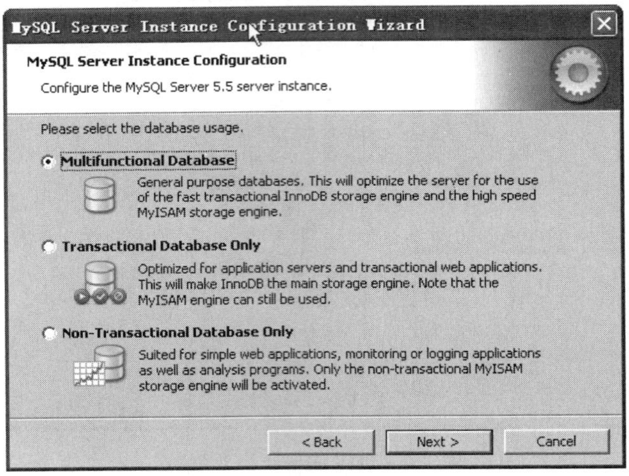

图 1-8 选择数据库使用情况对话框

通过 Database Usage 对话框可以指出创建 MySQL 表时使用的表处理器。通过该选项,可以选择是否使用 InnoDB 存储引擎,以及 InnoDB 占用多大比例的服务器资源。

- Multifunctional Database(多功能数据库):选择该选项,则同时使用 InnoDB 和 MyISAM 存储引擎,并在两个引擎之间平均分配资源。建议经常使用两个存储引擎的用户选择该选项。
- Transactional Database Only(只是事务处理数据库):该选项同时使用 InnoDB 和 MyISAM 存储引擎,但是将大多数服务器资源指派给 InnoDB 存储引擎。建议主要使用 InnoDB,只偶尔使用 MyISAM 的用户选择该选项。
- Non-Transactional Database Only(只是非事务处理数据库):该选项完全禁用 InnoDB 存储引擎,将所有服务器资源指派给 MyISAM 存储引擎。建议不使用 InnoDB 的用户选择该选项。

在此,选择 Multifunctional Database 单选按钮,单击 Next 按钮,进入 InnoDB 表空间设置对话框,如图 1-9 所示。本机安装对应的是 D 盘,所以 InnoDB 的默认路径为 D 盘下的安装路径。

如果系统有较大的空间或性能较高的存储设备(例如 RAID 储存系统),最好将 InnoDB 表空间文件放到和 MySQL 服务器数据目录不同的位置。更改 InnoDB 表空间文件的默认位置,从驱动器下拉列表选择一个新的驱动器,并从路径下拉列表选择新的路径。要想创建路径,单击…按钮。设置完成之后,单击 Next 按钮,进入并发连接数设置对话框,如图 1-10 所示。

为防止服务器耗尽资源,需要限制与服务器之间的并行连接数量。在 Concurrent Connections(并行连接)对话框中,可以选择服务器的使用方法,并根据情况限制并行连接的数量。在并发连接数设置对话框中可以根据服务器的类型自动配置连接数,也可以进行手工设置。

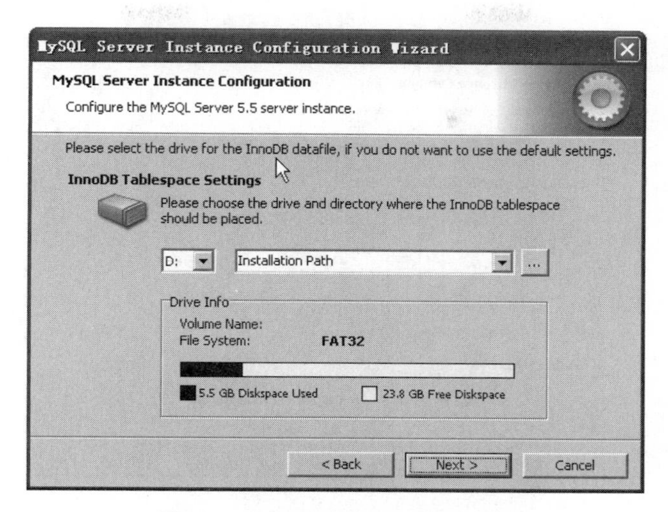

图 1-9　InnoDB 表空间设置对话框

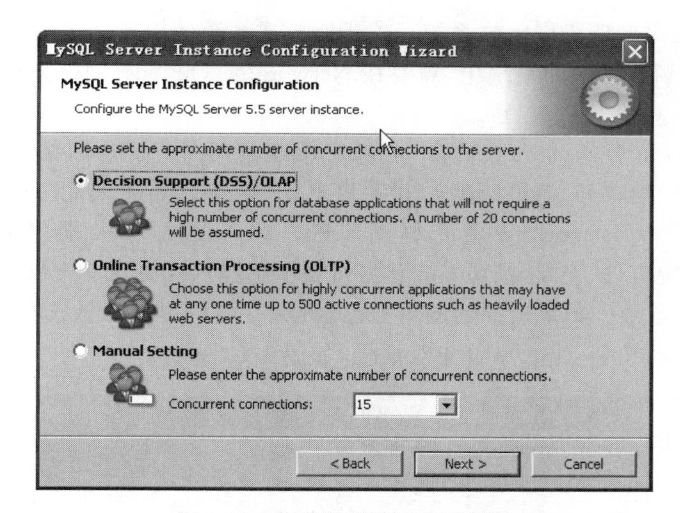

图 1-10　并发连接数设置对话框

- Decision Support(决策支持)(DSS)/OLAP：如果服务器不需要大量的并行连接可以选择该选项。该选项假定最大连接数目设置为 100，平均并行连接数为 20。
- Online Transaction Processing(联机事务处理)(OLTP)：如果用户的服务器需要大量的并行连接则选择该选项。其最大连接数设置为 500。
- Manual Setting(人工设置)：选择该选项可以手动设置服务器并行连接的最大数目。从 Concurrent connections 下拉列表中选择并行连接的数目，如果所期望的数目不在列表中，则在下拉列表框中输入最大连接数。

选择完成后，单击 Next 按钮，进入联网选项对话框，如图 1-11 所示。

绝大多数关系型数据库管理系统的客户端应用程序都是与服务器分离的可执行程序，它们通过一条通信路径(例如套接字或管道等某种网络协议)与数据库相连。另外一些通过编程接口直接连接到服务器系统，此时的数据库服务器成了客户端应用程序的一

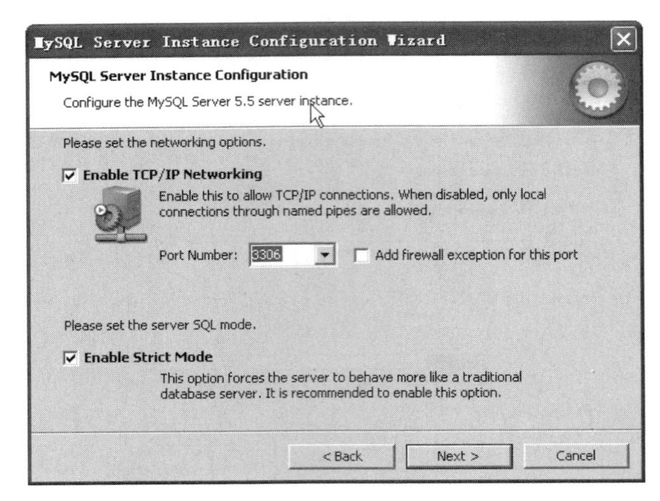

图 1-11 联网选项对话框

部分,这类数据库系统叫做嵌入式系统。关于嵌入式系统的内容见实验 6。在那些通过一条通信路径连接到数据库的系统中,需要在 Networking Options(网络选项)对话框中进行设置。

在 Networking Options 对话框中可以启用或禁用 TCP/IP 网络,并配置用来连接 MySQL 服务器的端口号。默认情况启用 TCP/IP 网络。要想禁用 TCP/IP 网络,取消对 Enable TCP/IP Networking 复选框的勾选。默认使用 3306 端口。要想更改访问 MySQL 使用的端口,从 Port Number 下拉列表中选择一个新端口号或直接在下拉列表框中输入新的端口号。如果选择的端口号已经被占用,将提示确认选择的端口号。选择完成后,单击 Next 按钮,进入字符集对话框,如图 1-12 所示。

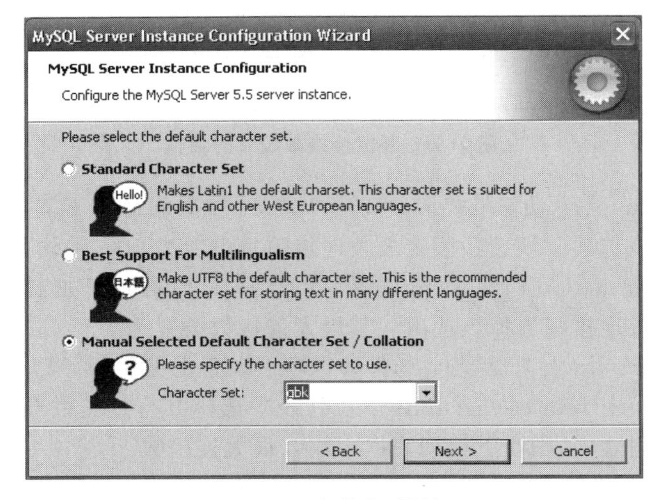

图 1-12 字符集对话框

MySQL 服务器支持多种字符集,可以设置适用于所有表、列和数据库的默认服务器字符集。使用 Character Set(字符集对话框)更改 MySQL 服务器的默认字符集。

- Standard Character Set(标准字符集)：如果想要使用 Latin1 作为默认服务器字符集，则选择该选项。Latin1 用于英语和许多西欧语言。
- Best Support For Multilingualism(支持多种语言)：如果想要使用 UTF8 作为默认服务器字符集，则选择该选项。UTF8 支持几乎所有字符。
- Manual Selected Default Character Set/Collation(人工选择的默认字符集/校对规则)：如果想要手动选择服务器的默认字符集，则选择该选项。从 Character Set 下拉列表中选择期望的字符集。

单击 Manual Selected Default Character Set/Collation 单选按钮，从 Character Set 下拉列表中选择 gbk(汉字国标扩展码)，表示支持简体和繁体中文。

注意：使用 MySQL 的时候，在执行数据操作命令之前运行一次“SET NAMES GBK;”就可以正常地使用汉字了，否则不能正常显示汉字。

单击 Next 按钮，进入服务选项对话框，如图 1-13 所示。

图 1-13 服务选项对话框

在基于 Windows NT 的平台上，可以将 MySQL 服务器安装成 Windows 服务。安装成服务之后，系统启动时可以自动启动 MySQL 服务器。

默认情况下，MySQL Configuration Wizard(配置向导)将 MySQL 服务器安装为服务，服务名为 MySQL，也可以从 Service Name 下拉列表中选择新的服务名或在下拉列表框中输入新的服务名。如果不想安装服务，取消对 Install As Windows Service 复选框的勾选。要想将 MySQL 服务器安装为服务，但是不自动启动，取消对 Launch the MySQL Server automatically 复选框的勾选。

在此，选择 Include Bin Directory in Windows PATH 复选框，将 MySQL 的 bin 目录加入到 Windows PATH 中。选择完毕，单击 Next 按钮，进入安全选项对话框，如图 1-14 所示。

在安全选项对话框中选择 Modify Security Settings 复选框，修改 root 用户的密码

图 1-14 安全选项对话框

(默认为空),在 New root password 文本框中填入新密码(如 123456),在 Confirm 文本框中再填一次,防止输错。

不选择 Enable root access from remote machines 复选框,禁止 root 用户从其他机器进行远程登录。匿名用户可以连接数据库,但不能操作数据(包括查询)。不选择 Create An Anonymous Account(创建匿名账户)复选框。单击 Next 按钮,进入配置对话框。

确认是否设置无误。如果有误,单击 Back 按钮返回检查,否则单击 Execute 按钮使设置生效。完成服务器配置,最后会在 MySQL 安装主目录中生成一个系统配置文件 my.ini。

1.1.3 安装 Linux 分发版

如果服务器运行在 Linux 系统上,Linux 通过 RPM 包格式(RPM 最初代表的是 Red Hat Package Manager)安装软件,建议使用 RPM 包而不是源码分发版。目前,仅有少量的 Linux 分发版支持 RPM,如 Red Hat Linux 企业版以及 SuSE Linux 企业版。对于其他的 Linux 分发版,MySQL RPM 建立在 Linux 的内核或已被安装在服务器的各种类型库上。每个版本的 MySQL 都有一些 RPM 文件以供下载。其中,两个重要的文件是服务器和客户端文件,它们的名称是 MySQL-server-5.5.9-1.rhel5.i386.rpm 和 MySQL-client-5.5.9-1.rhel5.i386.rpm,其中 5.5.9 是 MySQL 实际的版本号,rhel5 是 Red Hat Enterprise Linux 的实际版本。除了这两个文件之外,还有包含客户端共享库的 RPM (MySQL-shared-5.5.9-1.rhel5.i386.rpm),适用于特定客户端的库和 C API 的 RPM (MySQL-devel-5.5.9-1.rhel5.rpm)。将所需安装的 RPM 文件安装到服务器,在文件所在目录的命令行中输入以下命令:

```
$rpm-ivh MySQL-server-5.5.9-1.rhel5.i386.rpm\
MySQL-client-5.5.9-1.rhel5.i386.rpm
```

如果服务器上已安装了旧版本，将会收到一个出错的提示信息，安装也会被取消。如果想升级现有版本，将上述内容中的 i 替换为大写的字母 U 即可。安装完成后，mysqld 程序将会启动或自动重启。

1.2 MySQL 的简单使用

MySQL 安装成功后会在“开始”菜单中生成图 1-15 所示的程序组与程序项（包括 MySQL Administrator、MySQL Query Browser 和 MySQL Workbench 5.2 CE 等）。

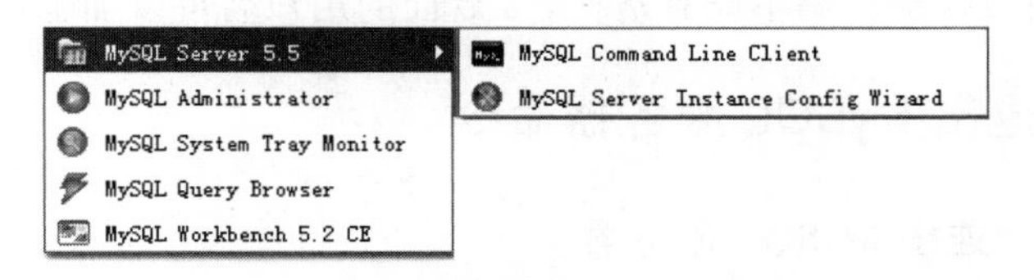

图 1-15 安装完 MySQL 程序菜单情况

在 Windows 下，本书选择将 MySQL 5.5.9 安装在 D:\Program Files\MySQL\MySQL Server 5.5 目录下。在该目录下可以发现如下主要的子目录：

- bin 目录：存放 MySQL 服务器和客户端运行程序；
- data 目录：存放数据库文件；
- include 目录：存放 *.h 头文件等；
- lib 目录：存放 *.lib 库文件等；
- scripts 目录：存放 *.pl 脚本文件等；
- share 目录：存放 *.sys 多国语言文件等。

在该目录下，还可以有一系列配置文件 *.ini，现行的配置文件是 my.ini。

1.2.1 启动或停止 MySQL 服务器命令

启动或停止 MySQL 服务器有几种选择方式，在启动时任选一种即可。

1. 在 Windows 服务中启动

在默认安装 MySQL 时，启动系统就会运行 MySQL。可以在 Windows 服务下把自动启动改为手动。启动和关闭 MySQL 都可以手动完成。

2. 在命令提示符下用 net start 命令以 Windows 服务的方式启动

启动：net start MySQL。
关闭：net stop MySQL。

3. 利用 MySQLAdmin 管理工具关闭服务器

关闭：MySQLAdmin -u root -p 密码 shutdown

注：MySQLAdmin -?　可获得更多命令参数与使用帮助。

4. 利用 MySQLAdmin 管理工具重载权限、表等信息

重载：MySQLAdmin -u root -p 密码 reload

5. 利用 MySQLAdmin 管理工具修改 root 的密码

修改 root 密码：MySQLAdmin -u root -p password 新密码
可以在-p 后面直接给出密码，将以明文显示密码。
注意：-p 后面直接加密码不能有空格，-u 后面的用户名可以加也可以不加空格。

1.2.2 连接和退出 MySQL 服务器命令

1. 使用客户端连接 MySQL 服务器

MySQL 客户端程序是命令行(command-line)程序，用来发送命令给 MySQL 服务器。例如发送 SQL 命令查询数据库或改变数据库中表的定义。

格式：

```
mysql -h主机地址 -u用户名 -p用户密码
```

注：mysql -? 可获得更多命令参数与使用帮助。

例 1-1　使用客户端连接到本机上的 MySQL 服务器。

解：打开 Windows 控制台程序，选择“开始”→“运行”命令，在“运行”对话框中输入 cmd，单击“确定”按钮进入控制台(即 DOS 界面)。

```
C:\>mysql -uroot -p123456
```

错误：mysql 不是内部或外部命令，也不是可运行的程序或批处理文件。

解决方法：

将 MySQL 的安装路径(本书的安装路径为 D:\Program Files\MySQL\MySQL Server 5.5\bin)加入操作系统的环境变量中。

添加方法：

右击“我的电脑”图标，在弹出的快捷菜单中选择“属性”命令，选择“高级”选项卡，单击“环境变量”按钮，在“系统变量”中双击 Path，将 mysql 的路径“D:\Program Files\MySQL\MySQL Server 5.5\bin”添加进去，单击“确定”按钮。添加完毕之后，打开 Windows 的控制台，再到控制台中输入上文语句执行。

```
C:\>mysql -uroot -p123456
Welcome to the MySQL monitor. Commands end with; or \g.
Your MySQL connection id is 5
Server version: 5.5.9-community-nt MySQL Community Edition (GPL)
⋮
Type 'help;' or '\h' for help.Type '\c' to clear the current input statement.
```

```
mysql>
```

成功进入 MySQL 客户端程序。可以在此输入各种命令将其发送给 MySQL 服务器。

例 1-2 使用客户端连接到远程主机上的 MySQL 服务器。假设远程主机的 IP 为 110.110.110.110,用户名为 root,密码为 abcd123,则输入以下命令：

解：

```
mysql -h110.110.110.110 -uroot -pabcd123
```

注意：u 和 root 能不用加空格,其他也相同。但是,这种方式并不安全,因为密码是以明文方式在网上传输的。另外,无论什么时候其他用户获取服务器上正在运行的进程列表都可以看到该密码。

2. 退出 MySQL 服务器

格式：

```
exit (回车)
```

1.2.3 mysql(输入行编辑器)

MySQL 具有内建的 GNU Readline 库,允许对输入行进行编辑。可以对当前输入的行进行处理,或调出以前输入的行并重新执行它们(原样执行或做进一步的修改后执行)。在输入一行并发现错误时,可以在按 Enter 键前,在行内退格并进行修改。如果录入了一个有错的查询,那么可以调用该查询并对其进行编辑以解决问题,然后再重新提交它。

1. 使用 mysql 输入查询

本节描述输入命令的基本原则,使用几个查询即可了解 mysql 是如何工作的。

例 1-3 查询服务器的版本号和当前系统日期。在 mysql>提示输入如下命令并按 Enter 键：

解：

```
mysql>SELECT VERSION(), ↙
    ->CURRENT_DATE; ↙
+-----------------------+----------------------+
| VERSION()             | CURRENT_DATE         |
+-----------------------+----------------------+
| 5.5.9                 | 2011-02-26           |
+-----------------------+----------------------+
1 row in set (0.01 sec)
mysql>
```

该查询说明 mysql 的几个方面：

(1) 一个命令通常由 SQL 语句组成，随后跟着一个分号(有一些例外不需要分号。早先提到的 exit 是一个例子)。

(2) 当发出一个命令时，mysql 将它发送给服务器并显示执行结果，然后显示另一个 mysql＞表示它准备好接收其他命令。

(3) mysql 用表格(行和列)方式显示查询输出。第一行包含列的标签，随后的行是查询结果。通常，列标签是取自数据库表的列的名字。如果检索一个表达式而非表列的值(如刚才的例子)，mysql 用表达式本身标记列。

(4) mysql 显示返回了多少行，以及查询花了多长时间。

(5) 不必全在一个行内给出一个命令，较长命令可以输入到多个行中。mysql 通过寻找终止分号而不是输入行的结束来决定语句在哪结束(换句话说，mysql 接受自由格式的输入，它收集输入行但直到看见分号才执行)。

(6) 在这个例子中，在输入多行查询的第一行后，要注意提示符如何从 mysql＞变为－＞。表 1-1 显示出可以看见的各个提示符并简述它们所表示的 mysql 的状态。

表 1-1　MySQL 提示符

提　示　符	含　　义
mysql＞	准备好接收新命令
－＞	等待多行命令的下一行
'＞	等待下一行，等待以单引号(')开始的字符串的结束
"＞	等待下一行，等待以双引号(")开始的字符串的结束
`＞	等待下一行，等待以反斜点(`)开始的识别符的结束
/*＞	等待下一行，等待以/*开始的注释的结束

2. 从文本文件执行 SQL 语句

上文采用交互式的方法使用 mysql 输入查询并且查看结果，也可以以批处理方式运行 mysql。为了以批处理方式运行，首先把想要运行的命令放在一个文件中，然后告诉 mysql 从此文件读取。

(1) 格式：

```
C:\>mysql<batch-file
```

如果需要在命令行上指定连接参数，命令格式如下：

```
C:\>mysql -h 127.0.0.1 -u user -p<batch-file
Enter password: ********
```

如果正在运行 mysql(即 mysql＞提示符时)，可以使用 source 或\. 命令执行 SQL 脚本文件：

```
mysql>source filename
```

例 1-4　有一个脚本文件(test. sql)，文件内容：

```
Show databases;
Create database test;
Use test;
Create table table_1(I int) ENGINE=MyISAM;
```

如何执行以上脚本文件？

解：

```
C:\>mysql -h localhost -u root -p<c:\test.sql
```

或

```
mysql>source c:\test.sql
```

(2) 使用批处理方式的优点：

- 如果重复地运行查询(比如说每天或每周)，把它做成一个脚本使得用户在每次执行它时避免重新输入。
- 可以通过复制并编辑脚本文件从类似的现有的查询生成一个新查询。正在开发查询时，批模式也是很有用的，特别是对多行命令或多行语句序列。
- 可以散发脚本。

1.3 MySQL 图形工具

除了以上介绍的 MySQL 的简单使用方法外，为了能提高 MySQL 的开发效率，还有多款 MySQL 的图形界面工具。

1. MySQL GUI Tools Bundle(mysql-gui-tools-5.0-r17-win32.msi)

MySQL 官方工具(适合本地操作，管理员默认用户名为 root，密码是在配置 sql 时设置的，server host 是 localhost)。下载地址为 http://dev.mysql.com/downloads/gui-tools。下载该软件的安装包。另外，再下载 VS.NET 的 FRAMEWORK 第 3.5 版的安装包。安装 VS.NET 的 framework 第 3.5 版之后，双击 MySQL GUI Tools 安装包进行安装。该安装包中有三个 GUI 客户程序供 MySQL 服务器使用：

(1) MySQL Administrator。MySQL Administrator 是一个强大的图形管理工具，可以方便地管理和监测 MySQL 数据库服务器，通过可视化界面更好地了解其运行状态。MySQL Administrator 将数据库管理和维护综合成一个无缝的环境，拥有清晰直观的图形化用户界面。

(2) MySQL Query Browser。MySQL Query Browser 是方便图形化工具，支持创建、执行和优化 SQL 查询(MySQL 数据库服务器)。MySQL Query Browser 支持拖放构建、分析及管理查询。此外，集成环境还提供了：

- 查询工具栏：轻松地创建和执行查询和浏览查询历史；
- 脚本编辑器：控制手动创建或编辑 SQL 语句；

- 结果窗口：可将多个查询结果进行比较；
- 对象浏览器：管理用户的数据库、书签和历史，类似 Web 浏览器一样的界面；
- 数据库 Explorer：选择表和字段查询，以及创建和删除表；
- 表编辑器：轻松地创建、修改和删除表。

(3) MySQL Migration Toolkit。MySQL Migration Toolkit 是一个功能强大的迁移工具台，帮助用户从私有数据库快速迁移至 MySQL。通过向导驱动接口，MySQL Migration Toolkit 会采用可行的迁移方法来引导用户通过必要的步骤成功完成数据迁移计划。

2. phpMyAdmin(phpMyAdmin-3.2.3)

如果使用 PHP＋MySQL 这对黄金组合，那么 phpMyAdmin 比较适合(适合远程操作，服务器需 PHP 环境支持)。下载地址为 http://www.phpmyadmin.net。支持中文，管理数据库也非常方便，不足之处在于对大数据库的备份和恢复不方便。

3. MySQLDumper

MySQLDumper 使用 PHP 开发的 MySQL 数据库备份恢复程序，解决了使用 PHP 进行大数据库备份和恢复的问题，数百兆的数据库都可以方便的备份恢复，不用担心网速太慢导致中间中断的问题，非常方便易用。这个软件是德国人开发的，还没有中文语言包。

4. Navicat

Navicat 是一个桌面版 MySQL 数据库管理和开发工具。和微软 SQL Server 的管理器很像，易学易用。Navicat 使用图形化的用户界面，可以让用户使用和管理更为轻松。支持中文，有免费版本提供。

5. SQL Maestro MySQL Tools Family

SQL Maestro Group 提供了完整的数据库管理、开发和管理工具，适用于所有主流 DBMS。通过 GUI 界面可以执行查询和 SQL 脚本，管理用户以及他们的权限，导入、导出和数据备份。同时，还可以为所选定的表以及查询生成 PHP 脚本，并转移任何 ADO 兼容数据库到 MySQL 数据库。

6. MySQL Workbench 5.2 图形界面工具

该图形用户界面为 Oracle 公司出的配套图形界面。MySQL Workbench(工作台)取代了 MySQL GUI Tools Bundle，它提供了支持 DBAs 和 developers 共用的集成开发工具环境，具体内容如下所示。

- Database Design & Modeling：数据库设计与建模工具，允许用户图形化创建数据库模型；将数据模型正向转换为数据库和将数据库逆向转换为数据模型；使用表设计器可以简单方便编辑数据库的各个对象，如表、列、索引、触发器、分区、用户管理、权限和视图等。

- SQL Development：允许用户创建和管理数据库，可以在 SQL Editor 中编辑和执行 SQL 语句。取代 MySQL Query Browser。
- Server Administration：服务器管理器，取代 MySQL Administrator。允许用户创建和管理服务器实例。

MySQL Workbench 有两个版本：社区版和标准版。社区版免费，而标准版提供一些额外的企业管理功能，因此需要付费，每年每个开发者 99 美元。本节简要介绍 MySQL Workbench 5.2 社区版。

1.3.1 在 Windows 中安装 MySQL Workbench

进入 MySQL 的官方下载页面 http://www.mysql.com/downloads。单击 MySQL Workbench (GUI Tool)，进入其下载页面 MySQL Workbench 5.2 (5.2.31a GA)。选择操作系统平台(本书主要为 Windows 操作系统，平台为 Microsoft Windows)。该软件在 Windows 平台下有三种版本：

- 自动安装：该安装软件包的文件名类似于 mysql-workbench-gpl-5.2.32-win32.msi(适用于 32 位的 Windows 操作系统)，包含了安装 MySQL Workbench 5.2 所需要的所有文件。
- 非自动安装文件：文件名类似于 mysql-workbench-gpl-5.2.32-win32-noinstall.zip(适用于 32 位的 Windows 操作系统)，包含完整安装包中的全部文件，只是不包括配置向导。该安装软件包不包括自动安装器，必须手动安装和配置。
- 源码文件：该软件包的文件名类似于 mysql-workbench-gpl-5.2.32-src.zip，包含 MySQL Workbench 的所有源码文件，需要编译环境(cmake)进行重新编译。

在本书中，下载自动安装包(mysql-workbench-gpl-5.2.32-win32.msi)，双击该软件包进行安装。在 setup type 步骤中，可以选择完全安装或典型安装。

MySQL Workbench 5.2 安装成功后会在"开始"菜单中生成类似图 1-15 所示的程序组与程序项。单击其中的 MySQL Workbench 5.2 CE 程序运行。

本节概要介绍 MySQL Workbench 的使用。如果以前使用过 MySQL Workbench，那么可以跳过此节。本节简单介绍 MySQL Workbench 的使用方法，需要在本机安装 MySQL 的服务器。如果需要连接远程服务器，需要获得可信远程连接。

1.3.2 主界面

当打开 MySQL Workbench 时，出现的界面如图 1-16 所示，该界面有两个主要部分：上面为中央工作台，中央工作台能让使用者不断地获得 MySQL 工作台的新闻、活动和资源。下面为工作区，所设计的工作区主要是快速导航到所需的功能。为了使用方便，工作区从左至右分为三个主要区域：SQL 开发、数据库设计和建模、服务器管理。

1.3.3 服务器管理

MySQL Workbench 5.2.16 之后的版本中包含了管理服务器(Server Administration)实

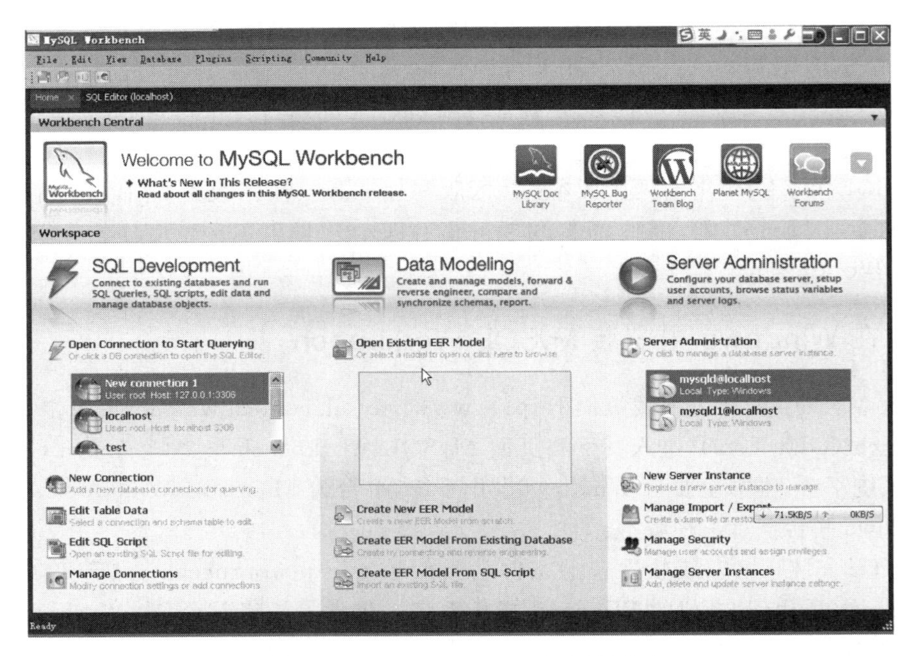

图 1-16　MySQL Workbench 启动界面

例(本地服务器和远程服务器)的功能：通过创建连接到所需要管理的服务器的服务器实例来管理该服务器，如启动和停止服务器。

图 1-16 中右边的服务器管理模块主要提供的功能为：创建和管理服务器实例、在服务器实例上管理和注册函数。

在“主界面”上有服务器管理模块的工作区，在该工作区中包含服务器管理，新的服务器实例，管理数据导入、导出，管理安全，管理服务器实例。

1. 注册新服务器实例

这部分功能主要是在管理平台注册新服务器实例。单击图 1-16 中的 New Server Instance 链接，打开注册新服务器向导，如图 1-17 所示。

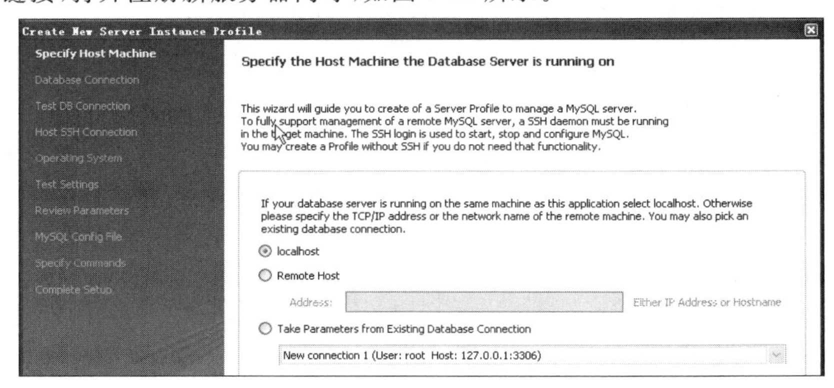

图 1-17　注册服务器向导

在该界面选择所需连接的服务器，如果为本地服务器，选择 localhost，否则选择 Remote Host。在 Address 文本框中输入远程服务器的 IP 地址。在本书中，服务器为本地服务器，所以选中 localhost 单选按钮，单击 Next 按钮，打开数据库连接设置，如图 1-18 所示。

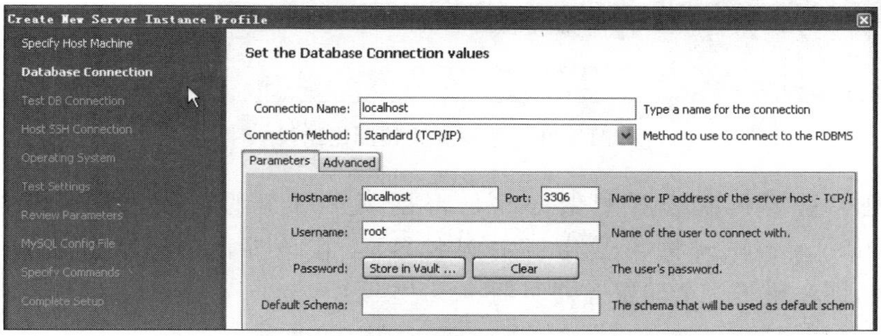

图 1-18 数据库连接设置

在该界面中对数据库连接进行设置。录入连接服务器的用户名，默认为 root，单击 Store in Vault 按钮录入 root 的密码，从而允许进入 MySQL 时不需要每次都录入密码，也可以不设置。如果需要的话，也可以通过使用其他账户（包括用户名和密码）来连接服务器。

设置完成后，单击 Next 按钮，进入测试数据库连接界面，如图 1-19 所示。

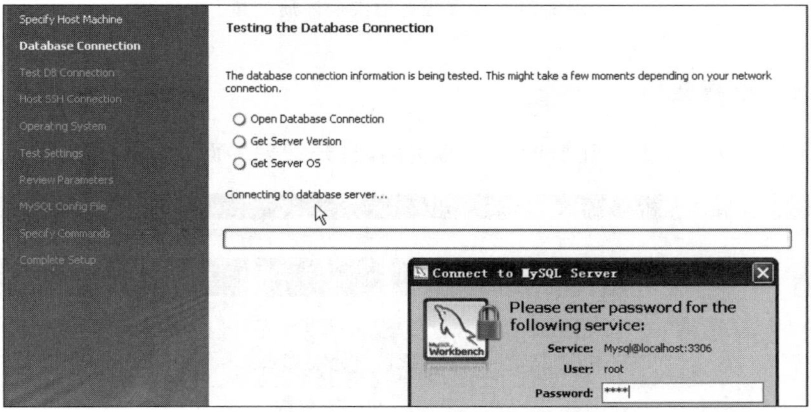

图 1-19 数据库连接测试

如果上文未录入 root 的密码，则弹出输入密码对话框。在该对话框中输入密码，单击 OK 按钮，进行数据库连接测试，结果如图 1-20 所示。在图 1-20 中可知服务器安装在 Windows 操作系统之上，MySQL 的安装类型是 5.5.9。

单击 Next 按钮，进入为计算机设置 Windows 注册变量界面，如图 1-21 所示。设置这些信息允许 MySQL Workbench 来检查注册文件的位置和根据命令启动或关闭服务器。设置完成后，单击 Next 按钮，进入检测主机设置界面，包括连接主机，检查启动\关闭命令位置和检查环境变量。单击 Next 按钮，弹出 review settings 对话框，该对话框让

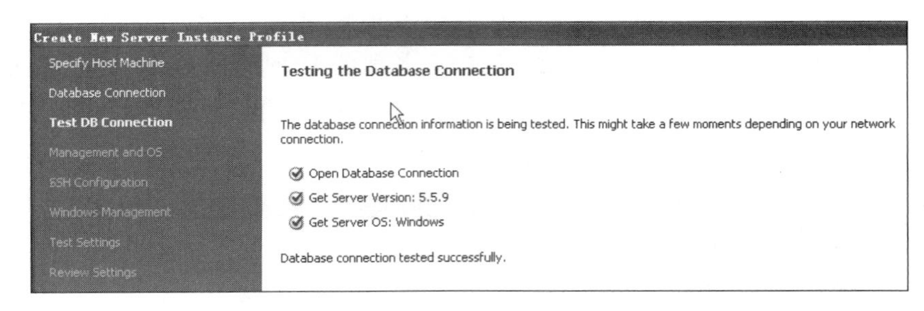

图 1-20 数据库连接测试结果

用户确认是否需要再次查看所做修改是否是用户所想的修改。若不想查看，单击 continue without review 进入创建新实例名界面，在该界面中录入新实例名后单击 Finish 按钮，即注册了一个新服务器实例。

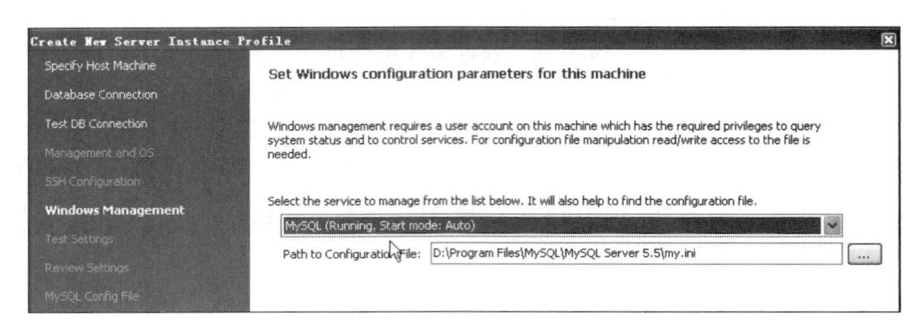

图 1-21 设置服务器实例注册变量

2. 管理服务器实例

在主界面中双击在上文注册的服务器实例，打开管理界面，如图 1-22 所示。

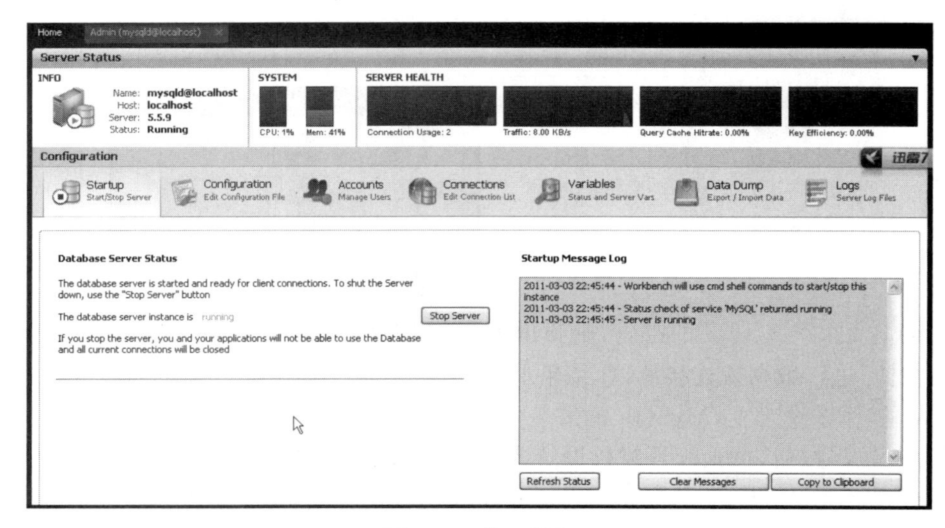

图 1-22 管理界面

在该界面中，上部为服务器信息，包括注册服务器名称、主机名、服务器版本、运行状态，以及系统 CPU 所占比例，系统健康情况（包括连接用户、速度、查询缓冲区使用率和键使用效率）。

在界面的下半部分为各种配置信息，包括：

- Startup：该选项卡包括服务器运行状态，开启服务器运行和关闭服务器，如图 1-22 所示。
- Configuration：该选项卡主要帮助用户设置 my. ini 中各种系统变量，如图 1-23 所示。在该选项卡之下又分为各种子选项卡，如 General、Advanced、MyISAM Parameters、Performance、Log Files、Security、InnoDB Parameters、NDB Parameters、Transactions、Networking、Replication 和 Misc。其中，MyISAM Parameters、InnoDB Parameters 和 NDB Parameters 是对三种存储引擎的各种属性做管理，Replication 是对复制所用的属性做管理，Misc 是对存储磁盘做管理。

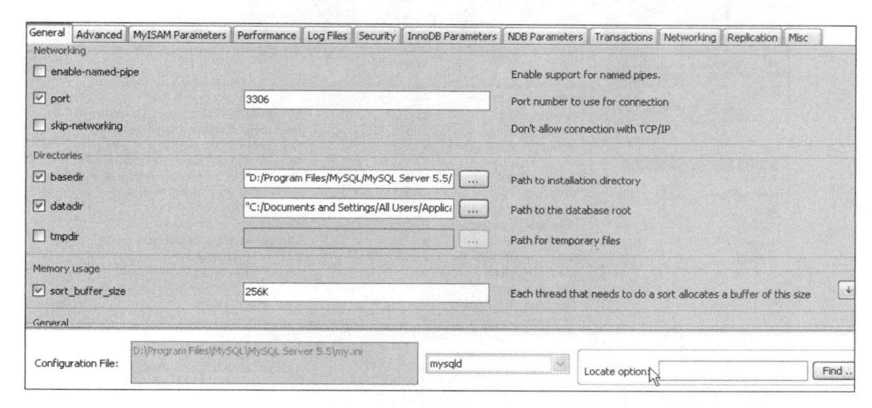

图 1-23 Configuration 选项卡

- Accounts：账户选项卡，包括两个子选项卡，如图 1-24 所示。Server Access Management 子选项卡中列举已有用户、添加和删除用户、给用户设置全局权限、设置用户连接限制；Schema privileges 子选项卡设置用户的数据库权限。

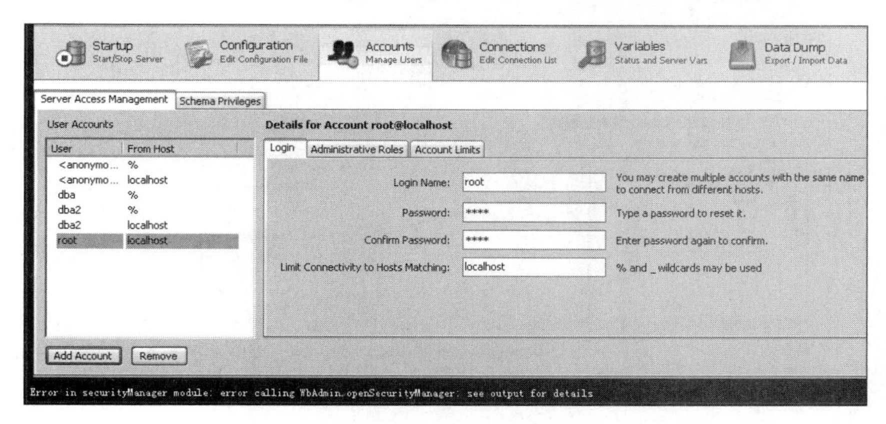

图 1-24 Accounts 选项卡

- Connections：该选项卡中列举了所有当前连接，如图 1-25 所示。

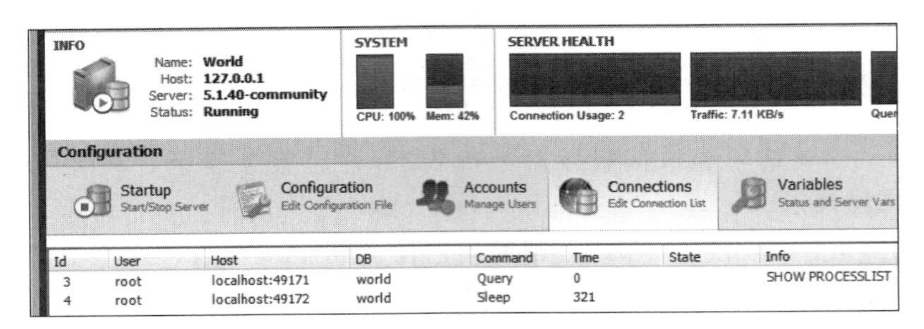

图 1-25 Connections 选项卡

- Variables：该选项卡中列举了所有系统变量，如图 1-26 所示。

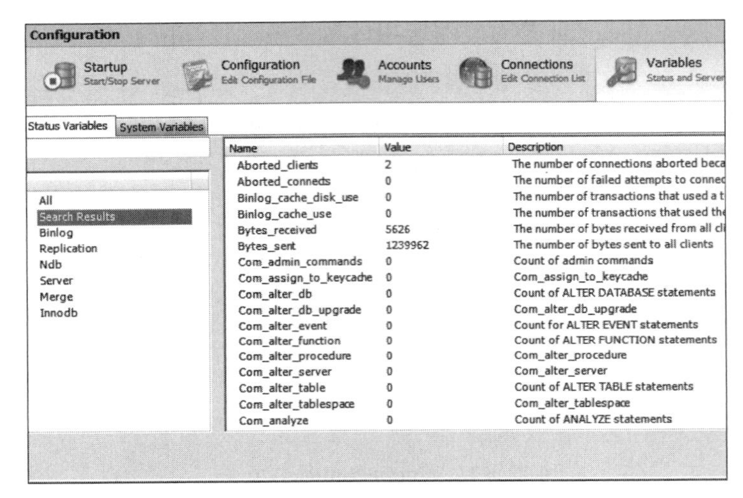

图 1-26 Variables 选项卡

- Data Dump：该选项卡主要创建数据库备份和从备份中还原数据库，分为三个子选项卡：导出、导入和控制导入\导出的参数，如图 1-27 所示。

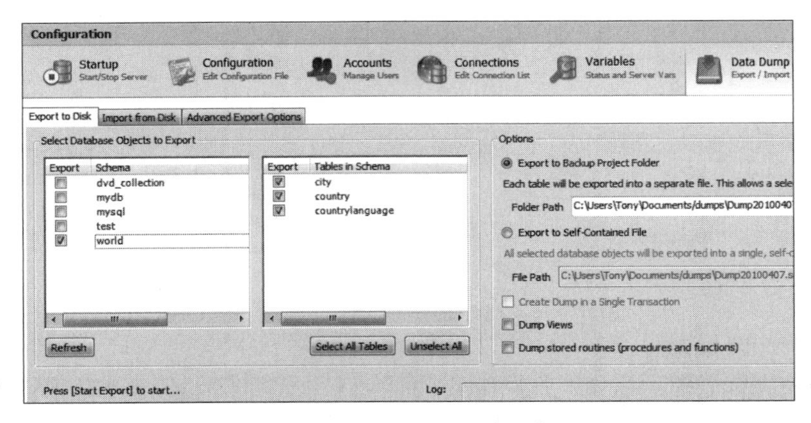

图 1-27 Data Dump 选项卡

1.3.4 数据库设计和建模(Database Design & Modeling)

本节介绍如何创建数据模型,创建表,从模型中生成 EER 图,从模型中正向生成数据库,从数据库逆向生成模型。

1. 数据库建模(以"movies 数据库"为例)

首先,打开 MySQL Workbench,在其主界面单击 Create New EER Model,出现"MySQL 模型编辑器"的设计界面,如图 1-28 所示。

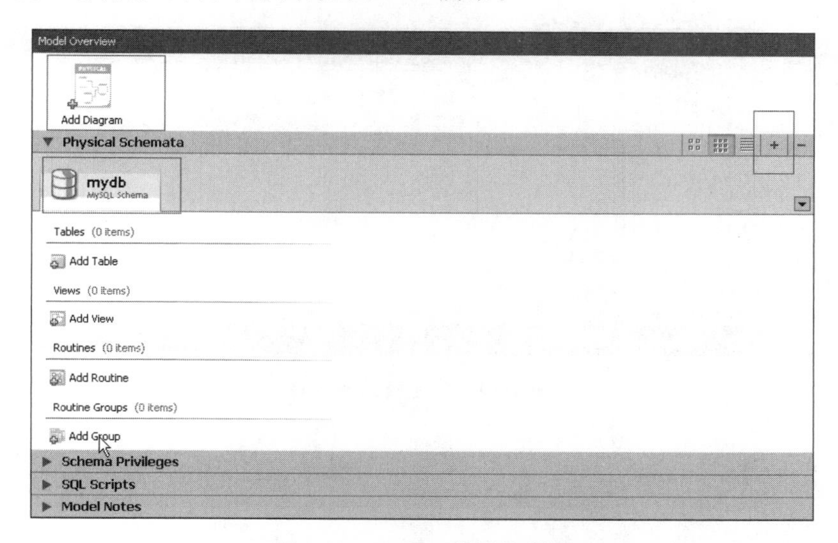

图 1-28 MySQL 模型编辑器

该界面包括:

- EER Diagrams(即 Model Overview):使用"添加 EER 图"按钮创建 EER 图。
- Physical Schemata(物理模式平台):包括创建 EER 图中所有的表、视图和存储过程。
- Schema Privileges:包括为架构创建用户及其权限设置。
- SQL Scripts:使用 sql scripts 平台装载和修改 SQL 脚本。
- Model Notes:使用 model notes 平台编写项目笔记。

在 Model Overview 工具栏单击"+"按钮添加新的模式。这将创建一个新的模式和新模式的 tabsheet。在 tabsheet 中更改模式名称为 movies,如图 1-29 所示。

双击图 1-29 中的 Add Diagram,打开数据库 EER 图编辑器,如图 1-30 所示。

在 EER Diagram 窗口中单击 place a new table 按钮,在工作平台中添加一个新表,双击该表打开表设计器,在表设计器中把表名改为 movies,如图 1-31 所示。

在表设计器中,由 Table 选项页换为 Columns 选项页(见图 1-32),在该选项页中录入表的属性列,如表 1-2 所示。

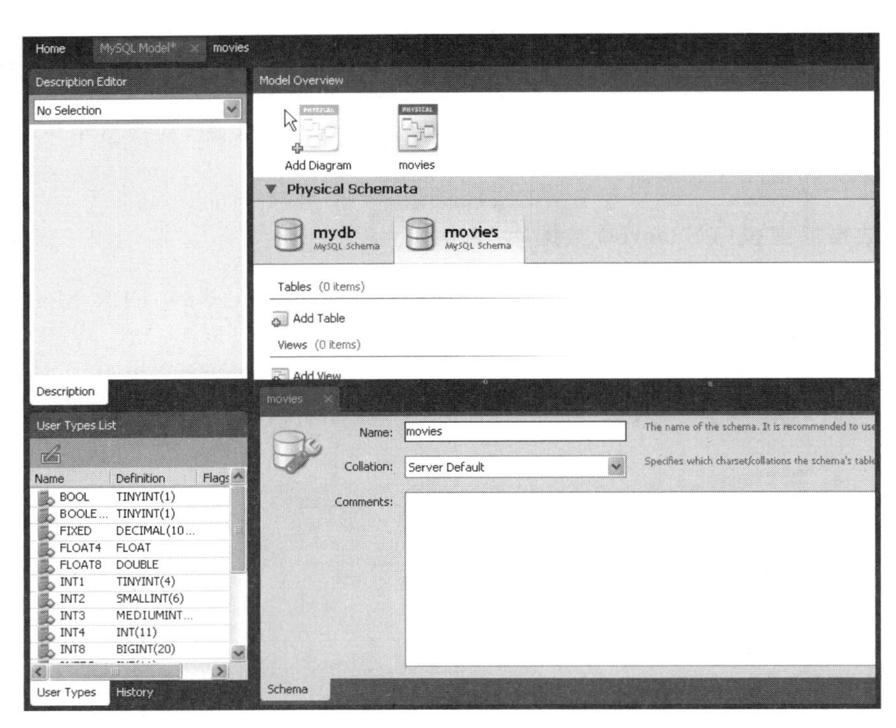

图 1-29 新建模式 movies

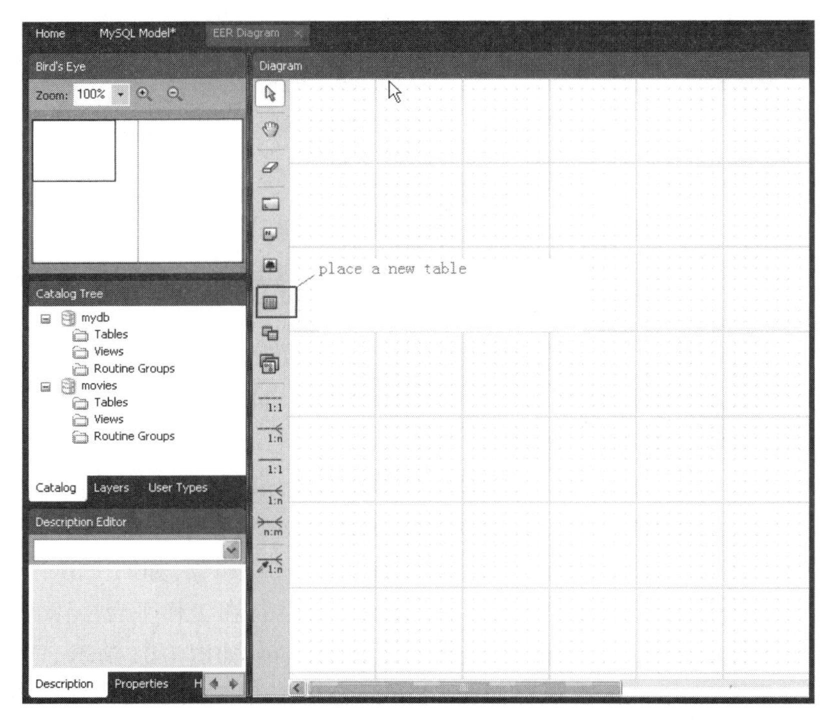

图 1-30 EER 图编辑器(MySQL 模型编辑器)的设计界面

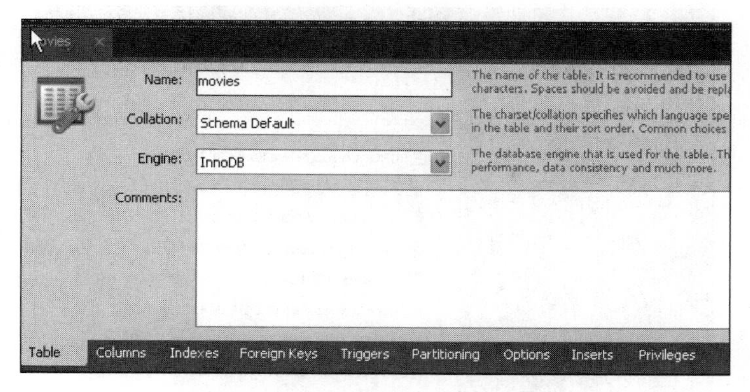

图 1-31　表设计器的 Table 选项页

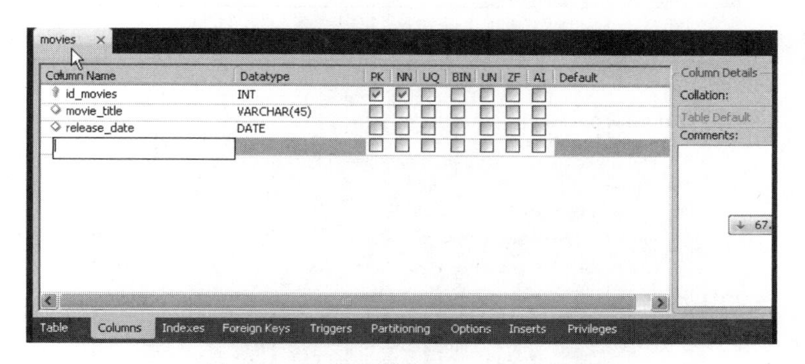

图 1-32　表设计器的 Columns 选项页

表 1-2　movies 属性

属　性　名	数 据 类 型	列　约　束
id_movies	Int	Pk
movie_title	VARCHAR(45)	NN
release_date	DATE (YYYY-MM-DD)	None

最终得到 movies 数据库的 EER 图(见图 1-33)。

图 1-33　Movies 数据库的 EER 图

2. 正向工程

正向工程可以从 EER 图生成数据库，也可以生成 sql 脚本文件。

支持从上文生成的 movies 数据库 EER 图生成数据库。单击 database>forward engineer…，打开正向工程生成数据库向导，如图 1-34 所示。

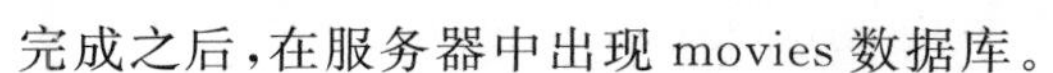

完成之后，在服务器中出现 movies 数据库。

如果单击 file>export>forward engineer to sql script，则打开的是正向工程生成 sql 脚本文件，如图 1-35 所示，该脚本文件在服务器上执行同样可得 movies 数据库。

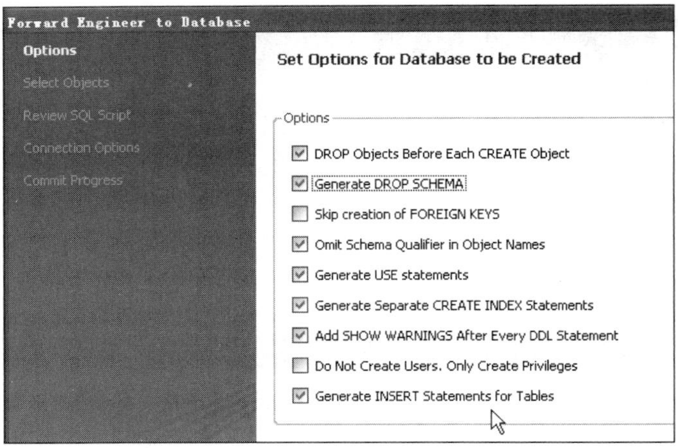

图 1-34　正向工程生成数据库

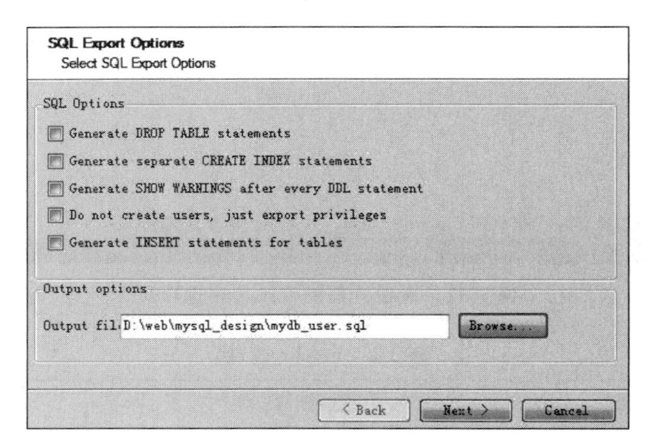

图 1-35　正向工程生成 SQL 脚本文件

3. 逆向工程

支持根据 SQL 脚本创建 EER 图，或者根据数据库生成 EER 图。

把 sql 脚本导入，通过逆向工程生成数据库文件。单击 file > import > reverse engineer to sql script，打开 sql 脚本逆向工程生成模型向导，如图 1-36 所示。

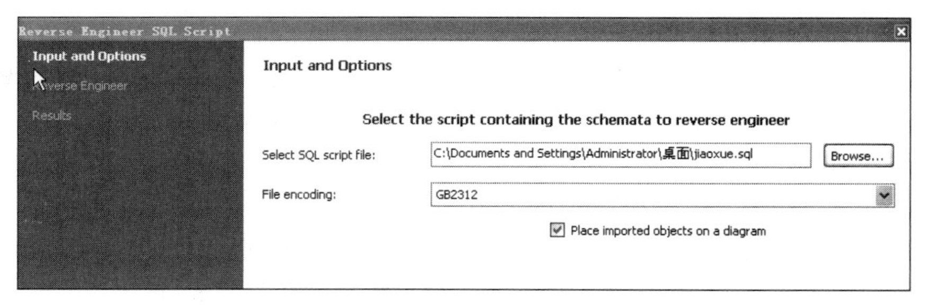

图 1-36　SQL 脚本逆向生成 Diagram

单击 database>reverse engineer…，打开数据库逆向工程生成模型向导，如图 1-37 所示。其余操作按序进行。

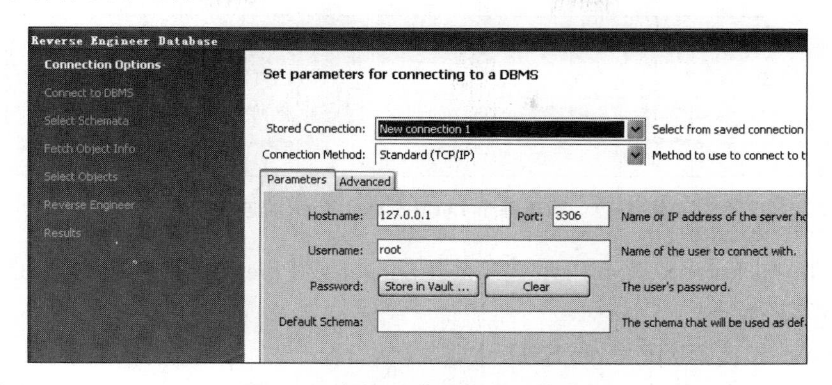

图 1-37 数据库逆向生成 Diagram

1.3.5 SQL 开发

MySQL Workbench 这部分主要是完成 MySQL 查询分析器的功能，包括连接到已存在的数据库和运行 sql 查询、sql 脚本、编辑数据和管理数据库对象。

1. 新建连接

单击 SQL Development 中的 New Connection，打开 Setup New Connection 对话框，如图 1-38 所示。在该对话框中对相应的数据做设置。

(1) Connection Name：设置连接的名字。

(2) Connection Method：设置网络传输的协议，网络传输协议包括标准 TCP/IP、Local Socket/Pipe 和 Standard TCP/IP Over SSH。

① 标准 TCP/IP 连接，如图 1-38 所示。

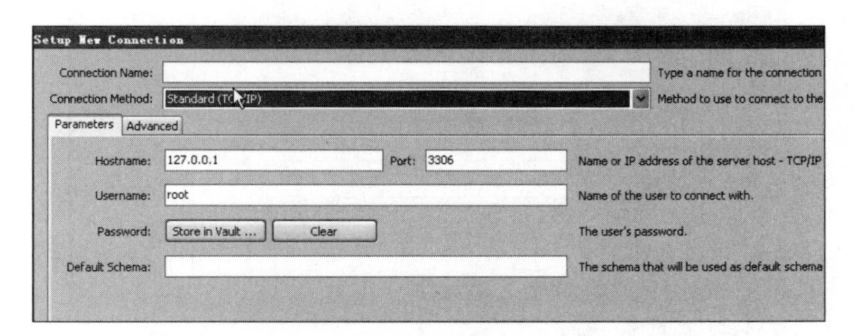

图 1-38 新建连接对话框

- Hostname：设置主机名或主机 IP；
- Port：设置 MySQL 服务器的侦听端口，默认为 3306；
- Username：连接用户名；
- Password：可以将密码保存，以便自动登录；

• Default Schema：设置登录的默认模式。

② Local Socket/Pipe，如图 1-39 所示。

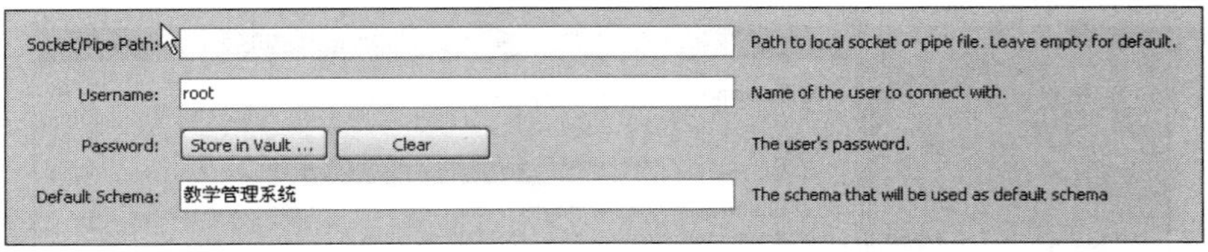

图 1-39 新建基于 Local Socket/Pipe 的连接设置

其中，Local Socket/Pipe Path 是 Local Socket 或 Pipe 的文件路径，如果是使用默认值的话，该路径为空。

③ Standard TCP/IP Over SSH

该连接类型是允许 MySQL Workbench 连接到 MySQL Server 时使用基于 SSH 信道之上的 TCP/IP。

说明：通过使用 SSH(Secure Shell Protocol，安全外壳协议)可以把所有传输的数据进行加密，能够防止 DNS 和 IP 欺骗。还有一个额外的好处就是传输的数据是经过压缩的，所以可以加快传输的速度。SSH 有很多功能，它既可以代替 telnet，又可以为 ftp、pop 甚至 ppp 提供一个安全的"通道"。SSH 客户端与服务器端通信时，用户名及口令均进行了加密，有效防止了对口令的窃听。

该连接类型比标准 TCP/IP 多了一些参数：

• SSH Hostname：SSH 服务器的名称，同时需要提供端口号。
• SSH Username：连接的 SSH 用户的名称。
• SSH Password：SSH 的密码。
• SSH Key File：SSH 密钥文件的路径。

具体参数如图 1-40 所示。

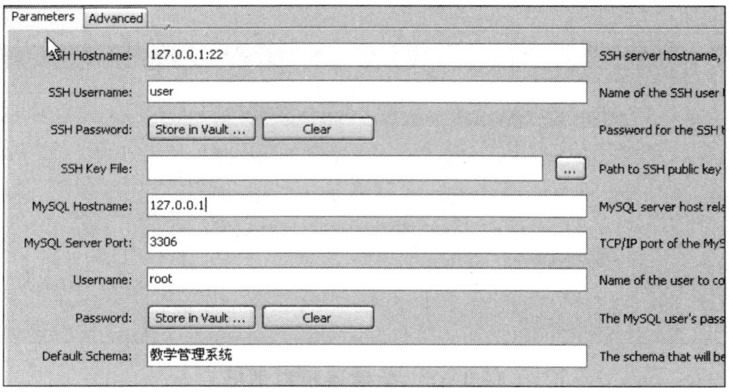

图 1-40 新建基于 Standard TCP/IP Over SSH 的连接设置

2. 数据库中录入数据

前文已创建模型、架构和表，已经将模型正向生成活动服务器中的数据库。本部分

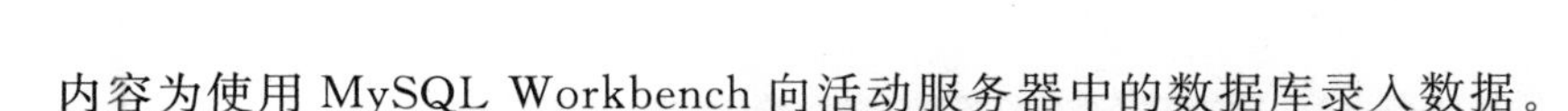

内容为使用 MySQL Workbench 向活动服务器中的数据库录入数据。

（1）在主界面（如图 1-16 所示）中单击 SQL Development 下的 Edit Table Data。

（2）在编辑表数据向导中连接选择 localhost，单击 Next 按钮。

（3）选择模式 movies，选择表 movies，单击 Finish 按钮。

（4）打开 sql 编辑器，在 sql 编辑器中可以录入数据（如表 1-3 所示）。

表 1-3　Movies 表中数据

Id_movies	title	release_date
101	gone with the Wind	1939-04-17
102	the Hound of the Baskervilles	1939-03-31
103	the Matrix	1999-06-11
104	above the Law	1988-04-08

（5）单击 apply changes to data source 按钮，把修改的数据录入表中，如图 1-41 所示。

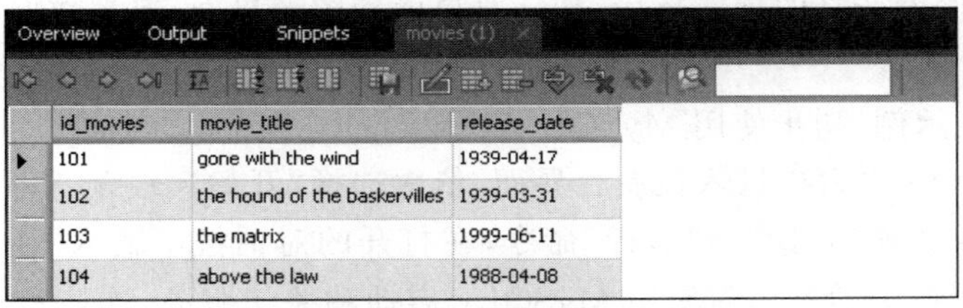

图 1-41　录入数据

3. 打开连接以便查询

双击主界面的 open connection to start querying 中的 localhost（表示为本地服务器），打开 sql 编辑器，其界面如图 1-42 所示，在 sql 编辑器中输入“select * from movies”，单击图 1-43 中 sql 编辑器的工具栏中的“运行”按钮（说明：运行前需要先选定默认数据库为 movies）。

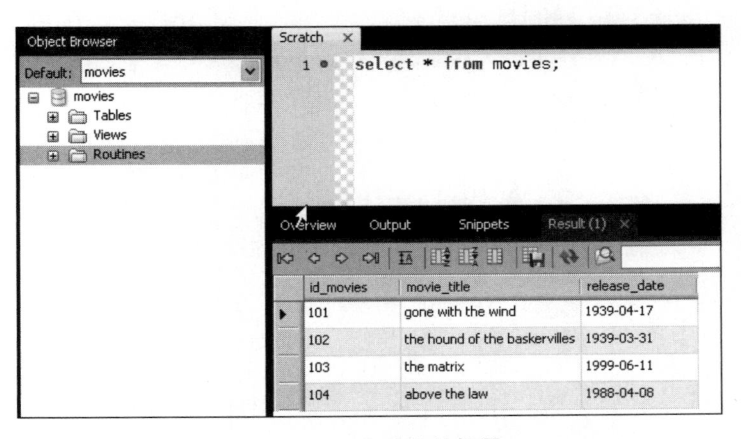

图 1-42　SQL 查询编辑器

图 1-43 SQL 查询编辑器——工具栏

实验内容与要求

(1) 选择一个常用的数据库产品,如 MySQL、MS SQL Server、Oracle 和 DB2 等,进行实际的安装操作,并记录安装过程。可参照实验示例,亲自在某计算机上安装某一版本的 MySQL 和 MySQL Workbench,并记录安装机器的软件、硬件平台和网络状况等。

(2) 运行选定的数据库产品,了解数据库启动和停止、运行与关闭等情况。了解数据库系统可能有的运行参数、启动程序所在目录、其他数据库文件所在目录等情况。可参照实验示例,重点对 MySQL 数据库管理系统实施基本操作。

(3) 熟悉数据库产品的操作环境,如字符界面和图形界面;熟悉数据库产品的基本操作方法。

① 参照实验示例,初步使用 MySQL Workbench。

② 在 Windows 平台中进入控制台界面,依次选择"开始"→"所有程序"→"附件"→"命令提示符",或选择"开始"→"运行"命令,在打开的对话框中输入"cmd",单击"确定"按钮。在 DOS 窗口中学习如何使用 MySQL:启动和关闭服务,连接和退出服务及简单使用 mysql 行编辑器。

(4) 上网检索除了 MySQL Workbench 图形工具之外,MySQL 的图形管理工具还有哪些,选择一种安装并简单使用。

(5) 选择若干典型的数据库管理系统产品,如 Oracle 系列、SQL Server 系列、VFP 系列等,了解它们包含的主要模块及各个模块的主要功能;初步比较各数据库管理系统在功能上的异同和强弱。

(6) 根据以上实验内容和要求,上机操作后组织编写实验报告。

实验 2 EXPERIMENT 2

MySQL 数据库基础操作

实 验 目 的

掌握数据库的基础知识，了解数据库的物理组织与逻辑组成情况，学习创建、修改、查看、缩小、更名、删除等数据库的基本操作方法。

背 景 知 识

数据库管理系统是操作和管理数据的系统软件，它一般都提供两种操作与管理数据的手段：一种是相对简单易学的交互式界面操作方法；另一种是程序设计人员通过命令或代码（例如 SQL）的方式来操作与管理数据的使用方法。

大中型数据库系统的数据组织形式一般为：数据库是一个逻辑总体，它由表、视图、存储过程、索引、用户等众多逻辑对象组成。数据库作为一个整体对应于磁盘上一个或多个磁盘文件。MySQL 也是如此。

MySQL 中创建数据库时如果选择不同的存储引擎，数据库的文件类型和格式不同。在 MySQL 5.5 的 Windows 分发版中，InnoDB 存储引擎作为 MySQL 的默认存储引擎，它是为事务处理而设计的，特别是为处理多而生存周期比较短的事务而设计。一般来说，这些事务基本上都会正常结束，只有少数才会回退。它是目前事务型存储引擎使用最多的。除了它的高并发性之外，另一个著名的特性是外键约束，这一点 MySQL 服务器本身并不支持。InnoDB 提供了基于主键的极快速的查询。InnoDB 把表和索引存储在一个表空间中，表空间可以包含数个文件（或原始磁盘分区）。除了 InnoDB 存储引擎之外，还有其他的存储引擎，如 MyISAM、Memory 和 Cluster/NDB 等。

本实验给出了创建和管理数据库的两种方法：交互式和命令式。

实 验 示 例

创建数据库是实施数据库应用的第一步，创建结构合理的数据库需要合理规划和设计，需要理解数据库物理存储结构与逻辑结构。从本实验开始正式介绍 MySQL 数据库的各个方面。在 MySQL 中，database 和 schema 是一个概念，本节介绍示例数据库

(jxgl)的相关操作,包括查看、建立和删除等操作。

2.1 使用 MySQL Workbench 管理数据库

在 MySQL Workbench 中创建自己的数据库,可以采用三种方法:

(1) 单击 create new EER model,打开 MySQL Model。在 MySQL Model 设计器中创建空的 EER 图,命名为 jxgl,将该图进行正向工程生成数据库。

(2) 双击 Open Connection to Start Querying 下的 localhost 连接,打开 SQL Editor 编辑器。在 Sql Editor 编辑器中使用交互方式创建数据库。

(3) 使用 SQL Editor 编辑器编辑 SQL 语句创建数据库并执行。

第一种方法参见 1.3.4 节,建立空模型并进行正向工程,生成数据库。

第二种方法使用 SQL Editor 编辑器交互式创建数据库的步骤如下:

(1) 打开 SQL Editor 编辑器,如图 2-1 所示。

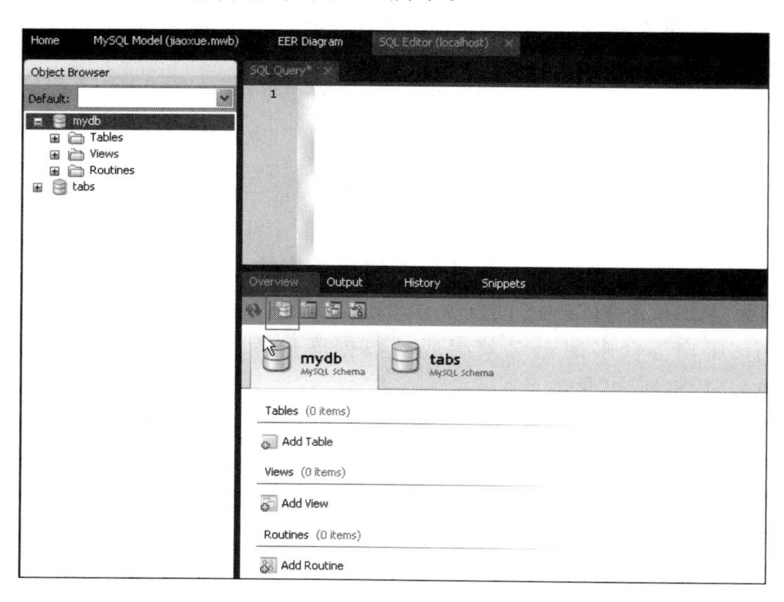

图 2-1 SQL Editor

(2) 在编辑器的左边是对象浏览器,在对象浏览器中右击,从弹出的快捷菜单中选择 create schema 命令,弹出 New Schema 对话框。

(3) 在该对话框中修改数据库的名称为 jxgl,单击 Apply 按钮,出现 Apply SQL Script to Database。

(4) 单击 Apply sql 按钮,完成数据库的创建。

第三种方法使用 SQL Editor 编辑器编辑 SQL 语句创建数据库的步骤如下:

在 SQL Query 中输入 SQL 语句,单击实验 1 中图 1-43 中 SQL 查询编辑器——工具栏中的“执行”按钮。

2.2 使用SQL语句创建数据库

句法：CREATE DATABASE|Schema db_name

功能：CREATE DATABASE|Schema 用给定的名字创建一个数据库。

注：如果数据库已经存在，报错。

创建MySQL数据库实际是生成该数据库中表的文件的目录，默认目录地址为C:\Documents and Settings\All Users\Application Data\MySQL\MySQL Server 5.5\data\。如果数据库在初始创建时没有任何表，CREATE DATABASE语句只是在MySQL数据目录下面创建一个目录。

例2-1 创建jxgl数据库。

解：

```
mysql>create database jxgl;
```

然后利用show databases观察效果。

2.3 用SHOW显示已有的数据库

句法：

```
SHOW DATABASES [LIKE wild]
```

如果使用LIKE wild部分，wild字符串可以是一个使用SQL的%和"_"通配符的字符串。

功能：SHOW DATABASES列出在MySQL服务器主机上的数据库。

例2-2 查看本机服务器上的数据库。

解：

```
mysql>show databases;
+----------+
| Database |
+----------+
| jxgl     |
| mysql    |
| mytest   |
| test     |
| test1    |
+----------+
```

或：

```
mysql>show databases like 'my%';
```

```
+-----------------+
| Database (my%)    |
+-----------------+
| mysql            |
| mytest           |
+-----------------+
```

或：用 mysqlshow 程序也可以得到已有数据库列表。

```
C:\>mysqlshow -h localhost -u root -p
```

注：C:\>mysqlshow -? 可获得更多命令参数与使用帮助。

2.4 用 USE 选用数据库

句法：

```
USE db_name
```

功能：USE db_name 语句告诉 MySQL 使用 db_name 数据库作为随后查询的默认数据库。数据库保持到会话结束，或发出另外一个 USE 语句。

例 2-3 进入 jxgl 数据库。

解：

```
mysql>USE jxgl;
```

2.5 删除数据库

2.5.1 使用 SQL 语句删除数据库

句法：

```
DROP DATABASE [IF EXISTS] db_name
```

功能：DROP DATABASE 删除数据库中的所有表和数据库。要小心地使用这个命令。

DROP DATABASE 返回从数据库目录被删除的文件的数目。

2.5.2 用 MYSQLADMIN 创建和删除

在命令行环境下可以使用 MYSQLADMIN 创建和删除数据库。

创建数据库：

```
C:\>mysqladmin create db_name
```

删除数据库：

```
C:\>mysqladmin drop db_name
```

例 2-4 在命令行环境中创建和删除数据库 jxgl。

解：创建数据库：

```
C:\>mysqladmin -h localhost -u root -p create jxgl
```

删除数据库：

```
C:\>mysqladmin -h localhost -u root -p drop jxgl
```

2.5.3 直接在数据库目录中创建或删除

数据库目录是 MySQL 数据库服务器存放数据文件的地方，不仅包括有关表的文件，还包括数据文件和 MySQL 的服务器选项文件。

例 2-5 进入 mysql 之后，使用 show variables 显示 my.ini 中相关路径信息。

解：

```
mysql> show variables like '%dir';
+----------------------------+--------------------------------+
| Variable_name              |Value                           |
+----------------------------+--------------------------------+
| basedir                    | D:\Program Files\MySQL\MySQL Server5.5\  |
| datadir                    | C:\Documents and Settings\All Users\
Application Data\MySQL\MySQL Server 5.5\Data\                 |
| tmpdir                     | C:\WINDOWS\TEMP                |
| …                          | …                              |
+----------------------------+--------------------------------+
10 rows in set (0.00 sec)
```

由例 2-5 可知，basedir 为 MySQL 的安装路径；datadir 为数据库存放位置；tmpdir 为临时存放位置。在 datadir 目录下面创建一个文件夹，即可创建一个数据库。同样，目录删除即是删除数据库。

实验内容与要求

(1) 使用 MySQL Workbench，按实验示例所述三种方法创建 jxgl 数据库。

(2) 使用 SQL 语句创建订报数据库(DingBao)。

(3) 使用各种命令对所创建的数据库进行管理，在磁盘上能找到自己创建的数据库所对应的文件目录及表等对象文件。

(4) 创建实验 14 中 14.2 节的数据库 KCGL。能指定数据库 KCGL 的默认字符集为 gb2312。

实验3 EXPERIMENT 3

表、ER图、索引与视图的基础操作

实验目的

(1) 掌握数据库表与视图的基础知识。
(2) 掌握创建、修改、使用和删除表的不同方法。
(3) 掌握 ER 图的使用方法。
(4) 掌握索引的使用方法。
(5) 掌握创建、修改、使用和删除视图的不同方法。

背景知识

在关系数据库中，每个关系都对应为一个表，表是数据库中最主要的对象，是信息世界或实体间联系的数据表示，是用来存储与操作数据的逻辑结构。使用数据库时，绝大多数时间都在与表打交道，因此掌握 MySQL 中表的相关知识与相关操作是非常重要的。

1. 表的基础知识

表是包含所有形式数据的对象。表的定义是定义列的集合，数据在表中的组织方式与在电子表格中相似，都是按行和列的格式进行组织的。每一行代表一个唯一的记录，每一列代表记录中的一个字段。

用户通过交互的方式或使用数据操作语言（DML）T-SQL 语句（查询 SELECT 命令、更新 INSERT、UPDATE、DELETE 命令）来使用表中的数据。

2. 对关系的定义和内容维护

关系数据库中，关系模式是型，关系是值。关系模式是对关系的描述，一个关系模式应当是一个五元组，它可以形式化表示为 R(U,D,dom,F)。为此，创建关系表需要指定关系名(R)，关系的所有属性(U)，各属性的数据类型和长度(D 和 dom)，属性与属性之间或关系表的完整性约束规则(F)。表的完整性约束可以通过约束，默认值和 DML 触发器来保证。

关系是关系模式在某一时刻的状态或内容。所谓关系表的维护就是随着时间的推移不断地添加、修改或删除表记录内容来动态跟踪变化关系，以反映现实世界某类事物的变化状况。

3. 表的设计

设计数据库时应该先确定需要多少表，每个表中的字段是什么以及各个表的存取权限等。

(1) 确定表中每个字段数据类型，可以限制插入数据的变化范围。

(2) 确定表中每个字段是否允许为空值，空值(NULL)并不等于0、空白或0长度字符串，而是意味着没有输入，值不确定。

(3) 确定是否要使用以及何时使用约束、默认值和触发器。确定哪些列是主键，哪些是外键。

(4) 需要的索引类型以及需要建立哪些索引。

(5) 设计的数据库一般应该符合第三范式的要求。

4. ER图

关系模型为数据库设计中的逻辑模型，为信息世界到机器世界的第二层抽象。现实世界到信息世界的第一层抽象可以使用概念模型(ER模型为例)。信息世界中的基本概念包括实体、实体型、实体集、属性、主码、联系等。

实体：客观存在并可以互相区别的事物。

属性：实体所具有的某一特性。

主码：唯一标识实体的最小属性集。

实体型：用实体名和属性名的集合来抽象和刻画同类实体。

实体集：同类实体的集合。

联系：实体型之间或实体与联系之间的联系。

5. 视图

在关系数据库系统中，视图为用户提供了多种看待数据库数据的方法和途径，是关系数据库系统中的一种重要对象。视图是从一个或多个基本表(或视图)中导出的表，它与基本表不同，是一个虚表。通过视图可以操作数据，基本表的数据变化也可以在视图中体现出来。视图一经定义，其使用方式与基本表的使用方式基本相同。

6. 索引

索引是与视图或表相关联的文件组织结构，通过索引可以加快从表或视图中检索行的速度。索引包含由表或视图中的一列或多列生成的键，这些键储存在一个结构(B+树)中，使MySQL可以快速有效地查找与键值相关联的行。索引可以简单理解为是键值与键值相关联行的存取地址的一张表。

表或视图的索引可以粗分为以下两类：聚集索引和非聚集索引。在聚集索引中，表中各行的物理顺序与键值的逻辑（索引）顺序相同，表只能包含一个聚集索引。如果不是聚集索引，非聚集索引的表中各行的物理顺序与键值的逻辑顺序不匹配。聚集索引比非聚集索引有更快的数据访问速度。

可以利用索引快速定位表中的特定信息，相对于顺序查找来说，利用索引查找能更快地获取信息。通常情况下，只有当经常查询索引列中的数据时，才需要在表上查询列创建索引。索引将占用磁盘空间，并且降低添加、删除和修改行的速度。不过在多数情况下，索引带来的数据检索速度的优势大大超过它的不足之处。

实验示例

本书实验主要使用的示例数据库为包括如下三个表的“简易教学管理”数据库(jxgl)。

(1) 学生表 student，由学号(sno)、姓名(sname)、性别(ssex)、年龄(sage)、所在系别(sdept)5 个属性组成，记为 student(sno，sname，ssex，sage，sdept)，其中主码为 sno。

(2) 课程表 course，由课程号(cno)、课程名(cname)、先修课号(cpno)、学分(ccredit)4 个属性组成，记为 course(cno，cname，cpno，ccredit)，其中主码为 cno。

(3) 学生选课 sc，由学号(sno)、课程号(cno)、成绩(grade)三个属性组成，记为 sc(sno，cno，grade)，其中主码为(sno，cno)，Sno 为外码参照 student 表中的 sno、cno 为外码参照 course 表中的 cno。

表内容如表 3-1～表 3-3 所示。

表 3-1 student

sno	sname	sage	ssex	sdept
2005001	钱横	18	男	Cs
2005002	王林	19	女	Cs
2005003	李民	20	男	Is
2005004	赵欣然	16	女	Ma

表 3-2 course

cno	cname	cpno	ccredit
1	数据库系统	5	4
2	数学分析	Null	2
3	信息系统导论	1	3
4	操作系统原理	6	3
5	数据结构	7	4
6	数据处理基础	Null	4
7	C 语言	6	3

表 3-3 sc

sno	cno	grade
2005001	1	87
2005001	2	67
2005001	3	90
2005002	2	95
2005003	3	88

创建数据库之后，就可以在该数据库中创建表、索引和视图了。

与 SQL Server 不同，在 MySQL 中，数据表的存储引擎(也称作表类型)是插入式的，在建表时可以选择不同的存储引擎。MySQL 总是创建一个.frm 文件保存表和列定义，根据存储引擎确定索引和数据是否在其他文件中存储。如果追求最小的使用空间和最高的效率，选择存储引擎为 MyISAM，这种表只能创建主键约束。如果想提高安全性或追求多人并行操作，选择存储引擎为 InnoDB，这种表可以创建主、外键约束。在 MySQL 5.5 之前，默认的存储引擎为 MyISAM，而 5.5 版本及之后，默认的存储引擎为 InnoDB。在本书中，表的存储引擎选择为 InnoDB 存储引擎。

本实验内容为在上文创建的 jxgl 数据库中创建 student、course 和 sc 三个表。

3.1 使用 MySQL Workbench 创建表

在 MySQL Workbench 中创建表，可以采用三种方法。

第一种方法，单击 open existing EER model 中的 jxgl 模型(实验 2 已创建)，打开图 1-30 所示的设计界面。双击 Add Table 创建一个新表，如图 3-1 所示。

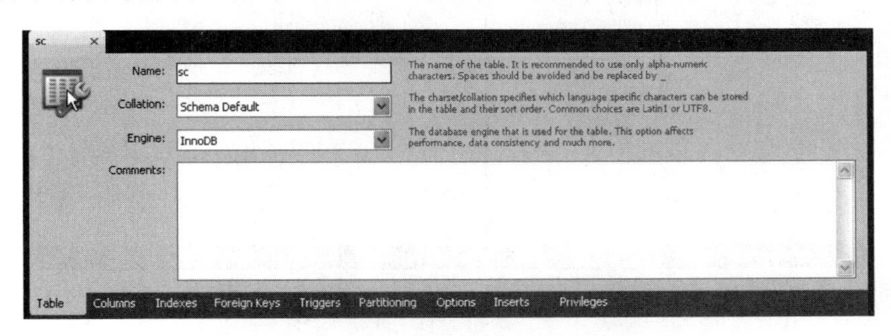

图 3-1　在 MySQL 模型编辑器中创建新表

在其中创建表结构：

(1) 在 Table 选项卡中设置表名、表中数据的字符集和存储引擎，如图 3-1 所示。

(2) 在 Columns 选项卡中设置表中的属性列，包括列名(Column Name)，数据类型(Datatype)和是否为主键约束(PK)、唯一值(UQ)、默认值(Default)、非空值(NN)、二进制(BIN)、无符号数(UN)、自动种子填充(AI)等，如图 3-2 所示。

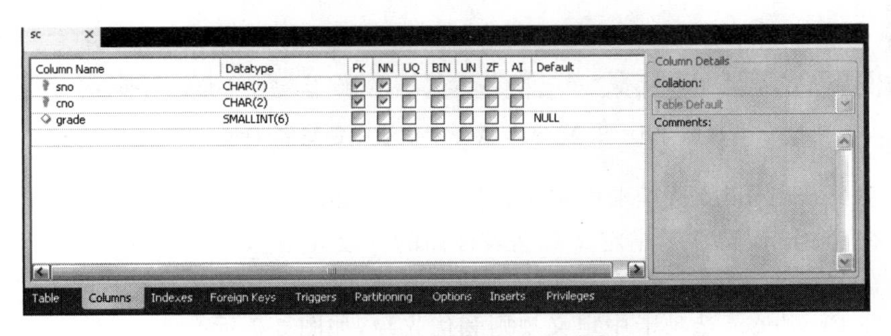

图 3-2　在 MySQL 模型编辑器中创建表 Columns

(3) 在 Indexes 选项卡中设置索引，如图 3-3 所示。

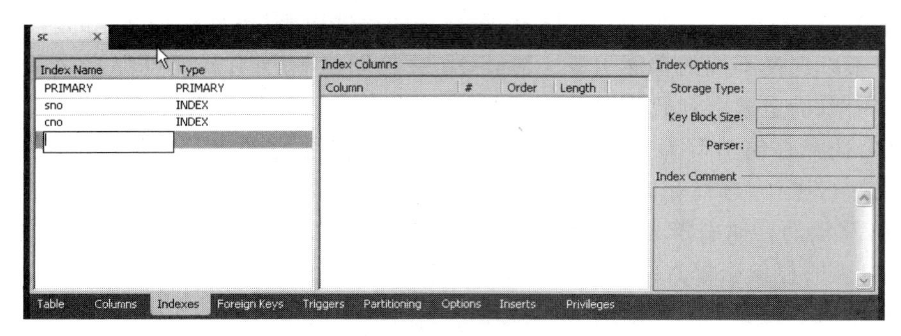

图 3-3 在 MySQL 模型编辑器中创建表 Indexes

(4) 在 Foreign Keys 选项卡中设置外键约束。在 Foreign Key Options 选项区域中设置修改或删除事件违背约束规则时采用的动作(如图 3-4 所示)：RESTRICT(受限)、CASCADE(级联)、SET NULL(赋空值)、NO ACTION(不执行)。

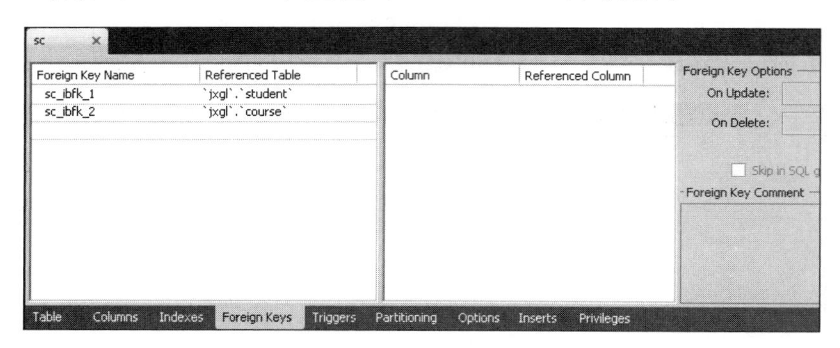

图 3-4 在 MySQL 模型编辑器中创建表 Foreign Keys

(5) 在 Triggers 选项卡中定义触发器，如图 3-5 所示。

图 3-5 在 MySQL 模型编辑器中创建表 Triggers

(6) 在 Partitioning 选项卡中定义数据表分区，如图 3-6 所示。

(7) 在 Options 选项卡中定义数据表存储的一般规则，如图 3-7 所示。

(8) 在 Inserts 选项卡中录入数据，如图 3-8 所示。

(9) 在 Privileges 选项卡中定义规则和优先级，如图 3-9 所示。

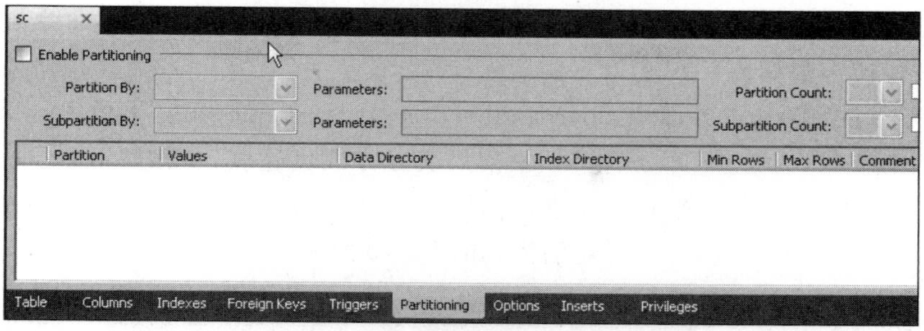

sc ×
Enable Partitioning
Partition By: Parameters: Partition Count:
Subpartition By: Parameters: Subpartition Count:

Partition	Values	Data Directory	Index Directory	Min Rows	Max Rows	Comment

Table Columns Indexes Foreign Keys Triggers Partitioning Options Inserts Privileges

图 3-6 在 MySQL 模型编辑器中创建表 Partitioning

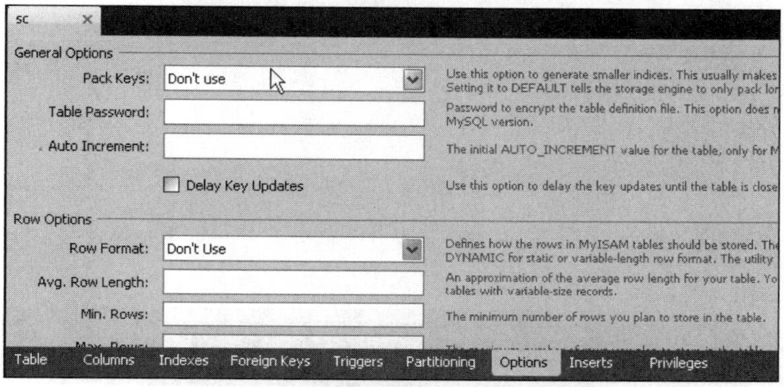

sc ×
General Options
Pack Keys: Don't use
Use this option to generate smaller indices. This usually makes
Setting it to DEFAULT tells the storage engine to only pack lor
Table Password:
Password to encrypt the table definition file. This option does n
MySQL version.
Auto Increment:
The initial AUTO_INCREMENT value for the table, only for M
Delay Key Updates
Use this option to delay the key updates until the table is close
Row Options
Row Format: Don't Use
Defines how the rows in MyISAM tables should be stored. The
DYNAMIC for static or variable-length row format. The utility
Avg. Row Length:
An approximation of the average row length for your table. Yo
tables with variable-size records.
Min. Rows:
The minimum number of rows you plan to store in the table.
Table Columns Indexes Foreign Keys Triggers Partitioning Options Inserts Privileges

图 3-7 在 MySQL 模型编辑器中创建表 Options

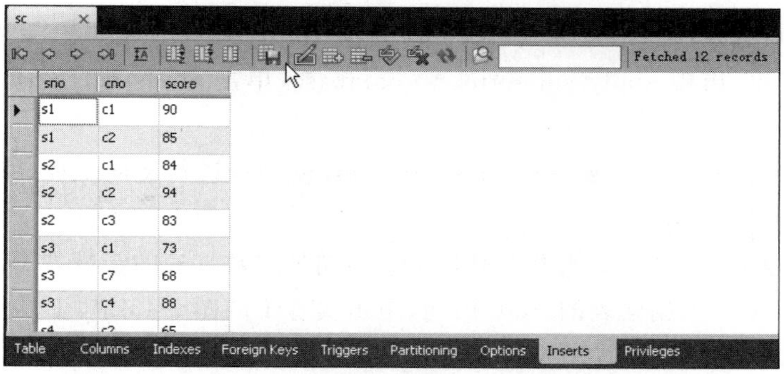

sc ×
Fetched 12 records

sno	cno	score
s1	c1	90
s1	c2	85
s2	c1	84
s2	c2	94
s2	c3	83
s3	c1	73
s3	c7	68
s3	c4	88

Table Columns Indexes Foreign Keys Triggers Partitioning Options Inserts Privileges

图 3-8 在 MySQL 模型编辑器中创建表 Inserts

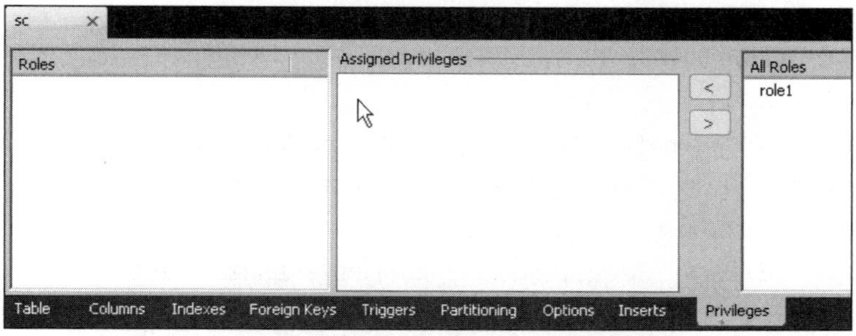

sc ×
Roles
Assigned Privileges
<
>
All Roles
role1
Table Columns Indexes Foreign Keys Triggers Partitioning Options Inserts Privileges

图 3-9 在 MySQL 模型编辑器中创建表 Privileges

创建表结构之后，使用菜单栏中的 database→forward engineering 命令进行正向工程，将模型转换为数据库。

第二种方法，双击主界面中 open connection to start querying 下的 localhost 连接，打开“SQL 编辑器”。在“SQL 编辑器”中使用交互方式创建表，步骤如下：

(1) 在对象浏览器中将 jxgl 数据库展开，右击 tables，从弹出的快捷菜单中选择 create table 命令，弹出 new-table 对话框，如图 3-10 所示。

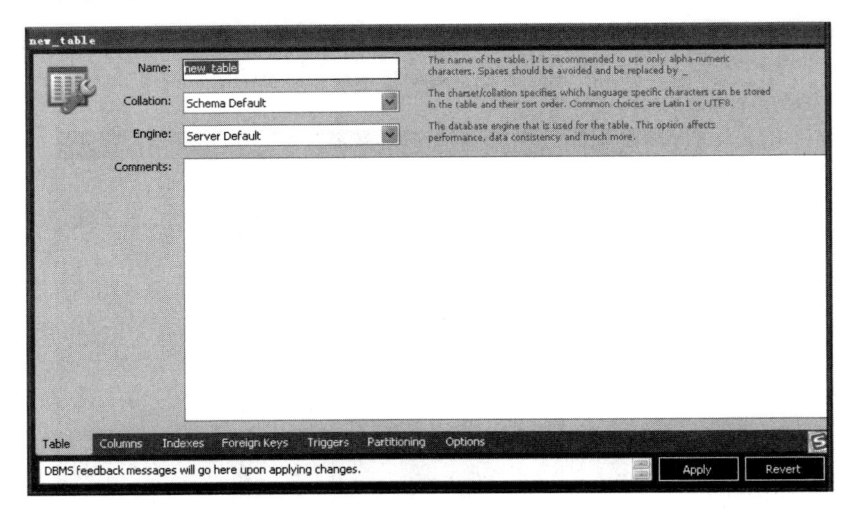

图 3-10　在 SQL 编辑器中创建新表

(2) 在该对话框中各个选项卡的作用和上文图 3-2～图 3-7 相同。录入新表的结构，单击 Apply 按钮，出现 apply sql script to database，单击 apply sql，完成数据库中表的创建。

使用菜单栏中的 database→reverse engineering 命令进行逆向工程，将数据库转换为模型。

第三种方法，使用“sql 编辑器”编辑 SQL 语句创建数据表的步骤如下：

在 sql query 录入创建表的 SQL 语句，单击实验 1 的图 1-43 中“工具栏”中的“执行”按钮。

```
CREATE TABLE IF NOT EXISTS 'jxgl'.'sc'(
'sno' CHAR(7) NOT NULL,
'cno' CHAR(2) NOT NULL,
'grade' INT NULL,
PRIMARY KEY ('sno','cno'),INDEX 'sc_ibfk_1'('sno' ASC),INDEX 'sc_ibfk_2'('cno' ASC),
CONSTRAINT 'sc_ibfk_1' FOREIGN KEY('sno') REFERENCES 'jxgl'. 'student'('sno')ON
DELETE RESTRICT ON UPDATE RESTRICT,
CONSTRAINT 'sc_ibfk_2' FOREIGN KEY('cno') REFERENCES 'jxgl'.'course' ('cno') ON
DELETE RESTRICT ON UPDATE RESTRICT
) ENGINE=InnoDB;
```

3.2 使用 MySQL Workbench 修改表

在 MySQL Workbench 中修改表，也可以采用三种方法：

第一种方法，单击主界面中 open existing EER model 中的 jxgl 模型，打开图 1-30 所示的设计界面。双击 course 表，如图 3-11 所示。

图 3-11 修改表模型

在图 3-11 中对表结构进行修改。修改表结构之后，使用菜单栏中的 database→forward engineering 命令进行正向工程，将模型转换为数据库。

第二种方法，双击主界面 open connection to start querying 下的 localhost 连接，打开图 2-1 所示 SQL Editor 编辑器。在 SQL Editor 编辑器中使用交互方式创建表，步骤如下：

(1) 打开 SQL Editor 编辑器，如图 2-1 所示。

(2) 在对象浏览器中将 jxgl 数据库展开，右击需要修改的表 course，从弹出的快捷菜单中选择 alter table 命令，弹出“修改 course 表”对话框，如图 3-12 所示。

(3) 在该对话框中各个选项卡的作用和图 3-2～图 3-7 相同。修改表的结构，单击 Apply 按钮，出现 Apply SQL Script to Database，单击 Apply Sql，完成数据库中表的修改。

(4) 使用菜单栏中的 Database→Reverse Engineering 命令进行逆向工程，将数据库转换为模型。

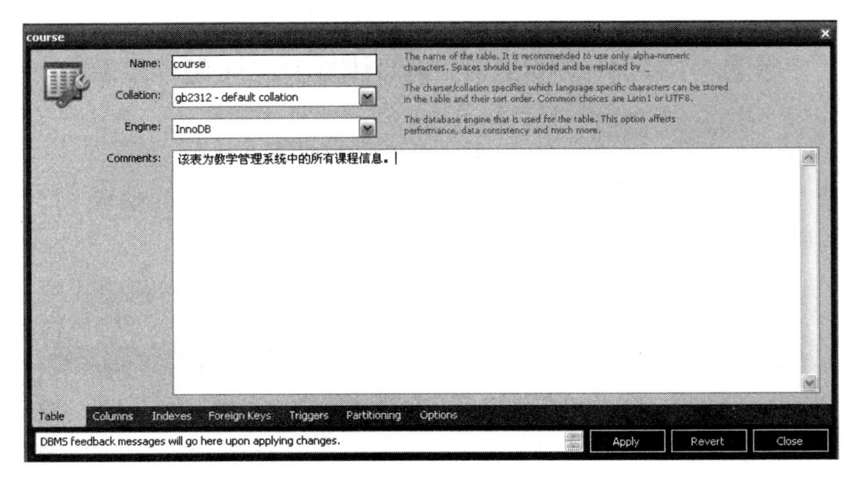

图 3-12 修改表结构

第三种方法，使用 SQL Editor 编辑器编辑 SQL 语句创建数据表的步骤如下：

在 SQL Query 录入修改表的 SQL 语句，单击实验 1 的图 1-43 所示工具栏中的执行按钮。

3.3 用 SHOW/DESCRIBE 语句显示数据表的信息

句法：

```
SHOW TABLES[FROM db_name][LIKE wild]
or SHOW COLUMNS FROM tbl_name[FROM db_name][LIKE wild]
or SHOW INDEX FROM tbl_name[FROM db_name]
or SHOW TABLE STATUS [FROM db_name] [LIKE wild]
```

说明：

- SHOW TABLES 列出在一个给定的数据库中的表。也可以用 mysqlshow db_name命令得到这些表。注意：如果一个用户没有一个表的任何权限，表将不在 SHOW TABLES 或 mysqlshow db_name 中的输出中显示。
- SHOW COLUMNS 列出在一个给定表中的列。也可以用 mysqlshow db_name tbl_name 或 mysqlshow -k db_name tbl_name 列出一张表的列。
- SHOW TABLE STATUS 运行类似 SHOW STATUS，但是提供每个表的更多信息。也可以使用 mysqlshow --status db_name 命令得到这张表的信息。

SHOW INDEX 以非常相似于 ODBC 的 SQLStatistics 调用的格式返回索引信息。

例 3-1 列出 jxgl 数据库中的所有表。

解：

```
mysql>use jxgl;
Database changed
```

```
mysql>show tables;
+--------------------+
| Tables_in_jxgl     |
+--------------------+
| course             |
| student            |
| sc                 |
| ……                 |
+--------------------+
7 rows in set (0.02 sec)
```

或:

```
C:\>mysqlshow -h localhost -u root -p jxgl
```

例 3-2 列出 jxgl 数据库中表 student 的列。

解:

```
mysql>use jxgl;
Database changed
mysql>show columns from student;
```

或:

```
mysql>show columns from jxgl.student;
```

或:

```
C:\>mysqlshow -h localhost -u root -p jxgl student
```

例 3-3 列出 jxgl 数据库中表的详细信息。

解:

```
mysql>use jxgl;
Database changed
mysql>show table status;
```

或:

```
C:\>mysqlshow --status -h localhost -u root -p jxgl
```

例 3-4 列出 jxgl 数据库中表 sc 的索引。

解:

```
mysql>use jxgl;
Database changed
mysql>show index from sc;
```

或:

```
mysql>show index from jxgl.sc;
```

3.4 使用 MySQL Workbench 删除表

在 MySQL Workbench 中删除表，可以采用三种方法。

第一种方法：

(1) 单击主界面 open existing EER model 中的 jxgl 模型，打开图 1-30 所示 MySQL 模型编辑器。

(2) 在 MySQL 模型编辑器中右击 course 表，在弹出的快捷菜单中选择 delete course 命令。

(3) 删除表之后，使用菜单栏中的 database→forward engineering 命令进行正向工程，将模型转换为数据库 jxgl。

第二种方法：

(1) 双击主界面 open connection to start querying 下的 localhost 连接，打开“sql 编辑器”。

(2) 在对象浏览器中将 jxgl 数据库展开，右击需要删除的表 course，从弹出的快捷菜单中选择 drop table 命令，弹出 apply sql script to database 对话框，单击 apply sql，完成数据库中表的删除。

(3) 使用菜单栏中的 database→reverse engineering 命令进行逆向工程，将数据库转换为模型。

第三种方法：使用“SQL 编辑器”编辑 SQL 语句删除创建数据表的步骤。

① 在 sql query 中录入删除表的 SQL 语句，单击图 1-43 所示工具栏中的“执行”按钮。

② 输入删除表的 SQL 语句，如 drop table course;。

3.5 使用 SQL 语句管理表

3.5.1 使用 SQL 语句创建表

语法：

```
CREATE TABLE<table name>
(  <attribute name 1><data type>[<(not) null>] [<default value>],
   <attribute name 2><data type>[<(not) null>] [<default value>],
   ⋮
   <attribute name n><data type>[<(not) null>] [<default value>],
   PRIMARY KEY(<attribute name>),
   UNIQUE(<attribute name>),
   FOREIGN KEY(<attribute name>) REFERENCES<table name(attribute name)>,
   FOREIGN KEY(<attribute name>) REFERENCES<table name(attribute name)>
```

```
                    ON DELETE.../ON UPDATE...,
    Constraints constraints_name CHECK(conditions)

)ENGINE=MyISAM/InnoDB;
```

注：

(1) 若无 ENGINE=MyISAM/InnoDB,则默认为 MyISAM 表类型。

(2) 可以同时定义多个 check 完整性约束,中间用逗号分隔。但是,在目前的 MySQL 的版本中,check 完整性约束会被当成注释,在录入数据时不会进行 check 检查。验证结果为“不检查”。

(3) MySQL 参照完整性通常通过外键(foreign key)的使用而随之被广泛地应用。一直以来,流行工具 MySQL 由于支持外键将会降低 RDBMS 的速度和性能,因此并没有真正地支持外键。然而,由于很多用户对 MySQL 参照完整性的优点倍感兴趣,最近 MySQL 的不同版本都通过新 InnoDB 存储引擎支持外键。由此,在数据库组成的列表中保持参照完整性将变得非常简单,对于非 InnoDB 表,FOREIGN KEY 语句将被忽略。本书建表使用 InnoDB 存储引擎,因此验证结果是 FOREIGN KEY 语句未被忽略。

为了建立两个 MySQL 表之间的一个外键关系,必须满足以下三种情况：

① 两个表必须是 InnoDB 表类型；

② 两个使用外键关系的域必须为索引型(Index)；

③ 两个使用外键关系的域必须数据类型相似。

(4) 设定外键,当发生违反完整性限制时,on delete 和 on update 的处理工作有以下几种：

- NO ACTION：对外键的属性值不会有任何动作；
- RESTRICT：DBMS 不让操作执行；
- CASCADE：级联更新或级联删除；
- SET NULL：外键的属性值设为空值；
- SET DEFAULT：外键的属性值设为默认值。

例 3-5 使用 SQL 语句创建示例数据库(jxgl)。其中,学生表要求学号为主键,性别默认为男,取值必须为男或女,年龄取值在 15～45 之间。

课程表(course)要求主键为课程编号,外键为先修课号,参照课程表的主键(cno)。

选修表(sc)要求主键为(学号,课程编号),学号为外键,参照学生表中的学号,课程编号为外键,参照课程表中的课程编号,成绩不为空时必须在 0～100 之间。

解：

```
Create Table Student
(   Sno CHAR(7) NOT NULL,
    Sname VARCHAR(16),
    Ssex CHAR(2) DEFAULT '男' CHECK (Ssex='男' OR Ssex='女'),
    Sage SMALLINT CHECK(Sage>=15 AND Sage<=45),
    Sdept CHAR(2),
```

```
    PRIMARY KEY(Sno)
)ENGINE=InnoDB;
Create Table COURSE
(   Cno CHAR(2) NOT NULL,
    Cname VARCHAR(20),
    Cpno CHAR(2),
    Credit SMALLINT,
    PRIMARY KEY(Cno),
    foreign key(cpno) references course(cno)
)ENGINE=InnoDB;
Create table sc
(   sno char(7) not null,
    cno char(2) not null,
    grade smallint null check(grade is null or (grade between 0 and 100)),
    Primary key(sno,cno),
    Foreign key(sno) references student(sno),
    Foreign key(cno) references course(cno)
)ENGINE=InnoDB;
```

3.5.2 使用 SQL 语句修改表

使用 ALTER TABLE 变更表格中某属性的定义和限制。包括增加属性、删除属性、修改属性定义等。

```
ALTER TABLE  <表格名>  ADD/DROP/ALTER
```

最重要的几种用法：

(1) 新增属性。

```
ALTER TABLE  <表格名>  ADD  <属性名>  <数据类型>  [<(not) null><默认值>]
```

例 3-6 在表 student 中增加属性生日(birthday)。

解：

```
ALTER TABLE student ADD birthday datetime;
```

(2) 删除属性。

```
ALTER TABLE  <表格名>  DROP <属性名>
```

例 3-7 删除例 3-6 中增加的属性生日(birthday)。

解：

```
ALTER TABLE student DROP birthday;
```

(3) 新增主键、唯一键、外键。

```
ALTER TABLE  <表格名>  ADD PRIMARY KEY (<属性名>);
```

```
ALTER TABLE  <表格名>  ADD UNIQUE (<属性名>);
ALTER TABLE  <表格名>  ADD FOREIGN KEY <属性名> REFERENCES <被参考表格名> (<属性名>)
```

例 3-8 在表 student 中的属性 sname 上建立索引(sn)。

解:

```
alter table student add unique sn(sname);
```

3.5.3 使用 SQL 语句删除表

```
DROP TABLE  <表格名>;
```

例 3-9 删除表 sc。

解:

```
DROP TABLE sc;
```

注：有外键的表格在删除时，先删除参照表格，再删除被参照表格。

3.6 ER 图

用户可以使用 MySQL Workbench 生成 ER 图。ER 图可以以图形的方式显示数据库的结构。在 ER 图中可以创建和修改表、列、关系和键。另外，也可以修改索引。

在 MySQL Workbench 中创建新的 ER 图，可以采用的方法为：

(1) 在主页面中单击 open existing EER model 中的 jxgl 模型，打开图 1-30 所示 MySQL 模型编辑器。

(2) 双击 Add Diagram 新建 ER 图。

(3) 在 ER 图中把教学管理数据库(jxgl)的三个表拖入右边的 diagram 中，如图 3-13 所示。

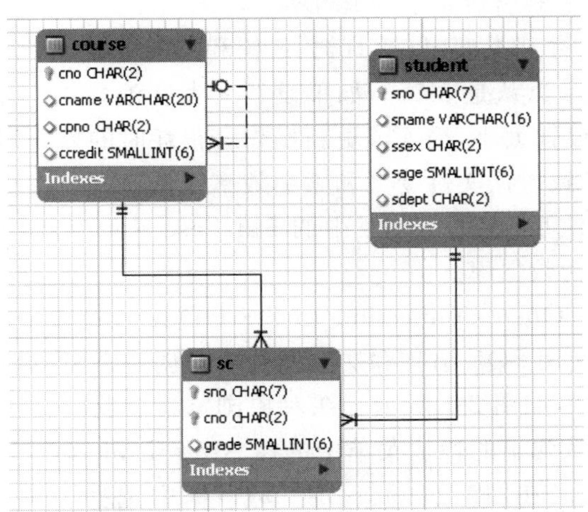

图 3-13 教学管理数据库(jxgl)ER 图

3.7 用 MySQL Workbench 管理索引

索引是加速表内容访问的主要手段，特别是对涉及多个表的连接的查询更是如此。本节中将介绍使用 WorkBench 创建和删除索引。

在 MySQL Workbench 中创建和修改索引，可以采用两种方法：

第一种方法：

(1) 单击 open existing EER model 中的 jxgl 模型，打开图 1-30 所示 MySQL 模型编辑器。

(2) 双击需要添加索引的表，如图 3-11 所示。选择 Indexs 选项卡，出现图 3-14 所示对话框。其中：

- Index Name：索引名称。
- Type：索引类型，包括普通索引(index)、唯一索引(unique)、全文索引(fulltext)、空间索引(spatial)和主键索引(primary)。
  - 普通索引：最基本的索引，它没有任何限制。
  - 唯一索引：在唯一索引中，所有的值必须互不相同。如果索引中的一个列允许包含 NULL 值，则此列可以包含多个 NULL 值。但是在 BDB 中，带索引的列只允许一个单一 NULL。
  - 主键索引：所有的关键字列必须定义为 NOT NULL。如果这些列没有被明确地定义为 NOT NULL，MySQL 应隐含地定义这些列。一个表只有一个 PRIMARY KEY。
  - 全文索引：使用全文索引便于全文搜索。只有 MyISAM 表类型支持全文索引。全文索引只可以从 CHAR、VARCHAR 和 TEXT 列中创建。
  - 空间索引：为空间列类型创建空间索引。只有 MyISAM 表支持空间类型，已编索引的列必须声明为 NOT NULL。
- Index Columns：索引所基于的属性列。
- Storage Type：存储类型，包括 B 树、R 树和 Hash 表。
- Key Block Size：默认是 8KB。如果设置太大会浪费内存空间，而且页不会经常被压缩。如果设置太小，插入或更新操作会很耗时的重压缩，而且 B-Tree 节点会经常被分裂，导致数据文件变大和索引效率变低。

(3) 创建 Indexes 之后，使用菜单栏中的 Database→Forward Engineering 命令进行正向工程，将模型转换为数据库。

第二种方法，双击 Open Connection to Start Querying 下的 localhost 连接，打开 SQL Editor 编辑器。使用 SQL 语句和交互两种方式创建索引，步骤如下：

打开“SQL 编辑器”，如图 2-1 所示。在对象浏览器中将 jxgl 数据库展开，右击需要创建索引的表 course，从弹出的快捷菜单中选择 Alter Table 命令，弹出“修改 course 表”对话框，如图 3-11 所示。在“修改 course 表”对话框中选择 Indexes 选项卡，选项卡与图 3-14 的结构相同。根据要求创建索引，单击 Apply 按钮，出现 Apply SQL Script to

Database，单击 Apply SQL 按钮，完成数据库中索引的创建。使用菜单栏中的 Database →Reverse Engineering 命令进行逆向工程，将数据库转换为模型。

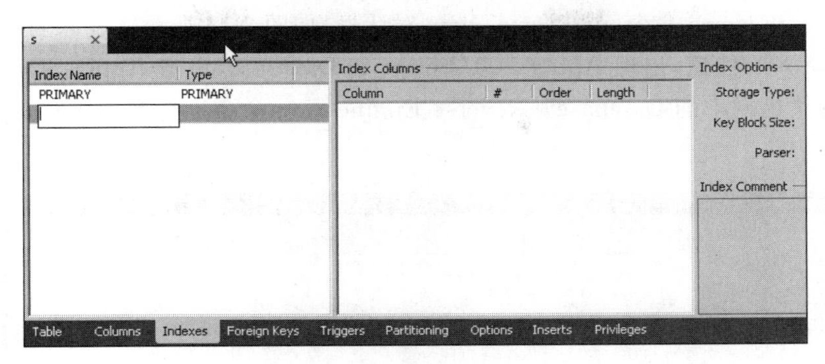

图 3-14 管理 Indexs

或在 SQL Query 中输入创建索引的 SQL 语句，单击图 1-43 所示工具栏中的执行按钮。

3.8 创建和使用视图

View(视图)十分有用，它允许用户像单个表那样访问一组关系(表)。视图也能限制对行和列的访问(特定表的子集)。

3.8.1 创建视图

1. 交互式创建视图

在 MySQL Workbench 中，交互式创建视图有两种方法：

第一种方法，单击 open existing EER model 中的 jxgl，打开 MySQL 模型编辑器。在 MySQL 模型编辑器中双击 add views 创建一个新视图，如图 3-15 所示。输入创建或修改视图的 SQL 语句。创建视图之后，使用菜单栏中的 database→forward engineering 命令进行正向工程，将模型转换为数据库。

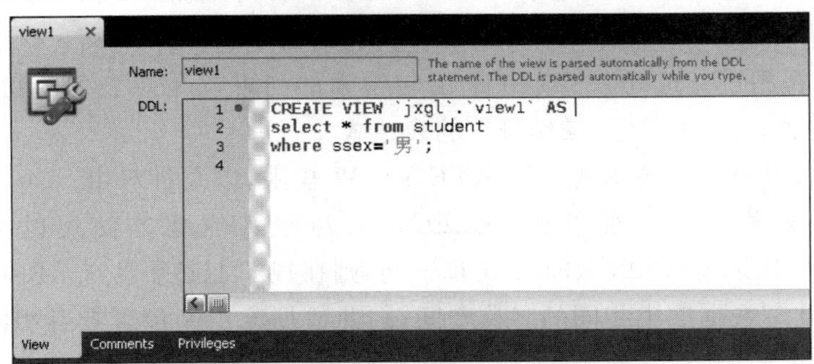

图 3-15 MySQL 模型编辑器中新建视图对话框

第二种方法，双击 Open Connection to Start Querying 下的 Localhost 连接，打开 SQL Editor 编辑器。在对象浏览器中将 jxgl 数据库展开，右击 Views，从弹出的快捷菜单中选择 create views 命令，弹出 new_view 对话框，如图 3-16 所示。输入新视图的 SQL 语句，单击 Apply 按钮，出现 Apply SQL Script to Database，单击 Apply SQL，完成视图创建。使用菜单栏中的 Database→Reverse Engineering 命令进行逆向工程，将数据库转换为模型。

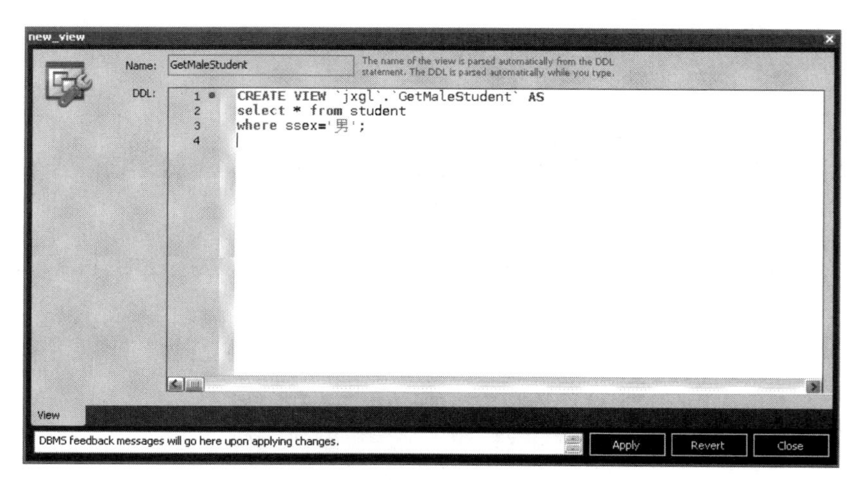

图 3-16 SQL 编辑器中新建视图对话框

2. SQL 语句创建视图

在 SQL Query 中输入创建表的 SQL 语句，单击图 1-43 所示工具栏中的执行按钮。

(1) 创建句法。

```
CREATE [OR REPLACE] [ALGORITHM={UNDEFINED|MERGE|TEMPTABLE}]
VIEW view_name [(column_list)]
AS select_statement [WITH [CASCADED|LOCAL] CHECK OPTION]
```

注释：

- OR REPLACE：如果给定了 OR REPLACE 子句，该语句能替换已有的视图。
- select_statement：一种 SELECT 语句，它给出了视图的定义。该语句可从基表或其他视图进行选择。SELECT 语句检索的列可以是对表列的简单引用，也可以是使用函数、常量值、操作符等的表达式。

该语句要求具有针对视图的 CREATE VIEW 权限，以及针对由 SELECT 语句选择的每一列上的某些权限。对于在 SELECT 语句中其他地方使用的列，必须具有 SELECT 权限。如果还有 OR REPLACE 子句，则在视图上必须具有 DROP 权限。

表和视图共享数据库中相同的名称空间，因此数据库不能包含具有相同名称的表和视图。

可选的 ALGORITHM 子句是对标准 SQL 的 MySQL 扩展。ALGORITHM 可取三

个值：MERGE、TEMPTABLE或UNDEFINED。如果没有ALGORITHM子句，默认算法是UNDEFINED（未定义的）。算法会影响MySQL处理视图的方式。对于MERGE，会将引用视图的语句的文本与视图定义合并起来，使得视图定义的某一部分取代语句的对应部分。MERGE算法要求视图中的行和基表中的行具有一对一的关系。如果不具有该关系，必须使用临时表取而代之。对于TEMPTABLE，视图的结果将被置于临时表中，然后使用它执行语句。对于UNDEFINED，MySQL将选择所要使用的算法。如果可能，它倾向于MERGE而不是TEMPTABLE，这是因为MERGE通常更有效，而且如果使用了临时表，视图是不可更新的。

例3-10 在数据库jxgl中创建视图v，查询学生姓名、课程名及其所学课程的成绩。

解：

```
mysql>use jxgl --先选择 jxgl 数据库为当前数据库
Database changed
mysql> create view v (sname, cname, grade) as select sname, cname, grade from
student,course,sc
->where student.sno=sc.sno and sc.cno=ccourse.cno;
```

(2) 视图的可更新性。

某些视图是可更新的。也就是说，可以在诸如UPDATE、DELETE或INSERT等语句中使用它们，以更新基表的内容。对于可更新的视图，在视图中的行和基表中的行之间必须具有一对一的关系。还有一些特定的其他结构，这类结构会使得视图不可更新。更具体地讲，如果视图包含下述结构中的任何一种，那么它就是不可更新的。

- 聚合函数(SUM()、MIN()、MAX()和COUNT()等)。
- DISTINCT。
- GROUP BY。
- HAVING。
- UNION或UNION ALL。
- 位于选择列表中的子查询。
- Join。
- FROM子句中的不可更新视图。
- WHERE子句中的子查询，引用FROM子句中的表。
- 仅引用文字值(在该情况下，没有要更新的基本表)。
- ALGORITHM＝TEMPTABLE(使用临时表总会使视图成为不可更新的)。

关于可插入性(可用INSERT语句更新)，如果它也满足关于视图列的下述额外要求，可更新的视图也是可插入的。

- 不得有重复的视图列名称。
- 视图必须包含没有默认值的基表中的所有列。

• 视图列必须是简单的列引用而不是导出列。导出列不是简单的列引用，而是从表达式导出的。

(3) 变更视图。

句法：

```
ALTER [ALGORITHM={UNDEFINED|MERGE|TEMPTABLE}]
VIEW view_name [(column_list)]
AS select_statement [WITH [CASCADED|LOCAL] CHECK OPTION]
```

该语句用于更改已有视图的定义。其语法与CREATE VIEW类似。该语句需要具有针对视图的CREATE VIEW和DROP权限，也需要针对SELECT语句中引用的每一列的某些权限。

3.8.2 SHOW CREATE VIEW语法

句法：

```
SHOW CREATE VIEW view_name
```

该语句给出了给定视图的CREATE VIEW语句。

例3-11 显示数据库jxgl中视图v创建的信息。

解：

```
mysql>SHOW CREATE VIEW v;
```

实验内容与要求

1. 创建数据库以及表

用已掌握的方法创建订报管理子系统的数据库DingBao，在DingBao数据库中用交互式界面操作方法或create table命令方式创建如下三个表的结构(表名及字段名使用括号中给出的英文名)，并完成三个表(表3-4～表3-6)所示内容的输入，根据需要可自行设计输入更多的记录。

创建表结构时要求满足：报纸编码表(paper)以报纸编号(pno)为主键；顾客编码表(customer)以顾客编号(cno)为主键；报纸订阅表(cp)以报纸编号(pno)与顾客编号(cno)为主键，订阅份数(num)的默认值为1。

表3-4 报纸编码表(paper)

报纸编号(pno)	报纸名称(pna)	单价(ppr)	报纸编号(pno)	报纸名称(pna)	单价(ppr)
000001	人民日报	12.5	000004	青年报	11.5
000002	解放军报	14.5	000005	扬子日报	18.5
000003	光明日报	10.5			

表 3-5 顾客订阅表(cp)

顾客编号(cno)	报纸编号(pno)	订阅份数(num)	顾客编号(cno)	报纸编号(pno)	订阅份数(num)
0001	000001	2	0004	000001	1
0001	000002	4	0004	000003	3
0001	000005	6	0004	000005	2
0002	000001	2	0005	000003	4
0002	000003	2	0005	000002	1
0002	000005	2	0005	000004	3
0003	000003	2	0005	000005	5
0003	000004	4	0005	000001	4

表 3-6 顾客编码表(customer)

顾客编号(cno)	顾客姓名(cna)	顾客地址(adr)	顾客编号(cno)	顾客姓名(cna)	顾客地址(adr)
0001	李涛	无锡市解放东路 123 号	0004	朱海红	无锡市中山东路 432 号
0002	钱金浩	无锡市人民西路 234 号	0005	欧阳阳文	无锡市中山东路 532 号
0003	邓杰	无锡市惠河路 432 号			

2. 创建和使用视图

(1) 在 dingbao 数据库中创建含有顾客编号、顾客名称、报纸编号、报纸名称、订阅份数等信息的视图,视图名为 C_P_N。

(2) 修改已创建的视图 C_P_N,使其含报纸单价信息。

(3) 通过视图 C_P_N 查询"人民日报"被订阅的情况,能通过视图 C_P_N 实现对数据的更新操作吗?请尝试各种更新操作,例如修改某人订阅某报的份数,修改某报的名称等。

(4) 删除视图 C_P_N。

3. 创建数据库 ER 图

创建含 customer、cp 和 paper 三个表的数据库 ER 图,取名为 db_diagram。

4. 创建与删除索引

(1) 对 dingbao 数据库中的 customer 表的 pna 字段降序建立非聚集索引 pan_index。

(2) 修改非聚集索引 pan_index,使其对 pna 字段升序建立。

(3) 删除 pan_index 索引。

实验4

EXPERIMENT 4

SQL 语言——SELECT 查询操作

实 验 目 的

掌握表数据的各种查询与统计 SQL 命令操作，具体为：

- 了解查询的概念和方法；
- 掌握 MySQL Query Browser 的安装和使用；
- 掌握单表查询、多表查询和复杂查询。

背 景 知 识

SQL 是一种被称为结构化查询语言的通用数据库操作语言。SELECT 语句是 SQL 中最重要的一条命令，是从数据库中获取信息的一个基本语句。有了这个语句，就可以实现从数据库的一个或多个表中查询信息。

简单查询包括 SELECT 语句的使用方式；WHERE 子句的用法；GROUP BY 与 HAVING 的使用；用 ORDER BY 子句为结果进行排序。

复杂查询包括多表查询和广义笛卡儿积查询；使用 union 关键字实现多表连接；表格别名的用法；使用统计函数；使用嵌套查询。

实 验 示 例

除非最终检索它们并利用它们来做点事情，否则将记录放入数据库没什么好处。这就是 SELECT 语句的用途，即帮助取出数据。SELECT 大概是 SQL 语言中最常用的语句，而且怎样使用它也最为讲究。用它来选择记录可能相当复杂，可能会涉及许多表中列之间的比较。在 MySQL 中，可以使用实验 1 中 1.3 节介绍的 MySQL GUI Tools 工具套件中的 MySQL Query Browser 或 MySQL Workbench 5.2 的 SQL Editor 进行交互式查询。

使用的数据库为实验 3 建立的 jxgl 数据库。

4.1 SELECT语句的语法

```
SELECT selection_list                --选择哪些列
FROM table_list                      --从何处选择行
WHERE primary_constraint             --行必须满足什么条件
GROUP BY grouping_columns            --怎样对结果分组
HAVING secondary_constraint          --分组统计结果必须满足的条件
ORDER BY sorting_columns             --怎样对结果排序
LIMIT count                          --结果限定
```

注意：

(1) 所有使用的关键词必须精确地以上面的顺序给出。例如，一个HAVING子句必须跟在GROUP BY子句之后和ORDER BY子句之前。

(2) 除了词SELECT和说明希望检索什么的column_list部分外，语法中的每样东西都是可选的。有的数据库必须需要FROM子句，MySQL则有所不同，它允许对表达式求值而不引用任何表。

(3) 字符串模式匹配。

MySQL提供标准的SQL模式匹配，以及一种基于像UNIX实用程序如vi、grep和sed的扩展正则表达式模式匹配的格式。

① 标准的SQL模式匹配。

SQL的模式匹配允许使用"_"匹配任何单个字符，而"%"匹配任意数目字符(包括0个字符)。在MySQL中，SQL的模式缺省是忽略大小写的。

② 扩展正则表达式模式匹配。

由MySQL提供的模式匹配的其他类型是使用扩展正则表达式。当对这类模式进行匹配测试时，使用REGEXP和NOT REGEXP操作符(或RLIKE和NOT RLIKE，它们是同义词)。扩展正则表达式的一些字符是："."匹配任何单个的字符。一个字符类"[...]"匹配在方括号内的任何字符。例如，"[abc]"匹配"a"、"b"或"c"。为了命名字符的一个范围，使用一个"-"。"[a-z]"匹配任何小写字母，而"[0-9]"匹配任何数字。"*"匹配0个或多个在它前面的东西。例如，"x*"匹配任何数量的"x"字符，"[0-9]*"匹配任何数量的数字，而".*"匹配任何数量的任何东西。

正则表达式是区分大小写的，但可以使用一个字符类匹配两种写法。例如，"[aA]"匹配小写或大写的"a"，而"[a-zA-Z]"匹配两种写法的任何字母。如果它出现在被测试值的任何地方，模式就匹配(只要它们匹配整个值，SQL模式匹配)。为了定位一个模式，以便它必须匹配被测试值的开始或结尾，在模式开始处使用"^"或在模式的结尾用"$"。

4.2 查询示例

例4-1 查询考试成绩大于等于90的学生学号。

解：

```
SELECT DISTINCT SNO
FROM SC
WHERE GRADE>=90;
```

例 4-2 查询年龄大于18,并且不是信息系(IS)与数学系(MA)的学生姓名和性别。

解:

```
SELECT SNAME, SSEX
FROM STUDENT WHERE SAGE>18 AND SDEPT NOT IN ('IS', 'MA');
```

例 4-3 查询以"MIS_"开头,且倒数第二个汉字为"导"字的课程的详细信息。

解:

```
SELECT * FROM COURSE WHERE CNAME LIKE 'MIS#_%导_' ESCAPE '#';
```

例 4-4 查询选修计算机系(CS)两门及以上课程的学生学号。

解:

```
SELECT STUDENT.SNO
FROM STUDENT, SC
WHERE SDEPT='CS' AND STUDENT.SNO=SC.SNO
GROUP BY STUDENT.SNO HAVING COUNT(*)>=2;
```

例 4-5 查询 student 表与 sc 表的广义笛卡儿积。

解:

```
SELECT STUDENT.*, SC.*
FROM STUDENT CROSS JOIN SC;
```

例 4-6 查询 student 表与 sc 表基于学号 sno 的等值连接。

解:

```
SELECT * FROM STUDENT, SC WHERE STUDENT.SNO=SC.SNO;
```

例 4-7 查询 student 表与 sc 表基于学号 sno 的自然连接。

解:

```
SELECT STUDENT.*, SC.CNO, SC.GRADE
FROM STUDENT, SC
WHERE STUDENT.SNO=SC.SNO;
```

例 4-8 查询课程号的间接先修课程号。

解:

```
SELECT FIRST.CNO, SECOND.CNO
FROM COURSE FIRST, COURSE SECOND
WHERE FIRST.CPNO=SECOND.CNO;
```

例 4-9 查询学生及其课程、成绩等情况(不管是否选课,均需列出学生信息)。

解：

```
SELECT STUDENT.SNO, SNAME, SSEX, SAGE, SDEPT, CNO, GRADE
FROM STUDENT LEFT OUTER JOIN SC ON STUDENT.SNO=SC.SNO;
```

例 4-10 查询学生及其课程成绩与课程及其学生选修成绩的明细情况(要求学生与课程均全部列出)。

解：

```
SELECT STUDENT.SNO, SNAME, SSEX, SAGE, SDEPT,
COURSE.CNO, GRADE, CNAME, CPNO, CCREDIT
FROM STUDENT LEFT OUTER JOIN SC
ON STUDENT.SNO=SC.SNO FULL OUTER JOIN COURSE ON SC.CNO=COURSE.CNO;
```

说明：因 MySQL 不支持 FULL OUTER JOIN，为此以上命令运行会出错。可以把“FULL OUTER JOIN”用“… LEFT OUTER JOIN … UNION … RIGHT OUTER JOIN…”来变通实现，为此，查询命令可改为：

```
SELECT a.SNO, a.SNAME, a.SSEX, a.SAGE, a.SDEPT, C.CNO, b.GRADE, c.CNAME, c.CPNO,
c.CREDIT
FROM STUDENT a LEFT OUTER JOIN SC b ON a.SNO=b.SNO LEFT OUTER JOIN COURSE c ON b.CNO=
C.CNO
UNION
SELECT a2.SNO, a2.SNAME, a2.SSEX, a2.SAGE, a2.SDEPT, c2.CNO, b2.GRADE, c2.CNAME,
c2.CPNO, c2.CREDIT
FROM STUDENT a2 LEFT OUTER JOIN SC b2 ON a2.SNO=b2.SNO RIGHT OUTER JOIN COURSE c2 ON
b2.CNO=C2.CNO;
```

例 4-11 查询性别为男、课程成绩及格的学生信息及课程号、成绩。

解：

```
SELECT STUDENT.* , CNO, GRADE
FROM STUDENT INNER JOIN SC ON STUDENT.SNO=SC.SNO
WHERE SSEX='男' AND GRADE>=60;
```

例 4-12 查询与“钱横”在同一系学习的学生信息。

解：

```
SELECT * FROM STUDENT
WHERE SDEPT IN (SELECT SDEPT FROM STUDENT WHERE SNAME='钱横');
```

例 4-13 找出同系、同年龄、同性别的学生。

解：

```
SELECT T.* FROM STUDENT AS T
WHERE (T.sdept, T.SAGE, T.SSEX) IN
      ( SELECT SDEPT, SAGE, SSEX
      FROM STUDENT AS S
```

```
    WHERE S.SNO<>T.SNO);
```

例 4-14 查询选修了课程名为“数据库系统”的学生学号、姓名和所在系。

解：

```
SELECT SNO, SNAME, SDEPT FROM STUDENT
WHERE SNO IN
( SELECT SNO FROM SC
WHERE CNO IN (SELECT CNO FROM COURSE WHERE CNAME='数据库系统'));
```

或

```
SELECT STUDENT.SNO, SNAME, SDEPT
FROM STUDENT INNER JOIN SC ON STUDENT.SNO=SC.SNO
INNER JOIN COURSE ON SC.CNO=COURSE.CNO;
```

例 4-15 检索至少不学 2 和 4 课程的学生学号和姓名。

解：

```
SELECT SNO, SNAME FROM STUDENT
WHERE SNO NOT IN (SELECT SNO FROM SC WHERE CNO IN ('2', '4'));
```

例 4-16 查询其他系中比信息系 IS 所有学生年龄均大的学生名单，并排序输出。

解：

```
SELECT SNAME FROM STUDENT
WHERE SAGE>ALL(SELECT SAGE FROM STUDENT WHERE SDEPT='IS') AND SDEPT<>'IS'
ORDER BY SNAME;
```

例 4-17 查询选修了全部课程的学生姓名（为了有查询结果，自己可以调整表的内容）。

解：

```
SELECT SNAME FROM STUDENT
WHERE NOT EXISTS
    ( SELECT * FROM COURSE
    WHERE NOT EXISTS
    ( SELECT * FROM SC WHERE SNO=SC.SNO AND CNO=COURSE.CNO));
```

例 4-18 查询至少选修了学生 2005001 选修的全部课程的学生号码。

解：

```
SELECT SNO FROM STUDENT SX
WHERE NOT EXISTS
( SELECT * FROM SC SCY
WHERE SCY.SNO='2005001' AND NOT EXISTS
    ( SELECT * FROM SC SCZ
    WHERE SCZ.SNO=SX.SNO AND SCZ.CNO=SCY.CNO));
```

例 4-19 查询平均成绩大于 85 分的学生的学号、姓名和平均成绩。

解：

```
SELECT STUDENT.SNO, SNAME, AVG(GRADE)
FROM STUDENT, SC
WHERE STUDENT.SNO=SC.SNO
GROUP BY STUDENT.SNO, SNAME HAVING AVG(GRADE)>85;
```

实验内容与要求

1. 基于 jxgl 数据库，使用 SQL 语句表达以下查询

① 检索年龄大于 23 岁的男学生的学号和姓名；
② 检索至少选修一门课程的女学生姓名；
③ 检索王林不学的课程的课程号；
④ 检索至少选修两门课程的学生学号；
⑤ 检索全部学生都选修的课程的课程号和课程名；
⑥ 检索选修了所有 3 学分的每门课程的学生平均成绩。

2. 基于 jxgl 数据库，使用 SQL 语句表达以下查询

① 统计有学生选修的课程门数；
② 求选修 4 号课程的学生的平均年龄；
③ 求学分为 3 的每门课程的学生平均成绩；
④ 统计每门课程的学生选修人数，要求超过 3 人的课程才统计，要求输出课程号和选修人数，查询结果按人数降序排列，若人数相同，按课程号升序排列；
⑤ 检索学号比“王林”同学大而年龄比她小的学生姓名；
⑥ 检索姓名以“王”开头的所有学生的姓名和年龄；
⑦ 在 sc 表中检索成绩为空值的学生的学号和课程号；
⑧ 求年龄大于女学生平均年龄的男学生的姓名和年龄；
⑨ 求年龄大于所有女学生年龄的男学生的姓名和年龄；
⑩ 检索选修 4 门以上课程的学生总成绩(不统计不及格课程)，并要求按总成绩的降序排列出来。

实验 5 EXPERIMENT 5

SQL 语言——数据更新操作

实验目的

- 掌握使用 MySQL Workbench 录入、修改和删除数据；
- 掌握使用 SQL 语句进行插入、修改和删除数据。

背景知识

实现数据存储的前提是向表格中添加数据；实现良好的管理需要经常对表格中的数据进行删除和修改。数据操纵是指通过 DBMS 提供的数据操纵语言(DML)，实现对数据库中表的更新操作，如插入、删除和修改。使用 SQL 语句操作数据的内容主要包括：

如何向表中一行行地添加数据；如何把一个表中的多行数据插入到另外一个表中；如何更新表中的一行或多行数据；如何删除表中的一行或多行数据；如何清空表中的数据等。

在插入数据时，根据数据量的大小和数据源的位置可以使用不同的 SQL 语句。

实验示例

使用 MySQL Workbench，已经完成在 jxgl 数据库中创建以上 student、course 和 sc 三个表，接下来需要向表中添加、删除和修改数据。

5.1 使用 MySQL Workbench 录入数据

在 MySQL Workbench 中，录入数据有三种方法：

第一种方法：

(1) 在主界面中单击 open existing EER model 中的 jxgl，打开实验 1 中图 1-30 所示“EER 图编辑器”的设计界面。

（2）在EER图编辑器中双击需要录入数据的表，如图1-31所示表设计器的Table选项页所示。

（3）在实验1的图1-31中选择Insert选项卡，录入需要录入的数据，单击该选项卡上的按钮，刷新数据。

（4）完全录入数据后，使用菜单栏中的Database→Forward Engineering命令进行正向工程，将模型转换为数据库。

第二种方法：

（1）双击Open Connection to Start Querying下的Localhost连接，打开SQL Editor。打开“sql编辑器”中的对象浏览器，将jxgl数据库展开，右击需要录入数据的表，从弹出的快捷菜单中选择Edit Table Data命令，弹出“录入数据”选项卡。

（2）在表中录入需要录入的数据，单击该选项卡上的“提交数据修改”按钮，会弹出“在数据库中应用SQL脚本”对话框，单击“提交(Apply)”按钮后，再单击“完成(Finish)”按钮来真正完成对数据的录入或修改；然后再录入其他表数据。

（3）录入数据之后，使用菜单栏中的Database→Reverse Engineering命令进行逆向工程，将数据库转换为模型。

第三种方法：

打开“SQL编辑器”，在sql_query界面录入创建的SQL语句，单击实验1的图1-43所示sql查询编辑器——工具栏中的“执行”按钮。

5.2 插入数据

5.2.1 使用INSERT语句插入数据

语法：

```
INSERT [INTO] tbl_name [(col_name,…)] VALUES (pression,…),…
INSERT [INTO] tbl_name SET col_name=expression, …
```

下面开始利用INSERT语句来增加记录。这是一条SQL语句，需要为它指定希望插入数据行的表或将值按行放入的表。INSERT语句具有几种形式：

（1）可指定所有列的值。

例5-1 向jxgl数据库中的表student添加数据('2005007','李涛','男',19,'IS')。

解：

```
mysql>use jxgl;
mysql>insert into student values ('2005007','李涛','男',19,'IS');
```

或：

```
mysql>insert into student set sno='2005007',
>sname='李涛',ssex='男',sage=19,sdept='IS';
```

(2) 使用多个值表,可以一次提供多行数据。

例 5-2 向 jxgl 数据库中的表 student 添加数据('2005008','陈高','女',21,'AT'),('2005009','张杰','男',17,'AT')。

解:

```
Mysql>insert into student values ('2005008','陈高','女',21,'AT'),('2005009','张杰','男',17,'AT');
```

5.2.2 使用 INSERT…SELECT 语句插入从其他表选择的行

功能:目的表存在,从其他表中向目的表录入数据。

INSERT INTO…SELECT 语句满足下列条件:

- SELECT 查询语句不能包含一个 ORDER BY 子句。
- INSERT 语句的目的表不能出现在 SELECT 查询部分的 FROM 子句,因为这在 ANSI SQL 中被禁止让从你正在插入的表中 SELECT(问题是 SELECT 可能发现在同一个运行期间内先前被插入的记录。当使用子选择子句时,情况可能很容易混淆)。

例 5-3 在数据库中先创建表 tbl_name1(sn,sex,dept),再从 student 表中把数据转入 tbl_name1。

解:

```
mysql>create table tbl_name1(sn,sex,dept) select sname sn,ssex sex,sdept dept
from where 1=2; --先创建表 tbl_name1
mysql>insert into tbl_name1(sn,sex,dept) select sname,ssex,sdept from student;
```

5.2.3 使用 REPLACE、REPLACE…SELECT 语句插入

REPLACE 的功能与 INSERT 完全一样,除了如果在表中的一个旧记录,在一个唯一索引上与新记录有相同的值,在新记录被插入之前,旧记录被删除。对于这种情况,insert 语句的表现是产生一个错误。

REPLACE 语句也可以与 SELECT 相配合,所以上两小节的内容完全适合 REPALCE。

应该注意的是,由于 REPLACE 语句可能改变原有的记录,因此使用时要小心。另外,在建有外键约束的几个表中,能使用 replace 插入参考表格,但是不能使用 replace 将数据插入被参考表格,如 jxgl 中的 student 和 course。

例 5-4 向 jxgl 数据库中的表 sc 添加数据('2005001','5',80)。

解:

```
mysql>replace sc values ('2005001','5',80);
```

说明:执行以上命令之前要保证 student 表中有一条 sno 为 2005001 的记录,course 表中有一条 cno 为 5 的记录,否则会报错。

5.2.4 使用 LOAD 语句批量录入数据

前面已讨论过使用 SQL 向一个表中插入数据的方法。但是，如果需要向一个表中添加许多条记录，使用 SQL 语句输入数据很不方便。幸运的是，MySQL 提供了一些方法用于批量录入数据，使得向表中添加数据变得容易了。本节将介绍 SQL 语言级的解决方法。

1. 基本语法

语法：

```
LOAD DATA [LOCAL] INFILE 'file_name.txt' [REPLACE|IGNORE] INTO TABLE tbl_name
```

LOAD DATA INFILE 语句从一个文本文件中以很高的速度读入一个表中。如果指定 LOCAL 关键词，从客户主机读文件。如果 LOCAL 没指定，文件必须位于服务器上。为了安全，当读取位于服务器上的文本文件时，文件必须处于数据库目录或可被所有人读取。另外，为了对服务器上的文件使用 LOAD DATA INFILE，在服务器主机上必须有 file 的权限。

REPLACE 和 IGNORE 关键词控制对现有的唯一键记录的重复处理。如果指定 REPLACE，新行将代替有相同的唯一键值的现有行。如果指定 IGNORE，跳过有唯一键的现有行的重复行的输入。

2. 文件的搜寻原则

当在服务器主机上寻找文件时，服务器使用下列规则：

(1) 如果给出一个绝对路径名，服务器使用该路径名。

(2) 如果给出一个有一个或多个前置部件的相对路径名，服务器相对服务器的数据目录搜索文件。

(3) 如果给出一个没有前置部件的文件名，服务器在当前数据库的数据库目录寻找文件。

注意，这些规则意味着一个像“./myfile.txt”给出的文件是从服务器的数据目录读取，而作为“myfile.txt”给出的一个文件是从当前数据库的数据库目录下读取。也要注意，对于下列这些语句，对 db1 文件从数据库目录读取，而不是 db2。

```
mysql>USE db1;
mysql>LOAD DATA INFILE "./data.txt" INTO TABLE db2.my_table;
```

5.3 修改数据

语法：

```
UPDATE tbl_name SET 要更改的列=给列的新值 WHERE 要更新的记录
```

这里的 WHERE 子句是可选的，因此如果不指定的话，表中的每个记录都被更新。

例 5-5 在 student 表中，发现陈高的性别没有指定，因此可以这样修改这个记录。

解：

```
mysql>update student set ssex='女' where sname='陈高';
```

5.4 删除数据

DELETE 语句有如下格式：

```
DELETE FROM tbl_name WHERE 要删除的记录
```

WHERE 子句指定哪些记录应该删除。它是可选的，但是如果不选的话，将会删除所有的记录。这意味着最简单的 DELETE 语句也是最危险的。

这个查询将清除表中的所有内容，一定要当心。

为了删除特定的记录，可用 WHERE 子句来选择所要删除的记录。这类似于 SELECT 语句中的 WHERE 子句。

例 5-6 在 sc 表中删除陈高选修课程信息。

解：

```
mysql>delete from sc where sno=(select sno from student where sname='陈高');
```

例 5-7 删除所有学生的选课记录。

解：

```
mysql>delete from sc;
```

实验内容与要求

(1) 在教学管理数据库 jxgl 中，使用 MySQL Workbench 在表中录入表 5-1 和表 5-2 的数据。

表 5-1 student

Sno	Sname	Sage	Ssex	Sdept	Sno	Sname	Sage	Ssex	Sdept
2005010	赵青江	18	男	Cs	2005013	陈婷婷	16	女	Ph
2005011	张丽萍	19	女	Ch	2005014	李军	16	女	Ph
2005012	陈景欢	20	男	Is					

表 5-2 sc

Sno	Cno	Grade	Sno	Cno	Grade
2005010	1	87	2005011	3	53
2005010	2		2005011	5	45
2005010	3	80	2005012	1	84
2005010	4	87	2005012	3	
2005010	6	85	2005012	4	67
2005011	1	52	2005012	5	81
2005011	2	47			

(2) 使用SQL语句进行以下更新操作。

① 给IS系的学生开设7号课程,建立相应的选课记录,成绩为空。

② 在表student中检索每门课均不及格的学生学号、姓名、年龄、性别及所在系信息,并把检索到的信息存入新表ts中。

③ 将学号为2005001的学生姓名改为"刘华",年龄增加1岁。

④ 把选修了"数据库系统"课程而成绩不及格的学生的成绩全部改为空值。

⑤ 学生王林在3号课程考试作弊,该课成绩改为空值。

⑥ 把成绩低于总平均成绩的女同学成绩提高5%。

⑦ 在基本表sc中修改课程号为"2"号课程的成绩,成绩小于等于80分时降低2%,成绩大于80分时降低1%(用两个update语句实现)。

⑧ 把"钱横"的选课记录全部删去。

⑨ 能删除2005001的学生记录吗?一定要删除应该如何操作?给出操作命令。

实验 6 EXPERIMENT 6

嵌入式 SQL 应用

实验目的

掌握第三代高级语言如 C 语言中嵌入式 SQL 的数据库数据操作方法，能清晰地领略到 SQL 命令在第三代高级语言中操作数据库数据的方式方法，这种方式方法在今后各种数据库应用系统开发中将被广泛采用。

掌握嵌入了 SQL 语句的 C 语言程序的上机过程，包括编辑、预编译、编译、连接、修改、调试与运行等内容。

背景知识

国际标准数据库语言 SQL 应用广泛。目前，各商用数据库系统均支持它，各开发工具与开发语言均以各种方式支持 SQL 语言。涉及数据库的各类操作如插入、删除、修改与查询等主要是通过 SQL 语句来完成的。广义来讲，各类开发工具或开发语言，其通过 SQL 实现的数据库操作均为嵌入式 SQL 应用。

MySQL 针对不同的编程语言创建了相应的类库，可以使用这些类库连接 MySQL 数据库，并在此基础上发布 SQL 语句。因此，MySQL 可以作为应用程序或网站的后台，并且将 SQL 语句隐藏在特定的域和友好界面后面。

MySQL 提供了一套 C API 函数，它由一组函数以及一组用于函数的数据类型组成，这些函数与 MySQL 服务器进行通信并访问数据库，可以直接操控数据库，因而显著地提高了操控效能。

C API 数据类型包括 MySQL(数据库连接句柄)、MySQL_RES(查询返回结果集)、MySQL_ROW(行集)、MySQL_FIELD(字段信息)、MySQL_FIELD_OFFSET(字段表的偏移量)、my_ulonglong(自定义的无符号整型数)等。C API 提供的函数包括 mysql_close()、mysql_connect()、mysql_query()、mysql_store_result()和 mysql_init()等，其中 mysql_query()最为重要，能完成绝大部分的数据库操控。

本实验主要以 C 为例，在 C 中嵌入了 SQL 命令实现的简易数据库应用系统——“学生学习管理系统”来展开。

实验示例

MySQL 提供的 C API 的详细说明和相应的示例请参阅 MySQL 网站的帮助资料(网址为 http://dev.mysql.com/doc/refman/5.5/en/c.html)。这里只是示范性介绍对数据库数据进行插入、删除、修改、查询、统计等的基本操作的具体实现,通过功能的示范与介绍体现出用嵌入式 C 实现一个简单系统的概况。

6.1 应用系统运行环境

应用系统开发环境是采用 MySQL 及其支持的 C,具体包括:

(1) 开发语言:C。

(2) 编译与连接工具:VC++ 6.0 或 VC++ .NET 等。

(3) 子语言:MySQL 嵌入式 SQL。

(4) 数据库管理系统:MySQL。

(5) 源程序编辑环境:VC++ 6.0、VS .NET、文本文件编辑器等。

(6) 运行环境:MS DOS 或 MS DOS 子窗口。

6.2 系统的需求与总体功能要求

为简单起见,假设该学生学习管理系统要处理的信息只涉及学生、课程与学生选课方面的信息。为此,系统的需求分析是比较简单明了的。本系统只涉及学生信息、课程信息及学生选修课程信息等。

本系统功能需求有:

(1) 在 MySQL 中建立各关系模式对应的表并初始化各表,确定各表的主键、索引、参照完整性、用户自定义完整性等。

(2) 能对各表提供输入、修改、删除、添加、查询、打印显示等基本操作。

(3) 能实现如下各类查询:①能查询学生基本情况,能查询学生选课情况及各课考试成绩情况;②能查询课程基本情况,能查询课程学生选修情况,能查询课程成绩情况。

(4) 能统计实现如下各类查询:①能统计学生选课情况及学生的成绩单(包括总成绩、平均成绩、不及格门数等)情况;②能统计课程综合情况,能统计课程选修综合情况如课程的选课人数、最高、最低、平均成绩等,能统计课程专业使用状况。

(5) 用户管理功能,包括用户登录、注册新用户、更改用户密码等功能。

(6) 所设计系统采用 MS DOS 操作界面,按字符实现子功能切换操作。

系统的总体功能安排如系统功能菜单所示:

```
0-exit.
```

```
1-创建学生表      6-添加成绩记录   b-删除课程记录   h-学生课程成绩表
2-创建课程表      7-修改学生记录   c-删除成绩记录   j-学生成绩统计表
3-创建成绩表      8-修改课程记录   e-显示学生记录   k-课程成绩统计表
4-添加学生记录    9-修改成绩记录   f-显示课程记录   m-数据库用户表名
5-添加课程记录    a-删除学生记录   g-显示成绩记录
```

6.3 系统概念结构设计与逻辑结构设计

6.3.1 数据库概念结构设计

本简易系统的ER图(不包括登录用户实体)如图6-1所示。

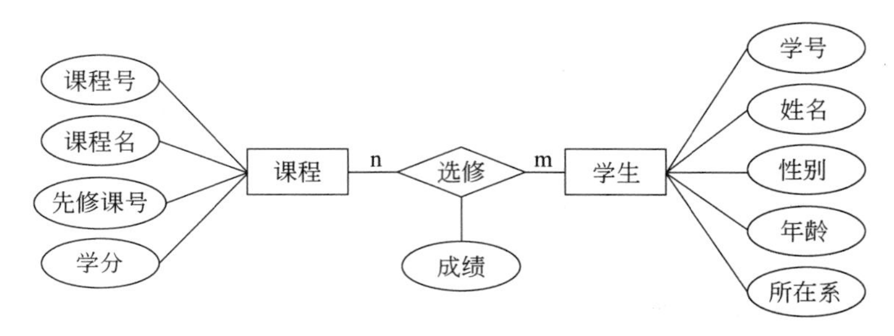

图6-1 系统ER图

6.3.2 数据库逻辑结构设计

1. 数据库关系模式

按照实体-联系图转化为关系模式的规则,本系统的ER图可转化为如下三个关系模式:

(1) 学生(学号、姓名、性别、年龄、所在系)

(2) 课程(课程号、课程名、先修课号、学分)

(3) 选修(学号、课程号、成绩)

另需辅助表:

用户表(用户编号、用户名、口令、等级)

表名与属性名对应由英文表示,则关系模式为:

(1) student(sno、sname、ssex、sage、sdept)

(2) course(cno、cname、cpno、ccredit)

(3) sc(sno、cno、grade)

(4) users(uno、uname、upassword、uclass)

2. 数据库及表结构的创建

设本系统使用的数据库名为xxgl,根据已设计出的关系模式及各模式的完整性要求，现在就可以在MySQL数据库系统中实现这些逻辑结构。下面是创建表结构的SQL命令：

```
CREATE TABLE student (
sno char(5) NOT null primary key,
sname char(6) null,
ssex char(2) null,
sage int null,
sdept char(2) null) ENGINE=MyISAM/InnoDB;--MyISAM/InnoDB选其一
CREATE TABLE course (cno char(1) NOT null primary key,cname char(10) null,cpno
char(1) null,ccredit int null) ENGINE=MyISAM/InnoDB;
CREATE TABLE sc (sno char(5) NOT null,cno char(1) NOT null,grade int null,primary
key (sno, cno), foreign key (sno) references student (sno), foreign key (cno)
references course(cno)) ENGINE=MyISAM/InnoDB;
CREATE TABLE users(uno char(6) NOT NULL PRIMARY KEY,uname VARCHAR(10) NOT NULL,
upassword VARCHAR(10) NULL,uclass char(1) DEFAULT 'A') ENGINE=MyISAM/InnoDB;
```

6.4 典型功能模块介绍

6.4.1 数据库的连接

数据库的连接(Connection)在main()主程序中(篇幅所限，可能牺牲程序格式)，源代码如下：

```
#include<stdio.h>
#include<stdlib.h>
#include<winsock.h>
#include "mysql.h"                    //mysql头文件
MYSQL mysql;
⋮
main(int argc, char **argv,char **envp)
{  int num=0;
   char fu[2];
   mysql_init(&mysql);
   //如下mysql_real_connect()连接到MySQL数据库服务器,其中"localhost"为服务器机器
   //名,"root"为连接用户名,"123456"为密码,"hello"为数据库名,3306为连接端口号。运行
   //前请根据实际情况做相应修改
if(mysql_real_connect(&mysql,"localhost","root","123456","hello",3306,0,0))
{  if (check_username_password()==0)
   {  for(;;){
      printf("Sample Embedded SQL for C application\n");
      printf("Please select one function to execute:\n\n");
      printf(" 0--exit.\n");
```

```
printf(" 1--创建学生表    6--添加成绩记录  b--删除课程记录  h--学生课程成绩表\n");
printf(" 2--创建课程表    7--修改学生记录  c--删除成绩记录  j--学生成绩统计表\n");
printf(" 3--创建成绩表    8--修改课程记录  e--显示学生记录  k--课程成绩统计表\n");
printf(" 4--添加学生记录  9--修改成绩记录  f--显示课程记录  m--数据库表名\n");
printf(" 5--添加课程记录  a--删除学生记录  g--显示成绩记录\n");
      printf("\n");
      fu[0]='0';
      scanf("%s",&fu);
      if (fu[0]=='0') exit(0);
      if (fu[0]=='1') create_student_table();
      if (fu[0]=='2') create_course_table();
      if (fu[0]=='3') create_sc_table();
      if (fu[0]=='4') insert_rows_into_student_table();
      if (fu[0]=='5') insert_rows_into_course_table();
      if (fu[0]=='6') insert_rows_into_sc_table();
      if (fu[0]=='7') current_of_update_for_student();
      if (fu[0]=='8') current_of_update_for_course();
      if (fu[0]=='9') current_of_update_for_sc();
      if (fu[0]=='a') current_of_delete_for_student();
      if (fu[0]=='b') current_of_delete_for_course();
      if (fu[0]=='c') current_of_delete_for_sc();
      if (fu[0]=='e') using_cursor_to_list_student();
      if (fu[0]=='f') using_cursor_to_list_course();
      if (fu[0]=='g') using_cursor_to_list_sc();
      if (fu[0]=='h') using_cursor_to_list_s_sc_c();
      if (fu[0]=='j') using_cursor_to_total_s_sc();
      if (fu[0]=='k') using_cursor_to_total_c_sc();
      if (fu[0]=='m') using_cursor_to_list_table_names();
      pause();
     }}
    else
    {printf("Your name or password is error,you can not be logined in the system!");}}
else { printf("数据库不存在!"); }
mysql_close(&mysql);
return 0; }
```

本系统运行主界面图如图 6-2 所示。

6.4.2 表的初始创建

系统能在第一次运行前初始化用户表。程序在初始化前,先判断系统库中是否已存在学生表?若存在则询问是否要替换它?得到肯定回答后,便可以替换(DROP)已有表。接着用 create table 命令创建 student 表,批量插入若干记录数据进行表的初始化工作。

程序如下:

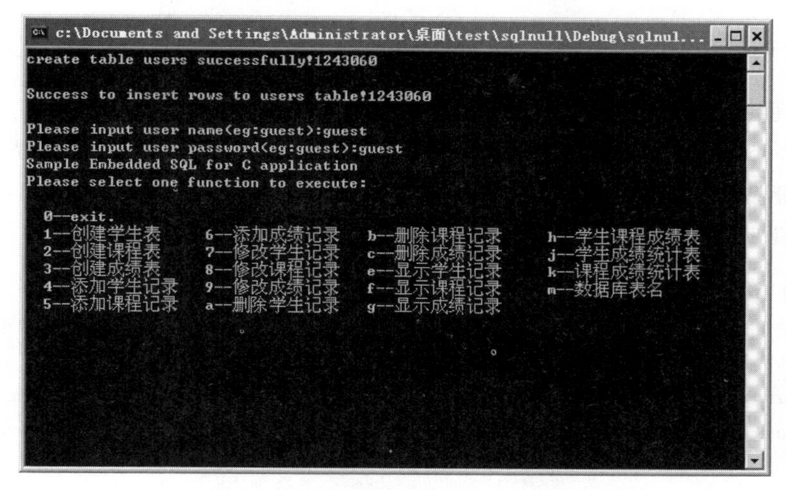

图 6-2　学生学习管理系统运行菜单图

```
int create_student_table(){
char yn[2];
char tname[21]="xxxxxxxxxxx";
if(mysql_list_tables(&mysql,"student"))                    //删除表 student
{   printf("The student table already exists,Do you want to delete it?\n");
    printf("Delete the table? (y--yes,n--no):");
    scanf("%s",&yn);
    if(yn[0]=='y'||yn[0]=='Y'){
        if(!mysql_query(&mysql,"drop table student;"))
        {printf("Drop table student successfully!%d\n\n"); }
        else{printf("ERROR: drop table student%d\n\n");}
    }
}
//创建表 student
//插入数据
if(mysql_query(&mysql,"create table student(sno char(5) not null primary key,sname char
(6) not null, ssex char(2) null,sage int null, sdept char(2) null) engine=innodb;")==0)
{printf("create table student successfully!%d\n\n");}
else
{printf("ERROR: create table student%d\n\n"); }
if(mysql_query(&mysql,"insert into student values('95001','李斌','男',16,'CS'),
('95002','赵霞','女',18,'IS'),('95003','周淘','男',17,'CS'), ('95004', '钱乐','女',
18,'IS') ,('95005','孙力','男',16,'MA');")==0)
{printf("Success to insert rows to student table!%d\n\n"); }
else{printf("ERROR: insert rows%d\n\n");}
return (0);}
```

6.4.3 表记录的插入

表记录的插入程序功能比较简单，主要通过循环结构，可反复输入学生记录的字段值，用 insert into 命令完成插入工作。直到不再插入，退出循环为止。该程序可进一步完善，使程序能在插入前先判断输入学号的学生记录是否已存在？并据此作相应的处理（请自己完善）。程序如下：

```
int insert_rows_into_student_table()
{   char csage[]="18"; char issex[]="男"; char isno[]="95002";
    char isname[]="xxxxxx"; char isdept[]="CS";
    char strquery[100]="insert into student(sno,sname,sage,ssex,sdept) values('";
    char yn[2];
while(1){
    printf("Please input sno(eg:95001):"); scanf("%s",isno);strcat(strquery,isno);
    strcat(strquery,"','");
    printf("Please input name(eg:XXXX):"); scanf("%s",isname);
    strcat(strquery,isname); strcat(strquery,"','");
    printf("Please input age(eg:18):"); scanf("%s",csage); strcat(strquery,csage);
    strcat(strquery,"','");
    printf("Please input sex(eg:男):"); scanf("%s",issex); strcat(strquery,issex);
    strcat(strquery,"','");
    printf("Please input dept(eg:CS、IS、MA…):"); scanf("%s",isdept);
    strcat(strquery,isdept); strcat(strquery,"');");
    if(mysql_query(&mysql,strquery)==0)
    {   printf("execute successfully!%d\n\n"); }
        else { printf("ERROR: execute%d\n");}
        printf("Insert again? (y--yes,n--no):");
        scanf("%s",&yn);
        if (yn[0]=='y'||yn[0]=='Y'){ continue; }
        else break;
    }
return (0);}
```

6.4.4 表记录的修改

表记录的修改程序：首先要求输入学生所在系名（“**”代表全部系），然后逐个列出该系的每个学生，询问是否要修改？若要修改则再要求输入该学生的各字段值，逐个字段值输入完毕用 UPDATE 命令完成修改操作。询问是否修改时也可输入“0”来结束该批修改处理而直接退出。程序如下：

```
int current_of_update_for_student()
{   char yn[2]; char deptname[3]; char hsno[6]; char hsname[7]; char hssex[3];
    char hsdept[3]; char hsage[3]; int i; char isage[3]="38";
```

```
char issex[3]="男"; char isname[7]="xxxxxx"; char isdept[3]="CS";
char strquery[100]="select sno,sname,ssex,sage,sdept from student";
printf("Please input deptname to be updated(CS、IS、MA…,**--All):\n");
scanf("%s",deptname);
if (strcmp(deptname,"*")!=0||strcmp(deptname,"**")!=0)
{   strcat(strquery," where sdept like '");
    strcat(strquery,deptname);
    strcat(strquery,"%'");
}
mysql_query(&mysql,strquery);
result=mysql_store_result(&mysql);
printf( "%s\n", "sno sname ssex sage sdept");
num_fields=mysql_field_count(&mysql);
while((row=mysql_fetch_row(result))!=NULL)
{   for(i=0;i<num_fields;i++)
    {   switch (i)
        {   case 0:{strcpy(hsno,row[i]);break;}
            case 1:{strcpy(hsname,row[i]);break;}
            case 2:{strcpy(hssex,row[i]);break;}
            case 3:{strcpy(hsage,row[i]);break;}
            case 4:{strcpy(hsdept,row[i]);break;}
        }
    }
    printf("%s",hsno);
    printf("%s",hsname);
    printf("%s",hssex);
    printf("%s",hsage);
    printf("%s\n",hsdept);
    printf("UPDATE? (y/n/0,y--yes,n--no,0--exit)");
    scanf("%s",&yn);
    if(yn[0]=='y' ||yn[0]=='Y'){
        char strupdate[100]="update student set sname='";
        printf("Please input new name(eg:XXXX):");
        scanf("%s",isname);
        strcat(strupdate,isname);
        strcat(strupdate,"',sage='");
        printf("Please input age(eg:18):");
        scanf("%s",isage);
        strcat(strupdate,isage);
        strcat(strupdate,"',ssex='");
        printf("Please input sex(eg:男):");
        scanf("%s",issex);
        strcat(strupdate,issex);
        strcat(strupdate,"',sdept='");
```

```
                printf("Please input dept(eg:CS、IS、MA…):");
                scanf("%s",isdept);
                strcat(strupdate,isdept);
                strcat(strupdate,"' where sno='");
                strcat(strupdate,hsno);
                strcat(strupdate,"'");
                if(mysql_query(&mysql,strupdate))
                { printf("update table student successfully!%d\n\n");}
                else
                { printf("ERROR: update table student%d\n\n");}
        }
        if (yn[0]=='0') break;
    }
    if(mysql_errno(&mysql))             //mysql_fetch_row() failed due to an error
    { fprintf(stderr, "Error:%s\n", mysql_error(&mysql)); }
    return (0);}
```

6.4.5 表记录的删除

表记录的删除程序：首先要求输入学生所在系名（“**”代表全部系），然后逐个列出该系的每个学生，询问是否要删除？若要删除则调用 DELETE 命令完成该操作。询问是否删除时也可输入“0”直接结束该批删除处理，退出程序。程序如下：

```
int current_of_delete_for_student()
{   char yn[2]; char deptname[3]; char hsno[6]; char hsname[7]; char hssex[3];
    char hsage[3]; char hsdept[3]; int i;
    char strquery[100]="select sno,sname,ssex,sage,sdept from student";
    printf("Please input deptname(CS、IS、MA…,**--All):\n");
    scanf("%s",deptname);
    if (strcmp(deptname,"*")!=0||strcmp(deptname,"**")!=0)
    {   strcat(strquery," where sdept like '");
        strcat(strquery,deptname);
        strcat(strquery,"%'");
    }
    mysql_query(&mysql,strquery);
    result=mysql_store_result(&mysql);
    printf( "%s\n", "sno sname ssex sage sdept");
    num_fields=mysql_field_count(&mysql);
    while((row=mysql_fetch_row(result))!=NULL)
    {   for(i=0;i<num_fields;i++)
        {   switch (i)
            {   case 0:{strcpy(hsno,row[i]);break;}
                case 1:{strcpy(hsname,row[i]);break;}
                case 2:{strcpy(hssex,row[i]);break;}
```

```
                case 3:{strcpy(hsage,row[i]);break;}
                case 4:{strcpy(hsdept,row[i]);break;}
            }
        }
        printf("%s",hsno); printf("%s",hsname);
        printf("%s",hssex); printf("%s",hsage);
        printf("%s\n",hsdept); printf("DELETE? (y/n/0,y--yes,n--no,0--exit)");
        scanf("%s",&yn);
        if (yn[0]=='y'||yn[0]=='Y'){
            char strdelete[100]="delete from student where sno='";
            strcat(strdelete,hsno); strcat(strdelete,"'");
            if(mysql_query(&mysql,strdelete))
            { printf("delete table student successfully!%d\n\n"); }
            else{ printf("ERROR: delete table student%d\n\n");}
        }
        if (yn[0]=='0') break;
    }
    if(mysql_errno(&mysql))             //mysql_fetch_row() failed due to an error
    { fprintf(stderr, "Error:%s\n", mysql_error(&mysql));}
    return (0);
}
```

6.4.6 表记录的查询

表记录的查询程序：先根据 SELECT 进行查询，查询结果放入结果集中，再通过循环逐条取出记录并显示出来。所有有效的 select 语句均可通过本程序模式查询并显示。程序如下：

```
int using_cursor_to_list_student()
{   char isage[3]; char sno[6]; char issex[3]; char isno[6]; char isname[7];
    char isdept[3]; int i;
    char strquery[100]="select sno,sname,ssex,sage,sdept from student where sno like '%";
    printf("Please input sno to be selected:");
    scanf("%s",sno); strcat(strquery,sno); strcat(strquery,"%'");
    mysql_query(&mysql,strquery);
    result=mysql_store_result(&mysql);
    printf( "%s\n", "sno sname ssex sage sdept");
    num_fields=mysql_field_count(&mysql);
    while((row=mysql_fetch_row(result))!=NULL)
    {   for(i=0;i<num_fields;i++)
        {   switch (i)
            {   case 0:{strcpy(isno,row[i]);break;}
                case 1:{strcpy(isname,row[i]);break;}
                case 2:{strcpy(issex,row[i]);break;}
```

```
                case 3:{strcpy(isage,row[i]);break;}
                case 4:{strcpy(isdept,row[i]);break;}
            }
        }
        printf("%s",isno); printf("%s",isname); printf("%s",issex);
        printf("%s",isage); printf("%s\n",isdept);
    }
    if(mysql_errno(&mysql))            //mysql_fetch_row() failed due to an error
    {   fprintf(stderr, "Error:%s\n", mysql_error(&mysql)); }
        return (0);
}
```

6.4.7 实现统计功能

表记录的统计程序与表记录的查询程序如出一辙，只是SELECT查询语句带有分组子句GROUP BY，并且SELECT子句中使用统计函数。程序如下：

```
int using_cursor_to_total_s_sc()
{   double isum=18; int icnt=18; double iavg=18; double imin=18;
    double imax=18; char isno[]="95001"; char isname[]="xxxxxx"; int i;
    char strquery[200]="select student.sno,sname,count(grade),
    sum(grade),avg(grade),MIN(grade),MAX(grade) from student,sc where student.sno=
    sc.sno group by student.sno,sname";
    mysql_query(&mysql,strquery);
    result=mysql_store_result(&mysql);
    printf("sno sname count sum avg min max \n");
    num_fields=mysql_field_count(&mysql);
    while((row=mysql_fetch_row(result))!=NULL)
    {   for(i=0;i<num_fields;i++)
        {   switch (i)
            {   case 0:{strcpy(isno,row[i]);break;}
                case 1:{strcpy(isname,row[i]);break;}
                case 2:{icnt=atoi(row[i]);break;}
                case 3:{isum=atof(row[i]);break;}
                case 4:{iavg=atof(row[i]);break;}
                case 5:{imin=atof(row[i]);break;}
                case 6:{imax=atof(row[i]);break;}
            }
        }
        printf("%s",isno); printf("%s",isname); printf("%d",icnt);
        printf("%3.0f",isum); printf("%3.0f",iavg); printf("%3.0f",imin);
        printf("%3.0f\n",imax);
    }
    if(mysql_errno(&mysql))            // mysql_fetch_row() failed due to an error
```

```
    { fprintf(stderr, "Error:%s\n", mysql_error(&mysql)); }
return (0);}
```

其他功能程序可参阅以上典型程序自己设计完成。完整的系统程序可以从清华大学出版社网站上下载。

6.5 系统运行及配置

“学生学习管理系统”的运行可以利用 VC++ 6.0 或 VC++.NET 集成环境，或直接在 MS-DOS 窗口中编译、连接与运行。根据系统程序要求，需要先建立一个名为 hello 的数据库。可以在 MySQL Workbench 中交互建立或通过命令 CREATE DATABASE hello 来创建。

下面作简单介绍：

1. VC++ 6.0 环境配置与运行

(1) 打开 VC++ 6.0 环境；

(2) 在 VC++ 6.0 中新建一个工程项目(控制台应用空项目)；

(3) 把示例 C 源程序包含进工程中；

(4) 选择“工具”→“选项”命令，打开“选项”对话框，在其中对项目属性进行配置，导入所需的库。选择“目录”选项卡，在“目录”下拉列表中选择 Include files 选项，新增 MySQL/include 目录。本书 MySQL 的安装路径为 C:\Program Files\MySQL\，其 include 路径为 C:\Program Files\MySQL\MySQL Server 5.5\include\，如图 6-3 所示。

(5) 在“目录”下拉列表中选择 Library files 选项。新增填上你的 MySQL/lib/debug 目录，本书的 debug 目录为 C:\PROGRAM FILES\MYSQL\MYSQL SERVER 5.5\LIB\DEBUG，如图 6-4 所示。

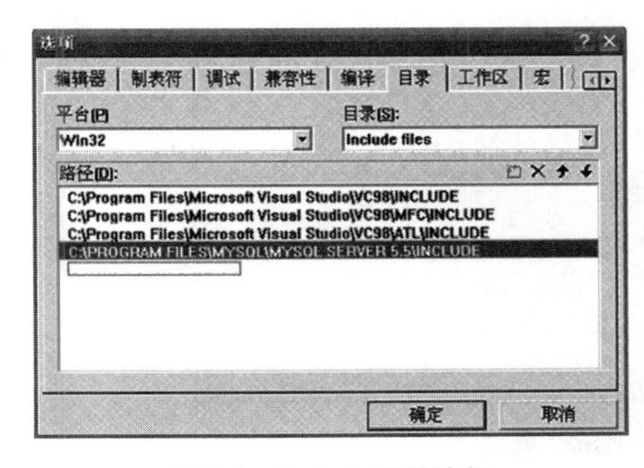

图 6-3 Include 配置路径

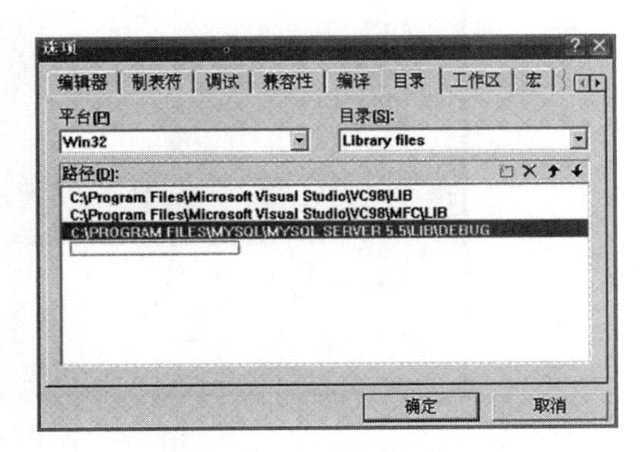

图 6-4 配置链接器路径

(6) 选择“工程”→”设置”命令，打开 Project Settings 对话框，在其中的“连接”选项卡中进行配置。在“对象/库模块”文本框中输入“libmysql.lib odbc32.lib odbccp32.lib”，如

图 6-5 所示。

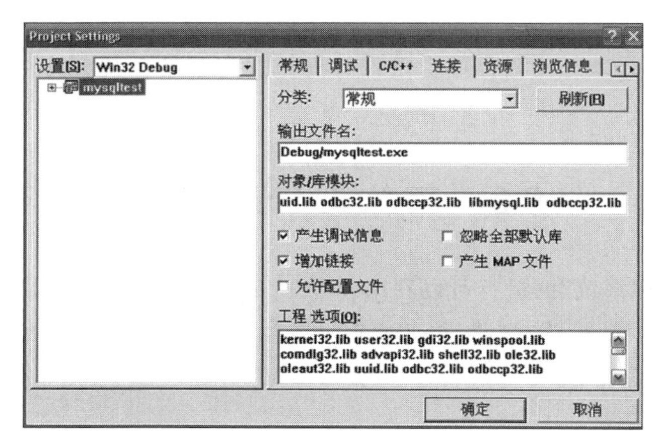

图 6-5 配置附加依赖项

(7) 将 libmysql. lib 和 libmysql. dll 文件找到(在 MySQL 安装目录中能找到,如 C:\Program Files\MySQL\MySQL Server 5. 5\lib),复制进项目的文件夹和 debug 文件夹中。

(8) 编译运行即可。

2. VC++.NET 环境配置与运行

VC++.NET 集成环境下的配置与运行情况类似,下面简单图示说明。

(1) 打开 Visual Studio 2008,新建一个 Win32 项目,如图 6-6 所示。

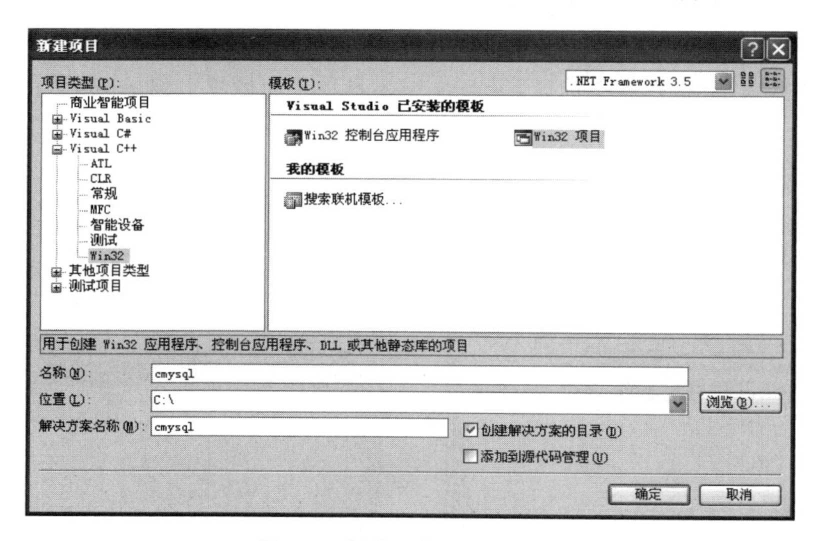

图 6-6 新建一个 Win32 项目

(2) 启动 Win32 应用程序生成向导。如图 6-7 所示,单击"下一步" 按钮。

(3) 进入应用程序设置页面。如图 6-8 所示,这里应用程序类型选择"控制台应用程序",附加选项选择"空项目",单击"完成"按钮。

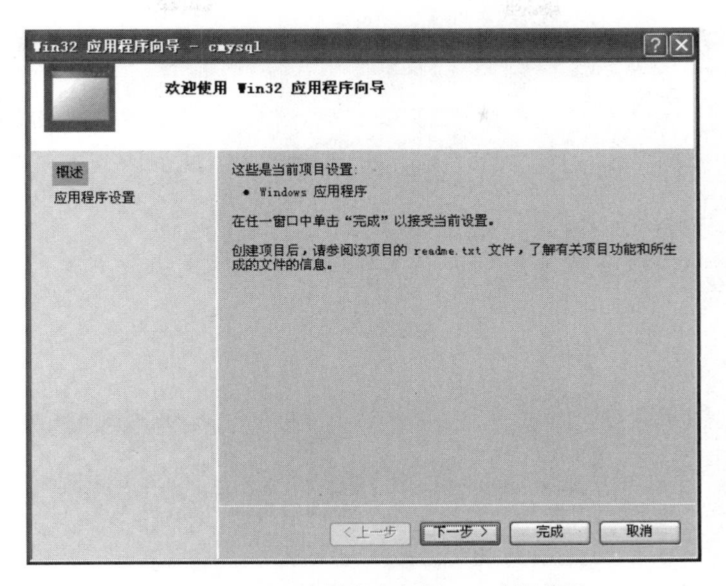

图 6-7　Win32 应用程序向导——欢迎首页

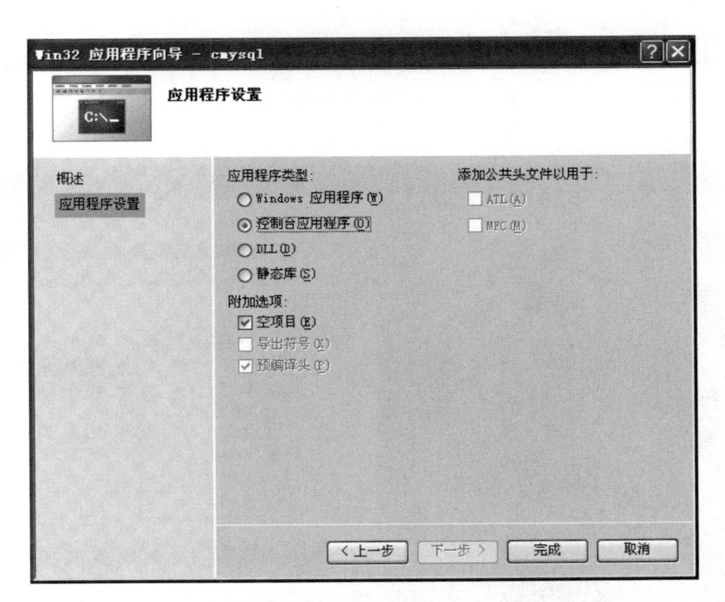

图 6-8　Win32 应用程序向导——应用程序设置

(4) 向导生成了 Win32 空项目。如图 6-9 所示，在源文件夹上单击鼠标右键，从弹出的快捷菜单中选择“添加”→“现有项”命令，把源程序导入 Win32 项目，如图 6-10 和图 6-11 所示。

(5) 要运行项目程序，还需要做好如下项目属性的设置。选中工程项目，选择“项目”→“属性”命令，在左边栏中选择 C/C++→“常规”→“附加包含目录”，在右边的“附加包含目录”中填上 MySQL\include 目录。本书 MySQL 的安装路径为 C:\Program Files\

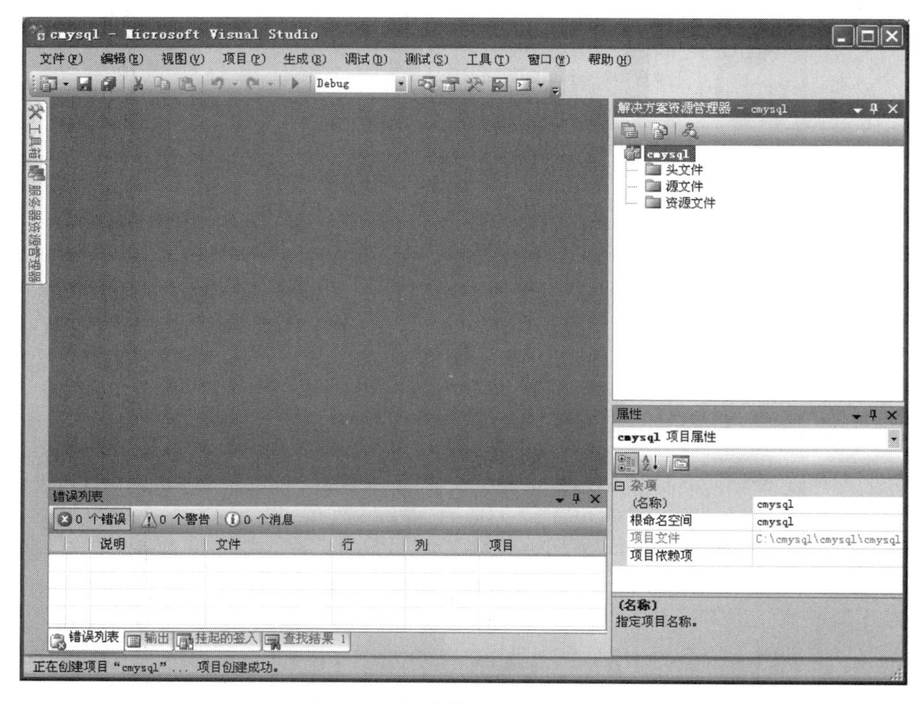

图 6-9 生成的 Win32 空项目

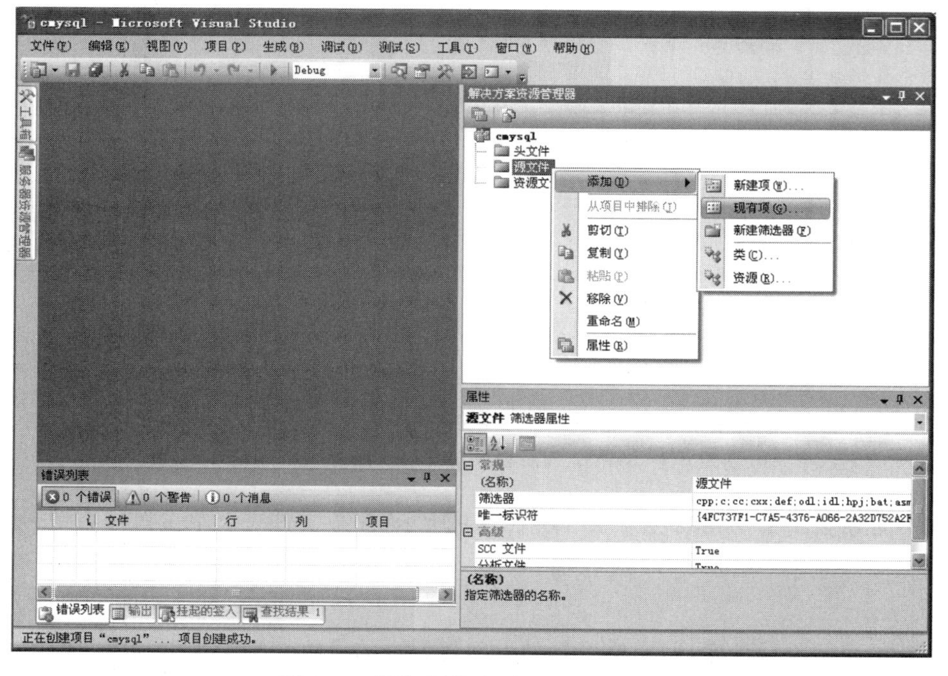

图 6-10 添加源程序到项目源文件夹

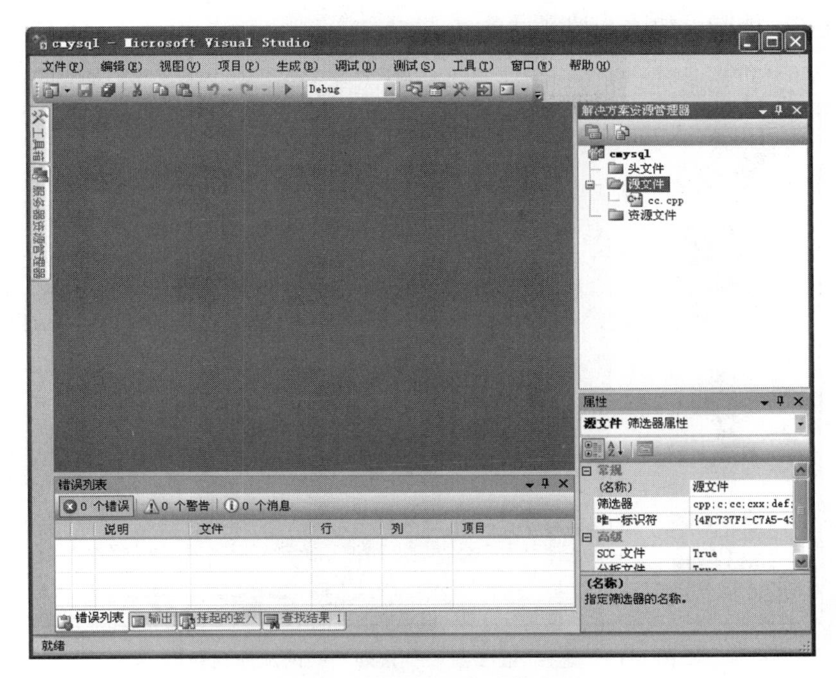

图 6-11 添加源程序后的项目

MySQL\，其 include 路径为 C:\Program Files\MySQL\MySQL Server 5.5\include\，如图 6-12 所示。

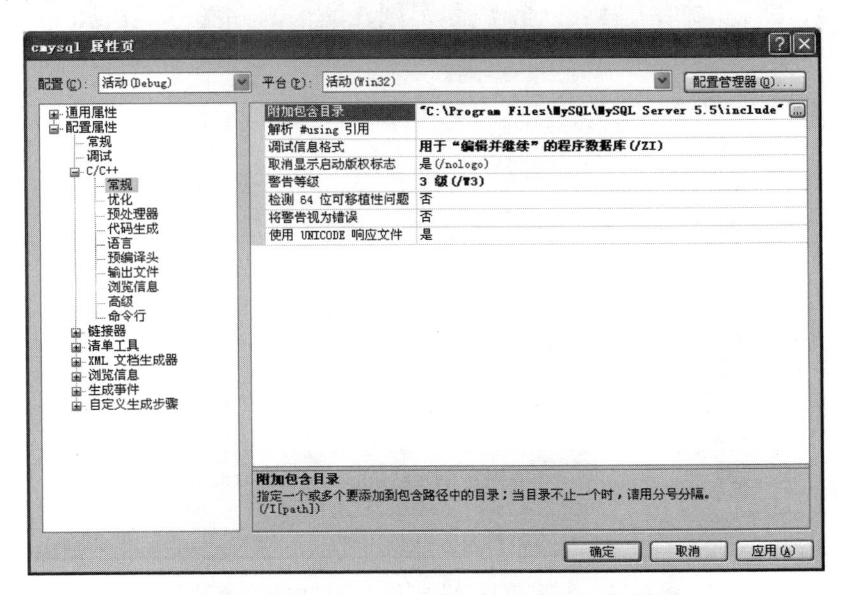

图 6-12 选择 C/C++→"常规"→"附加包含目录"

(6) 配置链接器。在左边栏中选择"链接器"→"常规"，在右边的"附加库目录"中填上 MySQL\lib\debug 目录，本书的 debug 目录为 C:\Program Files\MySQL\MySQL

Server 5.5\lib\debug，如图 6-13 所示。

图 6-13 选择"链接器"→"常规"→"附加库目录"

(7) 在左边栏中选择"链接器"→"输入"，在右边的"附加依赖项"中填上 libmysql.lib，如图 6-14 所示。至此，项目属性配置基本完成。

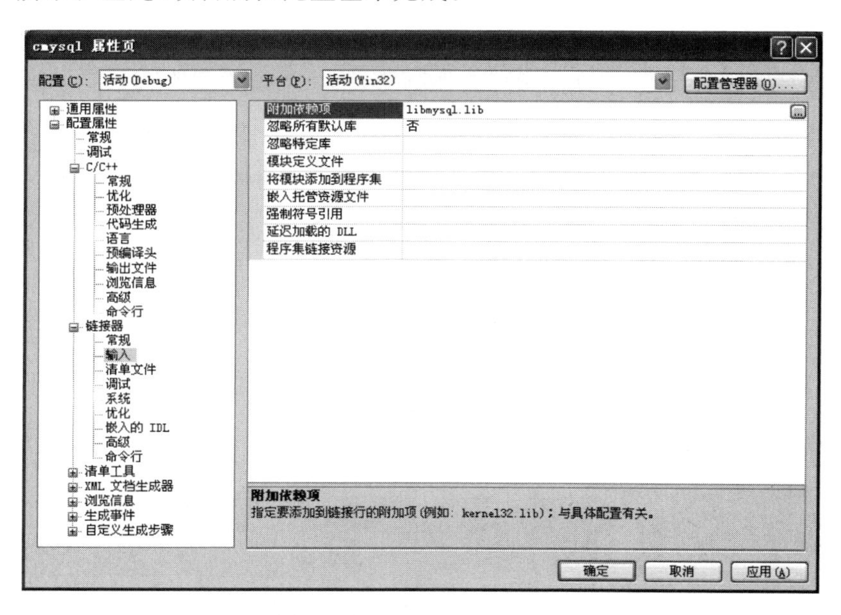

图 6-14 选择"链接器"→"输入"→"附加依赖项"

(8) 保存项目后，按 F5 键首次运行项目。图 6-15 显示无法找到组件 libmysql.dll。需要把 libmysql.dll 文件(在 MySQL 安装目录中能找到)添加到项目文件夹中的 Debug

子目录中，如图6-16所示。

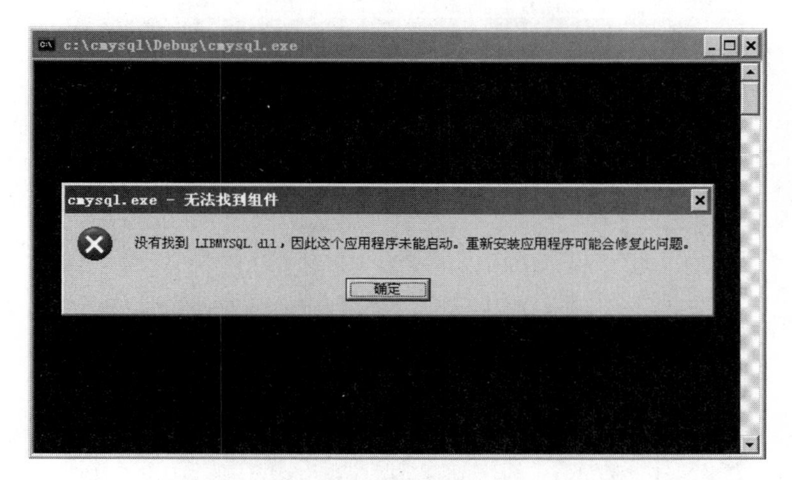

图6-15　首次运行提示少libmysql.dll文件

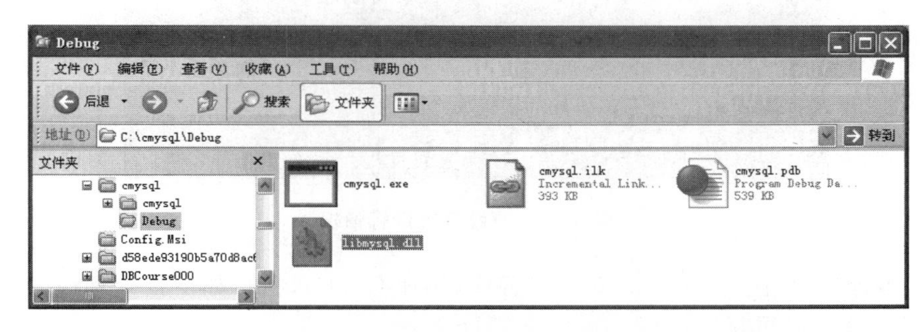

图6-16　libmysql.dll复制到项目目录Debug子目录

(9) 再次按F5键运行项目。在程序中连接MySQL数据库服务器参数设置正确的情况下，系统能正常运行，如图6-17所示。

3. MS-DOS窗口中编译、连接与运行

利用VC++6.0 C编译器直接在MS-DOS窗口中编译、连接与运行也是简单便捷的方法。设VC++6.0 C编译器相关文件(如\BIN含可执行程序，\INCLUDE含头文件，\LIB含库文件)放在C:\VC98目录中。可以把C语言源程序(如CC.C)放在某目录中，如C:\esqlc-mysql。

(1) 启动MS-DOS窗口，执行如下命令，使当前盘为C，当前目录为esqlc-mysql。

```
C:
cd\esqlc-mysql
```

(2) 设置系统环境变量值，执行如下批处理命令：

```
setenv-mysql
```

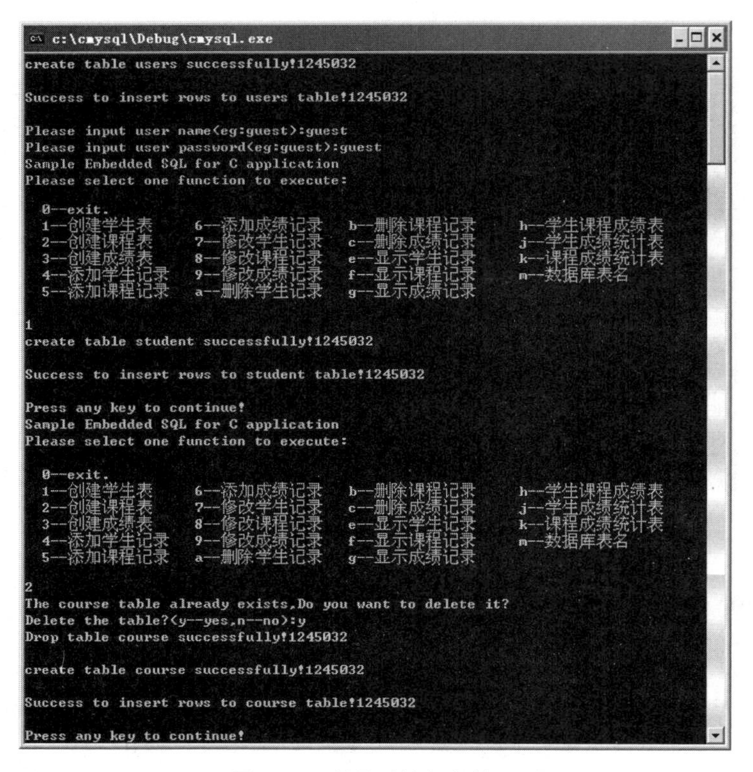

图 6-17 项目系统运行情况

(3) 编译、连接嵌入 SQL 的 C 语言程序(例如 CC.C),执行如下批处理命令(有语法语义错时可修改后重新运行):

```
run-mysql CC
```

(4) 运行生成的应用程序(CC.exe),输入程序名即可(如图 6-18 所示)。

```
CC
```

说明:

(1) 嵌入 SQL 的 C 语言程序可用任意文本编辑器进行编辑修改(如记事本、Word 等)。

(2) 用户数据库中应有 student、sc 和 course 等所需的表(或通过嵌入 SQL C 语言运行时执行创建功能)。

(3) 需要有 VC++ 6.0 的 C 程序编译器 cl.exe 及相关的动态连接库与库文件等。

(4) setenv-mysql.bat 文件内容(根据 VC++ 6.0 安装目录及 MySQL 安装目录需做相应修改的):

```
@echo off
echo Use SETENV to set up the appropriate environment for
echo building Embedded SQL for C programs
```

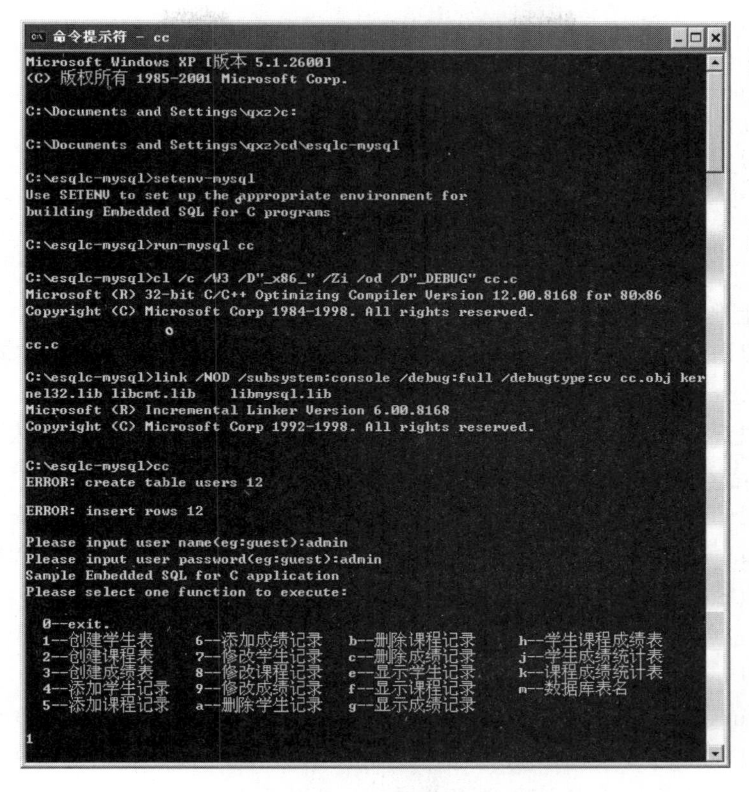

图 6-18 (1)～(4)步的运行情况

```
set path="C:\Program Files\MySQL\MySQL Server 5.5\bin";"c:\vc98\bin"
set INCLUDE=C:\Program Files\MySQL\MySQL Server 5.1\Include;c:\VC98\Include;
%include%
set LIB="C:\Program Files\MySQL\MySQL Server 5.5\lib\debug";c:\VC98\Lib;%lib%
```

(5) 嵌入SQL的C语言程序编译环境要求说明(即SETENV-mysql.BAT文件内容)：

需VC安装目录下的\bin、\include、\lib子目录；MySQL安装后子目录\binn、\include、\lib\debug等。为此，SETENV-mysql.BAT文件目录情况应按照实际目录情况调整。

(6) run-mysql.bat文件内容为：

```
cl/c/W3/D"_x86_"/Zi/od/D"_DEBUG" %1.c
link/NOD/subsystem:console/debug:full/debugtype:cv %1.obj kernel32.lib libcmt.
lib libmysql.lib
```

说明：%1.c代表C源程序，连接中用到的库文件在VC安装子目录及MySQL安装子目录中能找到。

(7) 以上实验的运行环境为Windows XP+ MySQL 5.5.9+VC++ 6.0，在其他环境下批处理文件内容应有变动，编译、连接、运行中可能要用到动态连接库文件，如mspdb60.dll、sqlakw32.dll和libmysql.dll等(需要时复制它们到编译、运行环境中去)。

要说明的是，解决汉字显示问题，可以使用以下C命令：

```
mysql_query(&mysql,"SET NAMES latin1;"); //支持处理汉字 SET NAMES gbk|gb2312|
utf8|latin1; 可根据具体要求选择不同字符集以支持汉字的显示
```

实验内容与要求（选做）

参阅以上典型的程序，自己实践设计并完成如下功能：

(1) 模拟 create_student_table()实现创建 SC 表或 Course 表。即实现 create_sc_table()或 create_course_table()子程序的功能。

(2) 模拟 insert_rows_into_student_table()实现对 SC 表或 Course 表的记录添加。即实现 insert_rows_into_sc_table()或 insert_rows_into_course_table()子程序的功能。

(3) 模拟 current_of_update_for_student()实现对 SC 表或 Course 表的记录修改。即实现 current_of_update_for_sc()或 current_of_update_for_course()子程序的功能。

(4) 模拟 current_of_delete_for_student()实现对 SC 表或 Course 表的记录删除。即实现 current_of_delete_for_sc()或 current_of_delete_for_course()子程序的功能。

(5) 模拟 using_cursor_to_list_student()实现对 SC 表或 Course 表的记录查询。即实现 using_cursor_to_list_sc()或 using_cursor_to_list_course()子程序的功能。

(6) 模拟 using_cursor_to_total_s_sc()实现对各课程选修后的分析统计功能，即实现分课程统计出课程的选修人数、课程总成绩、课程平均成绩、课程最低成绩与课程最高成绩等。即实现 using_cursor_to_total_c_sc()子程序的功能。

(7) 可选用嵌入式 SQL 技术来设计其他简易管理系统，以此来作为数据库课程设计任务。用嵌入式 SQL 技术实践数据库课程设计，能更清晰地体现 SQL 命令操作数据库数据的真谛。

实验 7 EXPERIMENT 7

数据库存储和优化

实验目的

了解不同实用数据库系统数据存放的存储介质情况、数据库与数据文件的存储结构与存取方式(尽可能查阅相关资料及系统联机帮助等),实践索引的使用效果,实践数据库系统的效率和调节。

背景知识

某些 SQL 语句,例如 CREATE TABLE 和 GRANT 语句,拥有一个合理的、恒定的执行时间。这样的语句在什么条件下执行都是无关紧要的,它们总是需要一个特定的执行时间,并且这个时间不会减少。但是,执行 SELECT、UPDATE 和 DELETE 语句所需的时间是不同的。可以优化这种类型语句的执行,减少执行时间。

有很多技术可以减少 SELECT、UPDATE 和 DELETE 语句的执行时间。索引就是其中之一。通常情况下,只有当经常查询索引列中的数据时,才需要在表上创建索引,索引将占用磁盘空间,并且降低添加、删除和更新行的速度。不过在多数情况下,索引所带来的数据检索速度的优势大大超过它的不足之处。

可以在不影响数据库架构和应用程序设计的情况下删除、添加或更改索引。本实验讲解获取 SQL 语句执行频率,确定为查询瓶颈的 SQL 语句,如何使用索引来显著地影响执行时间。

1. 使用 SHOW STATUS 了解 SQL 的执行频率

通过 SHOW STATUS 可以提供服务器状态信息,也可以使用 Mysqladmin Extended Status 命令获得。SHOW STATUS 可以根据需要显示 session 级别的统计结果和 global 级别的统计结果。

以下几个参数 MyISAM 和 Innodb 存储引擎都计数,可以稍作了解:

(1) Com_select 执行 SELECT 操作的次数,一次查询则累加 1。

(2) Com_insert 执行 INSERT 操作的次数,对于批量插入的 INSERT 操作,只累加一次。

(3) Com_update 执行 UPDATE 操作的次数。

(4) Com_delete 执行 DELETE 操作的次数。

以下几个参数是针对 Innodb 存储引擎计数的,累加的算法也略有不同:

(1) Innodb_rows_read select 查询返回的行数。

(2) Innodb_rows_inserted 执行 INSERT 操作插入的行数。

(3) Innodb_rows_updated 执行 UPDATE 操作更新的行数。

(4) Innodb_rows_deleted 执行 DELETE 操作删除的行数。

通过以上几个参数,可以很容易地了解当前数据库的应用是以插入更新为主还是以查询操作为主,以及各种类型的 SQL 大致的执行比例是多少。对于更新操作的计数,是对执行次数的计数,不论提交还是回退都会累加。

对于事务型的应用,通过 Com_commit 和 Com_rollback 可以了解事务提交和回退的情况,对于回退操作非常频繁的数据库,可能意味着应用编写存在问题。

此外,以下几个参数便于我们了解数据库的基本情况: Connections 是试图连接 MySQL 服务器的次数;Uptime 是服务器工作时间;Slow_queries 是慢查询的次数。

2. 定位执行效率较低的 SQL 语句

可以通过以下两种方式定位执行效率较低的 SQL 语句:

(1) 可以通过慢查询日志定位那些执行效率较低的 SQL 语句,用--log-slow-queries [=f_name]选项启动时,mysqld 写一个包含所有执行时间超过 long_query_time 秒的 SQL 语句的日志文件。可以了解哪些查询效率低。

具体设置方法:

① 打开 my.ini 文件,然后找到[mysqld]标签。

② 在[mysqld]标签下面加上如下内容:

```
#慢日志保存路径与文件
log-slow-queries="c:/slow.log"
#超过 2s 的查询
long_query_time=2
#记录没有使用索引的查询
log-queries-not-using-indexes
```

③ 保存、关闭,然后重启 MySQL。

(2) 慢查询日志在查询结束以后才记录,所以在应用反映执行效率出现问题的时候查询慢查询日志并不能定位问题,可以使用 Show Processlist 命令查看当前 MySQL 在进行的线程,包括线程的状态、是否锁表等,可以实时地查看 SQL 执行情况,同时对一些锁表操作进行优化。

3. 使用 EXPLAIN 语句检查 SQL 语句

通过以上步骤查询到效率低的 SQL 后,可以通过 Explain 或者 Desc 获取 MySQL

如何执行SELECT语句的信息，包括select语句执行过程时，表如何连接和连接的次序。

借助于EXPLAIN，可以知道什么时候必须为表加入索引以得到使用索引找到记录的更快的SELECT。

语法：

```
EXPLAIN tbl_name;
```

或

```
EXPLAIN SELECT select_options;
```

注意：

(1) EXPLAIN tbl_name;是DESCRIBE tbl_name;或SHOW COLUMNS FROM tbl_name;的一个同义词。

(2) 从EXPLAIN的输出包括下面列：

- id：本次SELECT的标识符。在查询中每个SELECT都有一个顺序的数值。
- select_type：SELECT的类型，可能会有以下几种：
  - SIMPLE：简单的SELECT(没有使用UNION或子查询)。
  - PRIMARY：最外层的SELECT。
  - UNION：第二层，在SELECT之后使用了UNION。
  - DEPENDENT UNION：UNION语句中的第二个SELECT，依赖于外部子查询。
  - SUBQUERY：子查询中的第一个SELECT。
  - DEPENDENT SUBQUERY：子查询中的第一个SUBQUERY依赖于外部的子查询。
  - DERIVED：派生表SELECT(FROM子句中的子查询)。
  - table：表连接类型。
  - type：连接类型。
  - possible_keys：possible_keys字段是指MySQL在搜索表记录时可能使用哪个索引。注意，这个字段完全独立于EXPLAIN显示的表顺序。这就意味着possible_keys里面所包含的索引可能在实际的使用中没用到。如果这个字段的值是NULL，就表示没有索引被用到。这种情况下，就可以检查WHERE子句中哪些字段适合增加索引以提高查询的性能。就这样，创建一下索引，然后再用EXPLAIN检查一下。
  - key：key列显示MySQL实际决定使用的键。如果没有选择索引，键是NULL。
  - key_len：key_len列显示MySQL决定使用的键长度。如果键是NULL，长度是NULL。
  - ref：ref列显示哪个列或常数与key一起用于从表中选择行。
  - rows：rows列显示MySQL执行查询的行数。
- Extra：本字段显示了查询中MySQL的附加信息。可能值为：

- Distinct：MySQL 在找到当前记录的匹配联合结果的第一条记录之后，就不再搜索其他记录了。
- Not exists：MySQL 在查询时做一个 LEFT JOIN 优化时，当它在当前表中找到了和前一条记录符合 LEFT JOIN 条件后，就不再搜索更多的记录了。
- range checked for each record(index map：#)：MySQL 没找到合适的可用的索引。取代的办法是对于前一个表的每一个行连接，它会做一个检验以决定该使用哪个索引(如果有的话)，并且使用这个索引从表里取得记录。这个过程不会很快，但总比没有任何索引时做表连接来得快。
- Using filesort：MySQL 需要额外的做一遍，从而以排好的顺序取得记录。排序程序根据连接的类型遍历所有的记录，并且将所有符合 WHERE 条件的记录的要排序的键和指向记录的指针存储起来。这些键已经排完序了，对应的记录也会按照排好的顺序取出来。
- Using index：字段的信息直接从索引树中的信息取得，而不再去扫描实际的记录。这种策略用于查询时的字段是一个独立索引的一部分。
- Using temporary：MySQL 需要创建临时表存储结果以完成查询。这种情况通常发生在查询时包含了 GROUP BY 和 ORDER BY 子句，它以不同的方式列出了各个字段。
- Using where：WHERE 子句将用来限制哪些记录匹配了下一个表或者发送给客户端。

如果想要让查询尽可能地快，那么就应该注意 Extra 字段的值为 Using filesort 和 Using temporary 的情况。

通过将 EXPLAIN 输出 rows 行的所有值相乘，粗略说明 MySQL 必须检验多少行以执行查询。

例 7-1 多表连接查询分析及其改进。

解：

```
mysql>EXPLAIN SELECT student.sname, course.cname,grade From student,course,sc
WHERE student.sno=sc.sno and sc.cno=course.cno and sdept='cs';
其结论为：
+----+-------------+------+--------+---------------------+--
-------------+---------+------------------+--------+---------+
| id|select_type|table|type |possible_keys |key     |key_len|ref      |rows |Extra|
+----+-------------+------+--------+---------------------+--
-------------+---------+------------------+--------+---------+
| 1|SIMPLE |student|ALL |PRIMARY      | NULL |NULL|NULL      | 6|Using where        |
| 1|SIMPLE |sc |ref |PRIMARY,sno,cno| PRIMARY|4 |jxgl.student.sno | 1 |            |
| 1|SIMPLE |course|eq_ref|PRIMARY      | PRIMARY|4     | jxgl.sc.cno| 1 |           |
3 rows in set (0.00 sec)
```

建表时，采用的数据表存储引擎都为 InnoDB；student、course、sc 表中都有主键索引，另外，sc 表建立两个外键。只有第一行，extra 类型为 using where，type 为 all，表示对

student 表是全表扫描。改进办法：where 子句中查询条件为 sdept='cs'，所以可以在 sdept 上建立一个索引。再次查询结果如下：

```
+----+------------+------+--------+----------------------+--
-------------+---------+-----------------+--------+---------+
| id|select_type|table|type |possible_keys |key    |key_len|ref      |rows |Extra     |
+----+------------+------+--------+----------------------+--
-------------+---------+-----------------+--------+---------+
| 1|SIMPLE |student |ref |PRIMARY,index1|index1 |13 |const      | 2|Using where |
| 1|SIMPLE |sc |ref |PRIMARY,sno,cno| PRIMARY|4 |jxgl.student.sno | 1 |        |
| 1|SIMPLE |course|eq_ref|PRIMARY     | PRIMARY|4     | jxgl.course.cno| 1 |    |
3 rows in set (0.00 sec)
```

在查询条件上建立索引，查询行数(rows)由原来的 6 变成了 2。

4. 优化查询

(1) 估算查询性能。

在大多数情况下，可以通过统计磁盘搜索次数来估算查询的性能。对小表来说，通常情况下只需要搜索一次磁盘就能找到对应的记录(因为索引可能已经缓存起来了)。对大表来说，大致可以这么估算：它使用 B 树做索引，想要找到一条记录大概需要搜索的次数为

```
log(row_count())/log(index_block_length/3*2/(index_length+data_pointer_length))+1
```

其中：row_count()返回 Update 或 Delete 影响的行数；index_block_length 是索引块大小，通常为 1024 个字节；index_length 为键值长度；data_pointer_length 是数据指针长度，通常为 4 个字节。

在 MySQL 中，一个索引块通常是 1024bytes，数据指针通常是 4bytes。对于一个有 500 000 条记录，索引长度为 3bytes(medium integer)的表来说，根据上面的公式计算得到需要做 log(500 000)/log(1024/3 * 2/(3+4))+1=4 次搜索。

这个表的索引大概需要 500 000 * 7 * 3/2=5.2MB 的存储空间(假定典型的索引缓冲区的 2/3)，因此应该会有更多的索引在内存中，并且可能只需要 1～2 次调用就能找到对应的记录。

对于写来说，大概需要 4 次(甚至更多)搜索才能找到新的索引位置，更新记录时通常需要 2 次搜索。

请注意，前面的讨论中并没有提到应用程序的性能会因为 logN 的值越大而下降。只要所有的东西都能由操作系统或者 SQL 服务器缓存起来，那么性能只会因为数据表越大而稍微下降。当数据越来越大之后，就不能全部放到缓存中去了，就会越来越慢了，除非应用程序是被磁盘搜索约束的(它跟随着 logN 值增加而增加)。为了避免这种情况，可以在数据量增大以后也随着增大索引缓存容量。对 MyISAM 类型表来说，索引缓存容量是由系统变量 key_buffer_size 控制的。

(2) SELECT 查询的速度。

通常情况下,想要让一个比较慢的 SELECT…WHERE 查询变得更快的第一件事就是先检查看看是否可以增加索引。所有对不同表的访问通常都使用索引。可以使用 EXPLAIN 语句判断 SELECT 使用了哪些索引。

实验示例

对约有 8 万条记录的表进行单记录插入和所有记录排序查询(分别对两个不同字段进行排序)执行耗时(以毫秒为单位)比较,测试使用索引和不使用索引、使用聚集索引与非聚集索引、对唯一值与非唯一值字段建立索引并排序等情况的执行状况,从而了解使用索引的作用和意义。并能在其他可能需建索引场合利用这种测试方法来做分析与比较。

7.1 创建示例表

在教学管理系统(jxgl)中创建表 test,并插入 8 万条记录。在 mysql 命令行提示符下录入如下程序并运行。

```
/*创建表*/
Create table test(id int unique AUTO_INCREMENT,rq datetime null,srq varchar(20)
null,hh smallint null, mm smallint null, ss smallint null,num numeric(12,3),
primary key(id)) AUTO_INCREMENT=1 engine=MyISAM;
/*创建存储过程生成表中数据*/
DELIMITER //
CREATE PROCEDURE 'p1'()
begin
    set @i=1;
    WHILE @i<=80000 do
        INSERT INTO TEST(RQ,SRQ,HH,MM,SS,NUM)
            VALUES(NOW(),NOW(),HOUR(NOW()),
            MINUTE(NOW()),SECOND(NOW()),RAND(@i)*100);
        set @i=@i+1;
    END WHILE;
End//
/*调用存储过程*/
call p1//
DELIMITER;
```

7.2 运行测试代码

1. 未建索引时按以下步骤操作

(1) 单记录插入(约 30ms,给出的毫秒数是在特定环境下得出的,只做参考)。

```
DELIMITER
Select @i:=max(id) from test;
INSERT INTO TEST(RQ,SRQ,HH,MM,SS,NUM)
        VALUES(NOW(),NOW(),HOUR(NOW()),
MINUTE(NOW()),SECOND(NOW()),RAND(@i) * 100);
```

(2) 查询所有记录,按 id 排序(约 157ms)。

```
Select * from test order by id;
```

本命令可以在 MySQL Workbench 的查询分析器中执行,图 7-1 中右边红色椭圆框出的即是查询命令执行所需时间 0.141s(0.141sec)。为了做到一次取出所有记录(缺省一次至多取 1000 条记录),要预先做好图 7-2 所示的设置(MySQL Workbench 的查询分析器中,选择 Edit→Preferences 命令打开该设置界面)。

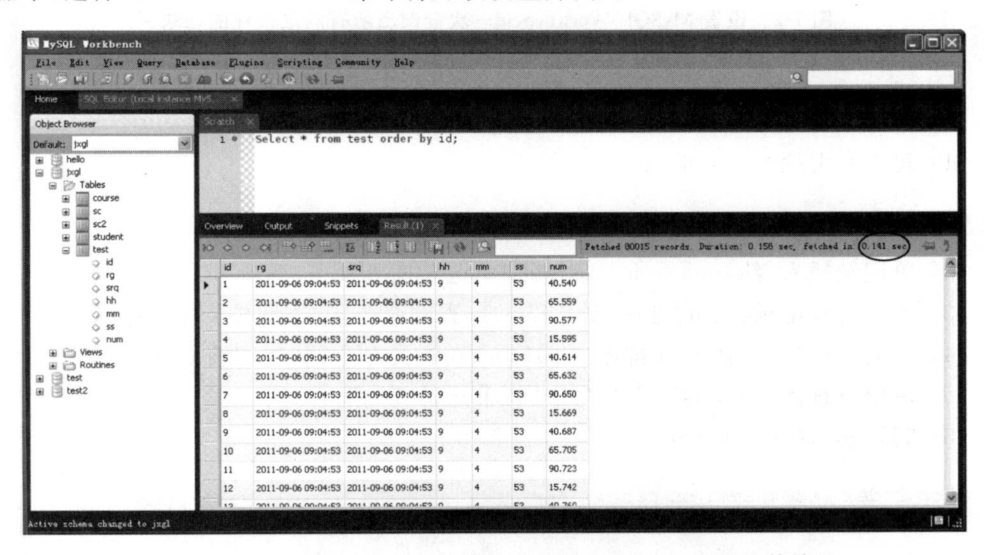

图 7-1 MySQL Workbench 的查询分析器中执行 select 查询等情况

(3) 查询所有记录,按 mm 排序(约 140ms)。

```
Select * from test order by mm;
```

(4) 单记录查询(约 0ms)。

```
Select id from test where id=51;
```

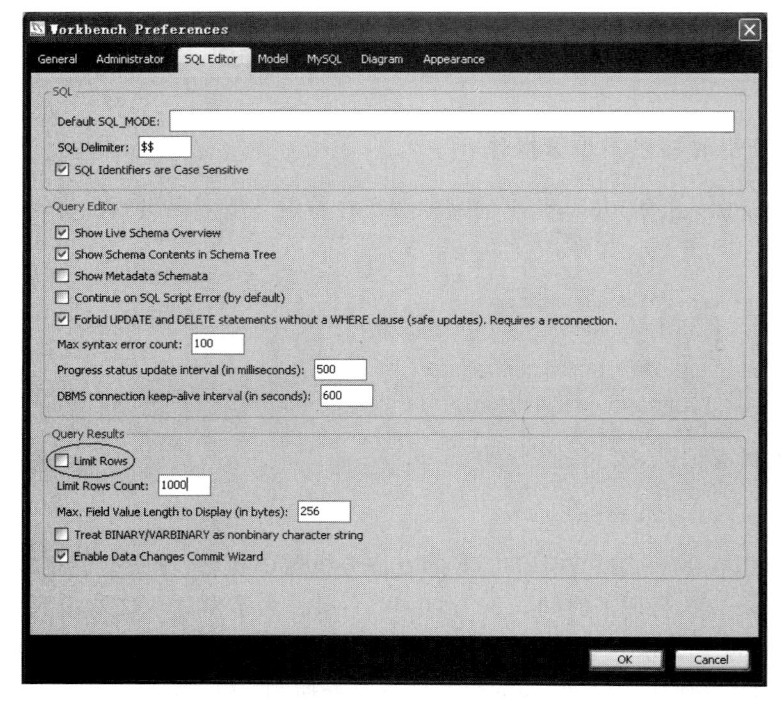

图 7-2 设置 MySQL Workbench 一次查询出所有满足条件的记录

2. 对 test 表的 id 字段建立非聚集索引

(1) 建立索引耗时(约 980ms)。

```
Create index indexname1 on test(id);
```

(2) 单记录插入(约 0ms),插入命令同"单记录插入"。
(3) 查询所有记录,按 id 排序(约 157ms),查询命令同"查询按 id 排序"。
(4) 查询所有记录,按 mm 排序(约 150ms),查询命令同"查询按 mm 排序"。
(5) 单记录查询(约 0ms),查询命令同"单记录查询"。
(6) 删除索引(约 870ms)。

```
Drop index indexname1 on test;
```

3. 对 test 表的 mm 字段建立非聚集索引

(1) 建立索引耗时(约 1016ms)。

```
Create index indexname1 on test(mm);
```

(2) 单记录插入(约 0ms),插入命令同"单记录插入"。
(3) 查询所有记录,按 id 排序(约 160ms),查询命令同"查询按 id 排序"。
(4) 查询所有记录,按 mm 排序(约 150ms),查询命令同"查询按 mm 排序"。

(5) 单记录查询(约 0ms),查询命令同“单记录查询”。

(6) 删除索引(约 953ms)。

```
Drop index indexname1 on test;
```

4. 对 test 表的 id 字段建立唯一索引

(1) 建立索引耗时(约 1125ms)。

```
Create UNIQUE index indexname1 on test(id);
```

(2) 单记录插入(约 10ms),插入命令同“单记录插入”。

(3) 查询所有记录,按 id 排序(约 156ms),查询命令同“查询按 id 排序”。

(4) 查询所有记录,按 mm 排序(约 156ms),查询命令同“查询按 mm 排序”。

(5) 单记录查询(约 0ms),查询命令同“单记录查询”。

(6) 删除索引(约 968ms)。

```
Drop index indexname1 on test;
```

实验内容与要求(选做)

(1) 了解 Access、MS SQL Server 和 Oracle 等数据库系统的数据库存放介质及其文件组织方式等。

(2) 了解 MySQL 效率相关的参数并测试这些参数的调节效果。

(3) 索引的使用效果测试。参照实验示例上机操作,增大 test 表的记录到 8 万条或更多,重做实验。多次记录耗时,并作分析比较。

(4) 对教学管理系统(jxgl),对 student、course 和 sc 表分别添加较多记录。参照示例做类似的实验,测试不使用索引或使用索引的效果。多次记录实验耗时,作分析比较。

(5) 了解 MySQL 数据库使用不同存储引擎(表类型)操作表数据的效率问题,试着对大小相同的表操作来观测其耗时情况。

(6) MySQL 中影响数据存取效率的因素分析及体会。相比其他数据库系统 MySQL 数据库的运行性能如何?

实验 8

存储过程的基本操作

实 验 目 的

学习与实践创建、修改、使用和删除存储过程的基本操作。

背 景 知 识

MySQL 中提供了将固定操作集合在一起由数据库管理系统来执行，从而实现某个任务的功能——存储过程。存储过程的主体是标准的 SQL 命令和扩展 SQL（见附录 A）：变量、常量、运算符、表达式、函数、流程控制语句和游标等。使用存储过程可以提高数据库系统的整体运行性能。

在 MySQL 中有多种可以使用的存储过程，主要有系统存储过程、用户自定义存储过程。本实验主要实现用户自定义的存储过程。

实 验 示 例

8.1 创建存储过程

语法：

```
CREATE PROCEDURE 存储过程名 (参数列表)
BEGIN
    SQL 语句代码块
END
```

注意：

(1) 由括号包围的参数列必须总是存在。如果没有参数，也该使用一个空参数列()。每个参数默认都是一个 IN 参数。要指定为其他参数，可在参数名之前使用关键词 OUT

或 INOUT。在 mysql 客户端定义存储过程的时候使用 delimiter 命令把语句定界符从“;”变为“//”。

(2) 当使用 delimiter 命令时，应该避免使用反斜杠(“\”,MySQL 的转义字符)。

(3) MySQL 存储过程参数类型(in、out、inout)。

- in：跟 C 语言的函数参数的值传递类似，MySQL 存储过程内部可能会修改此参数，但对 in 类型参数的修改对调用者(caller)来说是不可见的(not visible)。
- out：从存储过程内部传值给调用者。在存储过程内部，该参数初始值为 null，无论调用者是否给存储过程参数设置值。
- inout：inout 参数跟 out 类似，都可以从存储过程内部传值给调用者。不同的是，调用者还可以通过 inout 参数传递值给存储过程。

总之，如果仅仅想把数据传给 MySQL 存储过程，那就使用 in 类型参数；如果仅仅从 MySQL 存储过程返回值，那就使用 out 类型参数；如果需要把数据传给 MySQL 存储过程，还要经过一些计算后再传回给调用过程，此时要使用 inout 类型参数。

例 8-1 创建带输出参数的存储过程，求学生人数。

解：

```
mysql>delimiter //
mysql>CREATE PROCEDURE simpleproc(OUT param1 INT)
    ->BEGIN
    ->  SELECT COUNT(*)INTO param1 FROM student;
    ->END//
Query OK, 0 rows affected (0.00 sec)
```

例 8-2 创建带输入参数的存储过程，根据学生学号(sno)查询该学生所学课程的课程编号(cno)和成绩(grade)。

解：

```
mysql>delimiter//
mysql>CREATE PROCEDURE proc_sc_findById(in n int)
->BEGIN
->  SELECT sno,cno,grade FROM sc where sno=n;
->END//
```

说明：存储过程的创建、修改、执行、删除和查看等操作也可便捷地在 MySQL Workbench 的查询分析器中进行，图 8-1 所示为创建上面两个存储过程的执行情况。

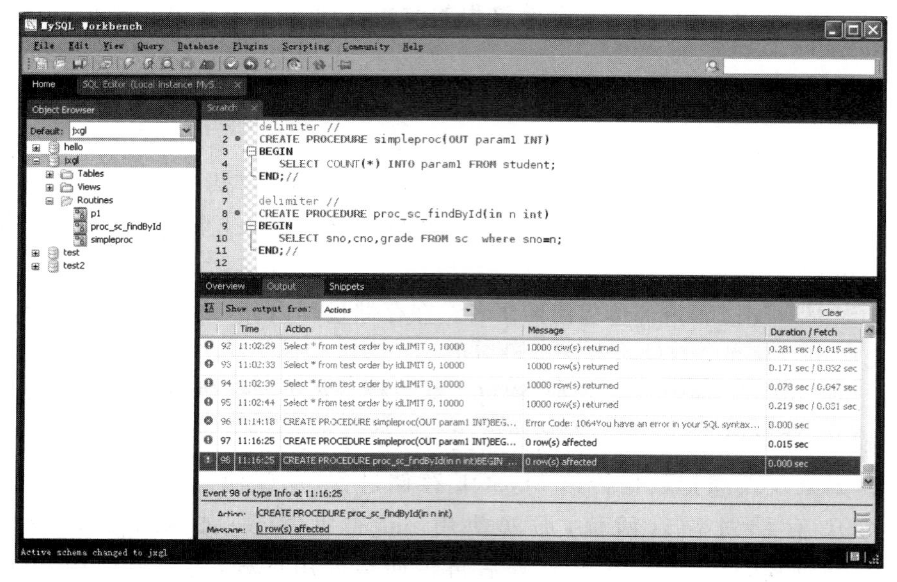

图 8-1 MySQL Workbench 的查询分析器中创建存储过程

8.2 修改存储过程

语法：

```
ALTER PROCEDURE 存储过程名 SQL语句代码块
```

这个语句可以被用来改变一个存储程序或函数的特征。在 MySQL 5.1 中，必须用 ALTER ROUTINE 权限才可用此子程序。这个权限被自动授予子程序的创建者。

8.3 删除存储过程

语法：

```
DROP PROCEDURE IF EXISTS 存储过程名
```

这个语句被用来移除一个存储程序。不能在一个存储过程中删除另一个存储过程，只能调用另一个存储过程。在 MySQL 5.1 中，必须有 ALTER ROUTINE 权限才可用此子程序。这个权限被自动授予子程序的创建者。

IF EXISTS 子句是一个 MySQL 的扩展。如果程序或函数不存在，它防止发生错误。

例 8-3 删除例 8-2 创建的存储过程。

解：

```
mysql>drop PROCEDURE IF EXISTS proc_sc_findById;
```

8.4 查看存储过程

语法：

```
SHOW CREATE PROCEDURE 存储过程名
```

这个语句是一个 MySQL 的扩展。类似于 SHOW CREATE TABLE，它返回该存储过程的创建程序。

例 8-4 查看例 8-1 创建的存储过程。

解：

```
mysql>show create PROCEDURE simpleproc;
```

8.5 列出所有存储过程

语法：

```
SHOW PROCEDURE STATUS
```

这个语句是一个 MySQL 的扩展。它返回子程序的特征，如数据库、名字、类型、创建者及创建和修改日期。如果没有指定样式，根据用户使用的语句，所有存储程序和存储函数的信息都被列出。

例 8-5 查看在 jxgl 中创建的所有存储过程。

解：

```
mysql>show PROCEDURE status;
```

8.6 调用存储过程

语法：

```
CALL sp_name([parameter[,…]])
```

CALL 语句调用一个先前用 CREATE PROCEDURE 创建的程序。

CALL 语句可以用声明为 OUT 或 INOUT 参数的参数给它的调用者传回值。它也“返回”受影响的行数。

例 8-6 调用在例 8-1 中创建的 simpleproc 存储过程(带输出参数)。

解：

```
mysql>call simpleproc(@count);
```

实验内容与要求(选做)

在教学管理系统(jxgl)中完成以下操作：

(1) 定义具有参数的存储过程。在JXGL数据库中创建一个名称为InsRecToC的存储过程,该存储过程的功能是向course表中插入一条记录,新记录的值由参数提供,执行该存储过程。

(2) 创建一个名称为select_s的存储过程,该存储过程的功能是从student表中查询所有女生的信息,并执行该存储过程。

(3) 定义具有参数的存储过程。创建名称为insrectos的存储过程,该存储过程的功能是从student表中根据学号查询某一学生的姓名和年龄并返回。执行该存储过程。

(4) 将存储过程select_s改名为SELECT_STUDENT。

(5) 删除存储过程insrectos。

(6) 查看并会修改已建存储过程源程序代码。

(7) 参阅“企业库存管理及Web网上订购系统”14.2节中数据库用户KCGL的存储过程,了解并学习其各自实现的功能。

实验 9 EXPERIMENT 9

触发器的基本操作

实 验 目 的

学习与实现创建、修改、使用和删除触发器的基本操作。

背 景 知 识

触发器是一种特殊的存储过程。触发器主要通过事件触发从而执行,而存储过程可以通过存储过程名称来直接调用执行。

实 验 示 例

MySQL 5.5 包含对触发程序的支持。触发程序是与表有关的数据库对象,当表上出现特定事件时将激活该对象。例如,下述语句将创建一个表和一个 INSERT 触发程序。触发程序将插入表中某一列的值加在一起:

```
CREATE TABLE account(acct_num INT, amount DECIMAL(10,2));
CREATE TRIGGER ins_sum BEFORE INSERT ON account
FOR EACH ROW SET  @sum=@sum+NEW.amount;
```

要测试触发器的执行情况,可以运行如下代码:

```
set @sum=0;
insert into account values(1,100.1);
select  @sum;
```

以上代码可以在 MySQL Workbench 的查询分析器中执行,如图 9-1 所示。

本节介绍创建和撤销触发程序的语法,并给出一些使用它们的示例以及触发器使用的限制。

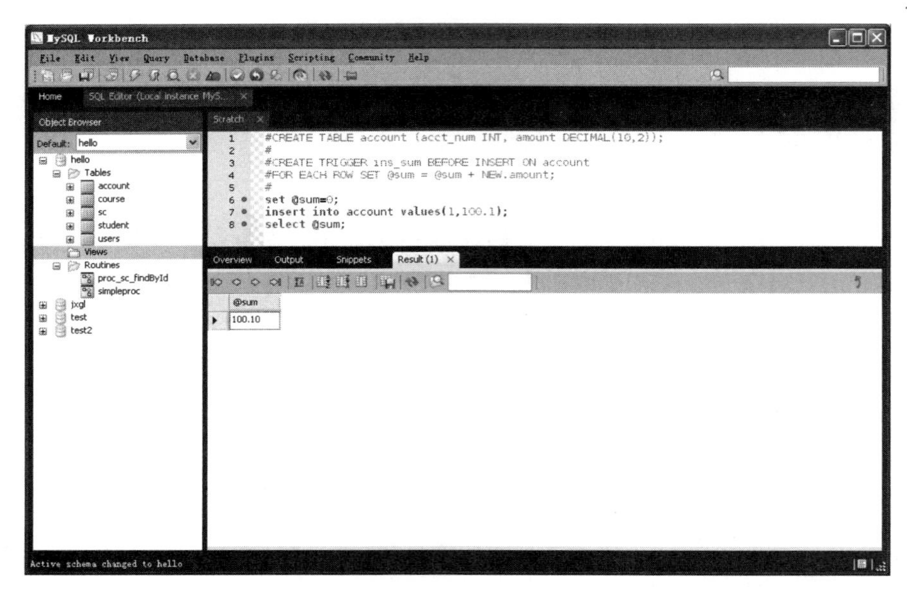

图 9-1　MySQL Workbench 的查询分析器中执行触发器创建、引发等情况

9.1　创建触发器

语法：

```
CREATE TRIGGER trigger_name trigger_time trigger_event
ON tbl_name FOR EACH ROW trigger_stmt
```

触发程序是与表有关的数据库对象，当表上出现特定事件时将激活该对象。

注释：

(1) 触发程序与命名为 tbl_name 的表相关。tbl_name 必须为永久性表。不能将触发程序与 TEMPORARY 表或视图关联起来。

(2) trigger_time 是触发程序的动作时间。它可以是 BEFORE 或 AFTER，以指明触发程序是在激活它的语句之前或之后触发。

(3) trigger_event 指明了激活触发程序语句的类型。trigger_event 可以是下述值之一：

- INSERT：将新行插入表时激活触发程序，例如通过 INSERT、LOAD DATA 和 REPLACE 语句。
- UPDATE：更改某一行时激活触发程序，例如通过 UPDATE 语句。
- DELETE：从表中删除某一行时激活触发程序，例如通过 DELETE 和 REPLACE 语句。

注意，trigger_event 与以表操作方式激活触发器的 SQL 语句并不十分类似，这一点很重要。例如，关于 INSERT 的 BEFORE 触发程序不仅能被 INSERT 语句激活，也能被 LOAD DATA 语句激活。

对于某一表，不能有两个 BEFORE UPDATE 触发程序。但可以有一个 BEFORE UPDATE 触发程序和一个 BEFORE INSERT 触发程序，或一个 BEFORE UPDATE 触发程序和一个 AFTER UPDATE 触发程序。

(4) trigger_stmt 是当触发程序激活时执行的语句。如果打算执行多个语句，可使用 BEGIN…END 复合语句结构。

注释：目前，触发程序不会被级联的外键动作激活。该限制将会被尽早放宽。

CREATE TRIGGER 语句需要 SUPER 权限。

9.2 删除触发器

```
DROP TRIGGER [schema_name.]trigger_name
```

删除触发器。方案名称(schema_name)是可选的。如果省略了 schema_name，将从当前方案中删除触发器。

注释：从 MySQL 5.0.10 之前的 MySQL 版本升级到 5.0.10 或更高版本时(包括所有的 MySQL 5.1 版本)，必须在升级之前删除所有的触发器，并在随后重新创建它们。

DROP TRIGGER 语句需要 SUPER 权限。

9.3 使用触发器

1. 使用触发器的限制

激活触发器时，对触发器执行的语句也存在一些限制：

(1) 触发程序不能调用将数据返回客户端的存储程序，也不能使用采用 CALL 语句的动态 SQL(允许存储程序通过参数将数据返回触发程序)。

(2) 触发程序不能使用以显式或隐式方式开始或结束事务的语句，如 START TRANSACTION、COMMIT 或 ROLLBACK。

2. MySQL 的扩展

(1) OLD 和 NEW。

使用 OLD 和 NEW 关键字能够访问受触发器影响的行中的列(OLD 和 NEW 不区分大小写)。在 INSERT 触发器中仅能使用 NEW. col_name，没有旧行。在 DELETE 触发器中仅能使用 OLD. col_name，没有新行。在 UPDATE 触发器中，可以使用 OLD. col_name 来引用更新前的某一行的列，也能使用 NEW. col_name 来引用更新后的行中的列。

用 OLD 命名的列是只读的。可以引用它，但不能更改它。对于用 NEW 命名的列，如果具有 SELECT 权限，可引用它。在 BEFORE 触发程序中，如果具有 UPDATE 权限，可使用“SET NEW. col_name=value”更改它的值。这意味着可以使用触发器来更改将要插入到新行中的值，或更改正用于更新行的值。

(2) 触发器执行多行语句。

通过使用BEGIN…END结构，能够定义执行多条语句的触发器。在BEGIN块中，还能使用存储子程序中允许的其他语法，如条件和循环等。但是，正如存储子程序那样，定义执行多条语句的触发器时，如果使用mysql程序来输入触发程序，需要重新定义语句分隔符，以便能够在触发器定义中使用字符“;”。在下面的示例中演示了这些要点。

例9-1 在表sc上定义一个UPDATE触发程序，用于检查更新每一行时，grade位于0～100的范围内，否则回退。

解：

```
mysql>delimiter//
mysql>CREATE TRIGGER upd_check BEFORE UPDATE ON sc
->FOR EACH ROW
->BEGIN
->    IF NEW.grade<0 or NEW.grade>100 THEN
->    Set NEW.grade=OLD.grade;
->    END IF;
->END;//
mysql>delimiter;
```

调用触发器：

```
Mysql>update sc set grade=110 where sno='2005001' and cno='1';
```

3. MySQL处理触发器执行错误

在触发程序的执行过程中，MySQL处理错误的方式如下：

(1) 如果BEFORE触发程序失败，不执行相应行上的操作。

(2) 仅当BEFORE触发程序(如果有的话)和行操作均已成功执行，才执行AFTER触发程序。

(3) 如果在BEFORE或AFTER触发程序的执行过程中出现错误，将导致调用(或引发)触发程序的整个语句失败。

(4) 对于事务性表，如果触发程序失败(以及由此导致的整个语句的失败)，该语句所执行的所有更改将回退。对于非事务性表，不能执行这类回退，因而，即使语句失败，失败之前所作的任何更改依然有效。

实验内容与要求(选做)

对教学管理系统(jxgl)执行如下操作。

(1) 对student表创建update触发器TR_S_AGE_UPDATE，要求更新学生信息时，

如果年龄不在 15～45 之间，不执行操作。

(2) 对 student 表创建 insert、delete 触发器 TR_S_INSERT，要求添加或删除学生信息时，自动显示所添加或删除的学生信息，或把新添加或删除学生记录同时加入到自己建立的日志表(student_bf)中。

(3) 在 student 表创建 delete、update 触发器 TR_S_DE_SNO，要求删除学生信息或修改学生学号时，检查该生是否有选修课记录，若有不许删除该生信息或不许修改该生学号。

(4) 在 sc 表中创建 insert、update 触发器 TR_SC_IN_SNO，要求插入选课记录或修改选课表学生学号时，检查该学号是否为 student 表中的学号，若无则不许插入选课记录或修改选课表学生学号。

(5) 显示该数据库的所有触发器。

(6) 删除 student 表的触发器 TR_S_AGE_UPDATE。

(7) 在 student 表中录入或修改实验数据，查看触发器的执行情况。

(8) 在 sc 表中录入或修改实验数据，查看触发器的执行情况。

实验 10 EXPERIMENT 10

数据库安全性

实验目的

熟悉不同数据库的保护措施——安全性控制，重点实践 MySQL 的安全性机制，掌握 MySQL 中有关用户、角色以及操作权限等的管理方法。

背景知识

数据库的安全性是指保护数据库以防止不合法的使用造成的数据丢失、破坏。由于一般数据库都存有大量的数据，而且是多个用户共享数据库，因此安全性问题更为突出。一般数据库的安全性控制措施是分级设置的，用户需要利用用户名和口令登录，经系统核实后，由 DBMS 分配其存取控制权限。对同一对象，不同的用户会有不同的许可。

MySQL 管理员有责任保证数据库内容的安全性，使得这些数据记录只能被那些正确授权的用户访问，这涉及数据库系统的内部安全性和外部安全性。

内部安全性关心的是文件系统级的问题，即防止 MySQL 数据目录(DATADIR)被在服务器主机有账号的人(合法或窃取的)攻击。如果数据目录内容的权限过分授予，使得每个人均能简单地替代对应于那些数据库表的文件，那么确保控制客户通过网络访问的授权表设置正确将无意义。

外部安全性关心的是从外部通过网络连接服务器的客户的问题，即保护 MySQL 服务器免受来自通过网络对服务器连接的攻击。必须设置 MySQL 授权表(grant table)，使得他们不允许访问服务器管理的数据库内容，除非提供有效的用户名和口令。

MySQL 有一套先进的但非标准的安全/授权系统。通过网络连接服务器的合法客户对 MySQL 数据库的访问由授权表内容来控制。涉及安全管理有两个模块 5 个表。

(1) 用户管理模块。主要是负责用户登录连接相关的基本权限控制。有 3 个表：

- user 表：列出可以连接服务器的用户及其口令，并且它指定他们有哪种全局(超级用户)权限。在 user 表启用的任何权限均是全局权限，并适用于所有数据库。例如，如果启用了 DELETE 权限，在这里列出的用户可以从任何表中删除记录。

- db 表：列出用户有权限访问的数据库。在这里指定的权限适用于一个数据库中的所有表。
- host 表：与 db 表结合使用在一个较好层次上控制特定主机对数据库的访问权限，这可能比单独使用 db 好些。这个表不受 GRANT 和 REVOKE 语句的影响。

(2) 访问授权控制模块。随时随地检查已经进门的访问者，校验他们是否有访问所发出请求需要访问的数据的权限。涉及表为：

- tables_priv 表：指定表级权限，在这里指定的权限适用于一个表的所有列。
- columns_priv 表：指定列级权限。这里指定的权限适用于一个表的特定列。

MySQL 权限系统保证所有的用户只执行允许做的事情。当连接 MySQL 服务器时，身份由连接的主机和用户名来决定。发出连接请求后，系统根据身份和想做什么来授予权限。MySQL 存取控制包含两个阶段：

阶段 1(请求阶段)：服务器检查是否允许连接。

阶段 2(验证阶段)：假定能连接，服务器检查发出的每个请求。看是否有足够的权限实施它。例如，如果从数据库表中选择(select)行或从数据库删除表，服务器确定对表有 SELECT 权限或对数据库有 DROP 权限。

服务器在存取控制的两个阶段都使用 MySQL 数据库中的 user、db 和 host 表。

存取控制的第二阶段(验证阶段)，服务器执行请求验证以确保每个客户端有充分的权限满足各需求。除了 user、db 和 host 授权表外，如果请求涉及表，服务器可以另外参考 tables_priv 和 columns_priv 表。tables_priv 和 columns_priv 表可以对表和列提供更精确的权限控制。

实验示例

10.1 用户管理

在 MySQL 数据库中，用户的创建和删除有几种方式，本节分别进行讨论。

1. 使用 SQL 语句管理用户

(1) 创建用户。

语法：

```
CREATE USER user_name IDENTIFIED BY 'password'
```

例 10-1 在 MySQL 数据库中新建用户 dba，密码为 sqlstudy。

解：

```
mysql>CREATE USER dba IDENTIFIED BY 'sqlstudy';
```

此时，创建的 MySQL 用户的全名是 dba@'%'。

见到这样的 MySQL 用户名是不是觉得有点困惑？原来 MySQL 的用户名包含两个

部分：账户名(account name)和主机名(hostname)。hostname 用来限制该 MySQL 账户(account)从何处访问 MySQL 服务器。

- dba@'%'：可以在网络中的任意地方使用账户名 dba 访问 MySQL 服务。
- dba@'localhost'：只能在本机(MySQL 服务所在的机器上)使用账户名 dba 连接。
- dba@'192.168.0.200'：只能从网络中的 192.168.0.200 机器上使用账户名 dba 连接。
- dba@'192.168.0.%'：可以从网络中的 192.168.0 类子网中的任意一台机器上使用账户名 dba 连接。

为了使 MySQL 更安全，创建用户的时候，应该根据实际访问限制来选择合适的用户名。同时要谨慎使用 dba@'%'。另外，在创建用户的时候，最好显式指定 hostname。使用 SQL 语句对 mysql.user 表进行插入或删除也可以起到创建或修改用户的效果。

(2) 修改用户名。

语法：

```
Rename user  <user name>  to  <user name>
```

例 10-2 把用户 dba 改名为 hello。

```
mysql>rename user dba to hello;
```

(3) 修改密码。

每个用户都有权修改自己或别人的密码。

语法：

```
Set password [for  <user name>]=password(<password>)
```

例 10-3 把用户 hello 的密码改为 1234。

```
mysql>set password for hello=password('1234');
```

(4) 删除用户。

语法：

```
drop user  <user name>
```

例 10-4 删除 MySQL 数据库用户 hello，也最好显式指定 hostname。

```
mysql>drop user hello;
```

等价于：

```
drop user hello@'%'
```

2. 使用 MySQL Workbench 创建和删除用户

如前 MySQL Workbench 的简单操作，进入用户管理界面如图 1-24 所示。在该处进行用户管理。

(1) 添加用户。

单击实验 1 中图 1-24 中的 Add Account 按钮,在 Login 选项卡中录入信息,如图 10-1 所示,然后单击 Apply 按钮,添加用户成功。

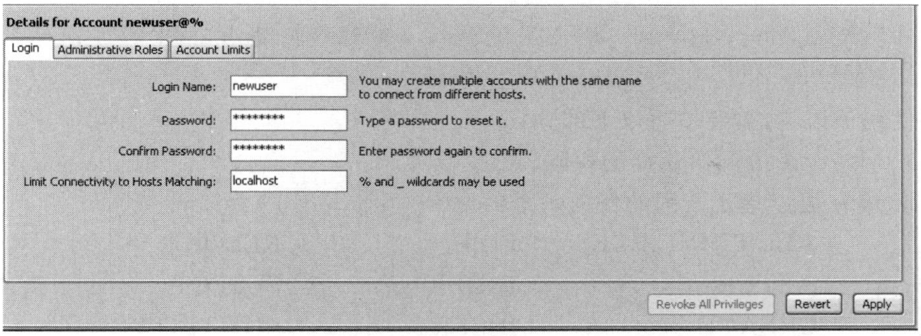

图 10-1 添加用户界面

(2) 删除用户。

在实验 1 的图 1-24 中选中需要删除的用户,单击 Remove 按钮即可删除用户。

10.2 权限管理

权限信息用 user、db、host、tables_priv 和 columns_priv 表存储在 MySQL 数据库中(即在名为 MySQL 的数据库中)。

10.2.1 使用 SHOW GRANTS 语句显示用户的授权

可以使用 SHOW GRANTS 语句查看某个用户的授权,这种情况下使用 SHOW GRANTS 语句显然要方便一些。

语法:

```
SHOW GRANTS FOR user_name
```

为了容纳对任意主机的用户授予的权利,MySQL 支持以 user@host 格式指定 user_name 值。

例 10-5 显示一个用户 admin 的权限:

```
mysql>SHOW GRANTS FOR admin@localhost;
```

其显示结果为当时创建该用户的 GRANT 授权语句:

```
GRANT RELOAD, SHUTDOWN, PROCESS ON * . * TO 'admin'@'localhost' IDENTIFIED BY PASSWORD
'28e89ebc62d6e19a'
```

上面命令中的密码是加密后的形式。

10.2.2 使用 GRANT 语句授权

GRANT 语句的语法：

```
GRANT priv_type (columns) ON what TO user IDENTIFIED BY "password"
WITH GRANT OPTION
```

要使用该语句，需要填写以下部分：

(1) priv_type 分配给用户的权限。

priv_type 可以指定下列的任何一个：

ALL PRIVILEGES	FILE	RELOAD
ALTER	INDEX	SELECT
CREATE	INSERT	SHUTDOWN
DELETE	PROCESS	UPDATE
DROP	REFERENCES	USAGE

ALL 是 ALL PRIVILEGES 的一个同义词，REFERENCES 还没被实现，USAGE 当前是“没有权限”的一个同义词，主要用于创建一个没有权限用户。

在表中可以指定的 priv_type 值是 SELECT、INSERT、UPDATE、DELETE、CREATE、DROP、GRANT、INDEX 和 ALTER。

在列中可以指定的 priv_type 值是 SELECT、INSERT 和 UPDATE。

(2) user 使用权限的用户。

为了对任意主机的用户授予权利，MySQL 支持以 user@host 格式指定 user_name 值。

可在主机名中指定通配符。例如，user@'%.loc.gov'适用于在 loc.gov 域中任何主机的 user，并且 user@'144.155.166.%'适用于在 144.155.166 类 C 子网中任何主机的 user。

简单形式的 user 是 user@'%'的一个同义词。

(3) password 分配给该用户的口令。这也是可选的。

如果创建一个新用户或如果有全局授予权限，用户的口令将被设置为由 IDENTIFIED BY 子句指定的口令。

警告：如果创造新用户但是不指定 IDENTIFIED BY 子句，用户没有口令。这是不安全的。

(4) WITH GRANT OPTION 子句(可选)。

WITH GRANT OPTION 子句给予用户有授予其他用户在指定的权限水平上的任何权限的能力。

10.2.3 使用 REVOKE 语句撤销授权

为了收回某个用户的权限，可使用 REVOKE 语句。

语法：

```
REVOKE privileges(columns)ON what FROM user;
```

REVOKE 语句只删除权限，不删除用户。用户仍然保留在 user 表中，即使取消了该用户的所有权限也是如此。这意味着该用户仍然可以连接到服务器上。要删除整个用户，必须用 DELETE 语句将该用户的记录从 user 表中直接删除。

例 10-6 先把数据库 jxgl 的所有权限授予给用户 kite@localhost，接着再把权限从用户 kite@localhost 处收回。

解：

授权

```
mysql>GRANT ALL ON jxgl.* TO kite@localhost IDENTIFIED BY "ruby";
```

删除数据库授权

```
mysql>REVOKE ALL ON jxgl.* FROM kite@localhost;
```

kite@localhost 用户仍旧留在 user 表中，可以查看：

```
mysql>SELECT * FROM mysql.user;
+-----------+-------+
| Host      | User  |
+-----------+-------+
| localhost |root   |
| localhost |kite   |
| localhost |admin  |
|%          |root   |
+-----------+-------+
```

10.2.4 MySQL 中的权限级别

1. Global Level：

Global Level 的权限控制又称为全局权限控制，所有权限信息都保存在 mysql. user 表中。Global Level 的所有权限都是针对整个 mysqld 的，对所有数据库下的所有表及所有字段都有效。如果一个权限是以 Global Level 来授予的，则会覆盖其他所有级别的相同权限设置。相反，收回权限也具有权威性。比如，首先给 abc 用户授予可以 UPDATE 指定数据库如 test 的 t 表的权限，然后又在全局级别 REVOKE 收回 abc 用户对所有数据库的所有表的 UPDATE 权限，则这时候的 abc 用户将不再拥有对 test. t 表的更新权限。

要授予 Global Level 的权限，则只需要在执行 GRANT 命令的时候用“*.*”来指定适用范围是 Global 即可。当有多个权限需要授予的时候，也并不需要多次重复执行 GRANT 命令，只需要一次将所有需要的权限名称通过逗号(“,”)分隔开即可。如 def 用户授予全局权限，授权语句如下：

```
mysql>GRANT SELECT,UPDATE,DELETE,INSERT ON * . * TO 'def'@'localhost';
Query OK, 0 rows affected (0.00 sec)
```

Global Level 可以授予的权限如表 10-1 所示。

表 10-1 Global Level 可以授予的权限

名　称	限　制　信　息
ALTER	表结构更改权限
ALTER ROUTINE	procedure、function 和 trigger 等的变更权限
CREATE	数据库、表和索引的创建权限
CREATE ROUTINE	procedure、function 和 trigger 等的变更权限
CREATE TEMPORARY TABLES	临时表的创建权限
CREATE USER	创建用户的权限
CREATE VIEW	创建视图的权限
DELETE	删除表数据的权限
DROP	删除数据库对象的权限
EXECUTE	procedure、function 和 trigger 等的执行权限
FILE	执行 LOAD DATA INFILE 和 SELECT…INTO FILE 的权限
INDEX	在已有表上创建索引的权限
INSERT	数据插入权限
LOCK TABLES	执行 LOCK TABLES 命令显示给表加锁的权限
PROCESS	执行 SHOW PROCESSLIST 命令的权限
RELOAD	执行 FLUSH 等让数据库重新 Load 某些对象或者数据的命令的权限
REPLICATION CLIENT	执行 SHOW MASTER STATUS 和 SHOW SLAVE STATUS 命令的权限
REPLICATION SLAVE	复制环境中 Slave 连接用户所需要的复制权限
SELECT	数据查询权限
SHOW DATABASES	执行 SHOW DATABASES 命令的权限
SHOW VIEW	执行 SHOW CREATE VIEW 命令查看 view 创建语句的权限
SHUTDOWN	MySQL Server 的 shut down 权限(如通过 mysqladmin 执行 shutdown 命令所使用的连接用户)
SUPER	执行 kill 线程,CHANGE MASTER、PURGE MASTER LOGS 和 SET GLOBAL 等命令的权限
UPDATE	更新数据的权限
USAGE	新创建用户后不授任何权限的时候所拥有的最小权限

2. Database Level

Database Level 是在 Global Level 之下，其他三个 Level 之上的权限级别，其作用域即为所指定整个数据库中的所有对象。与 Global Level 的权限相比，Database Level 主要少了以下几个权限：CREATE USER、FILE、PROCESS、RELOAD、REPLICATION CLIENT、REPLICATION SLAVE、SHOW DATABASES、SHUTDOWN、SUPER 和 USAGE，没有增加任何权限。之前说过 Global Level 的权限会覆盖底下其他 4 层的相同权限，Database Level 也一样，虽然它自己可能会被 Global Level 的权限设置所覆盖，但同时它也能覆盖比它更下层的 Table、Column 和 Routine 这三层的权限。

如果要授予 Database Level 的权限，可以有两种实现方式：

(1) 在执行 GRANT 命令的时候，通过"database. *"限定权限作用域为 database。

例 10-7 将 jxgl 数据库的变更权限赋给 def 用户，并显示所授权限。

解：授权语句如下。

```
mysql>GRANT ALTER ON jxgl. * TO 'def'@'localhost';
```

进入 test 数据库，显示授权信息：

```
Mysql>SHOW GRANTS FOR def@localhost;
+-----------------------------------------------------------------+
| Grants for def@localhost                                        |
+-----------------------------------------------------------------+
| GRANT SELECT, INSERT, UPDATE, DELETE ON * . * TO 'def'@'localhost' |
| GRANT ALTER ON 'jxgl'. * TO 'def'@'localhost'                   |
+-----------------------------------------------------------------+
```

(2) 先通过 USE 命令选定需要授权的数据库，然后通过" * "限定作用域，这样授权的作用域实际上就是当前选定的整个数据库。

例 10-8 将 jxgl 数据库的删除表结构权限赋给 def 用户，并显示所授权限。

解：

```
mysql>USE jxgl;
Database changed
mysql>GRANT DROP ON * TO 'def'@'localhost';
mysql>SHOW GRANTS FOR def@localhost;
+-----------------------------------------------------------------+
| Grants for def@localhost                                        |
+-----------------------------------------------------------------+
| GRANT SELECT, INSERT, UPDATE, DELETE ON *.* TO 'def'@'localhost' |
| GRANT DROP, ALTER ON 'jxgl'. * TO 'def'@'localhost'             |
+-----------------------------------------------------------------+
```

在授予权限的时候，如果有相同的权限需要授予多个用户，也可以在授权语句中一次写上多个用户信息，通过逗号(,)分隔开就可以了。

例 10-9 将 jxgl 数据库的创建表权限赋给 def 和 abc 用户，并显示所授权限。

解：

```
mysql>grant create on jxgl. * to 'abc'@'localhost','def'@'localhost';
mysql>SHOW GRANTS FOR def@localhost;
+-----------------------------------------------------------+
| Grants for def@localhost                                  |
+-----------------------------------------------------------+
| GRANT SELECT, INSERT, UPDATE, DELETE ON * . * TO 'def'@'localhost'  |
| GRANT DROP, ALTER ON 'jxgl'. * TO 'def'@'localhost'       |
| GRANT CREATE ON 'jxgl'. * TO 'def'@'localhost'            |
+-----------------------------------------------------------+
mysql>SHOW GRANTS FOR abc@localhost;
+-----------------------------------------------------------+
| Grants for abc@localhost                                  |
+-----------------------------------------------------------+
| GRANT CREATE ON 'jxgl'. * TO 'abc'@'localhost'            |
+-----------------------------------------------------------+
```

3. Table Level

Database Level 之下就是 Table Level 的权限了，Table Level 的权限可以被 Global Level 和 Database Level 的权限所覆盖，同时也能覆盖 Column Level 和 Routine Level 的权限。

Table Level 的权限作用范围是授权语句中所指定数据库的指定表。

例 10-10 把在 jxgl 数据库的 sc 表上建立的索引权限授权给 abc 用户。

解：

```
mysql>GRANT INDEX ON jxgl.sc TO 'abc'@'localhost';
Query OK, 0 rows affected, 1 warning (0.00 sec)
mysql>SHOW GRANTS FOR 'abc'@'localhost';
+-----------------------------------------------------------+
| Grants for abc@localhost                                  |
+-----------------------------------------------------------+
| GRANT CREATE ON 'jxgl'. * TO 'abc'@'localhost'            |
| GRANT INDEX ON 'jxgl'.'sc' TO 'abc'@'localhost'           |
+-----------------------------------------------------------+
```

由于 Table Level 的权限作用域仅限于某个特定的表，因此权限种类也比较少，仅有 ALTER、CREATE、DELETE、DROP、INDEX、INSERT、SELECT 和 UPDATE 这 8 种权限。

4. Column Level

Column Level 的权限作用范围就更小了，仅仅是某个表指定的某个(或某些)列。由于权限的覆盖原则，Column Level 的权限同样可以被 Global、Database 和 Table 这三个级别的权限中的相同级别所覆盖，而且由于 Column Level 所针对的权限和 Routine Level 的权限作用域没有重合部分，因此不会有覆盖与被覆盖的关系。针对 Column Level 级别的权限仅有 INSERT、SELECT 和 UPDATE 这三种。Column Level 的权限授权语句语法基本和 Table Level 差不多，只是需要在权限名称后面将需要授权的列名列表通过括号括起来。

例 10-11 把在 student 表的 sno 和 sname 的选择权限赋给 abc 用户。

解：

```
mysql>GRANT SELECT(sno,sname) ON jxgl.student TO 'abc'@'localhost';
mysql>SHOW GRANTS FOR 'abc'@'localhost';
+--------------------------------------------------------------------+
| Grants for abc@localhost                                           |
+--------------------------------------------------------------------+
| GRANT CREATE ON 'jxgl'.* TO 'abc'@'localhost'                      |
| GRANT INDEX ON 'jxgl'.'sc' TO 'abc'@'localhost'                    |
| GRANT SELECT(sno,sname) ON 'jxgl'.'student' TO 'abc'@'localhost'   |
+--------------------------------------------------------------------+
```

注意：当某个用户在向某个表插入(INSERT)数据的时候，如果该用户在该表中某列上面没有 INSERT 权限，则该列的数据将以默认值填充。这一点和很多其他的数据库都有一些区别，是 MySQL 自己在 SQL 上面所做的扩展。

5. Routine Level

Routine Level 的权限主要有 EXECUTE 和 ALTER ROUTINE 两种，主要针对的是 procedure 和 function 这两种对象，在授予 Routine Level 权限的时候，需要指定数据库和相关对象。

例 10-12 把在 jxgl 数据库的执行存储过程权限赋给 abc 用户。

解：

```
mysql>GRANT EXECUTE ON jxgl.* to 'abc'@'localhost';
```

除了上面几类权限之外，还有一个非常特殊的权限——GRANT，拥有 GRANT 权限的用户可以将自身所拥有的任何权限全部授予其他任何用户，所以 GRANT 权限是一个非常特殊也非常重要的权限。GRANT 权限的授予方式也和其他任何权限都不太一样，通常都是通过在执行 GRANT 授权语句的时候在最后添加 WITH GRANT OPTION 子句达到授予 GRANT 权限的目的。

此外，还可以通过 GRANT ALL 语句将某个 Level 的所有可用权限授予某个用户，如：

```
mysql>grant all on test.t2 to 'abc';
Query OK, 0 rows affected (0.00 sec)
mysql>grant all on perf.* to 'abc';
```

```
Query OK, 0 rows affected (0.00 sec)
mysql>show grants for 'abc';
+------------------------------------------------------------+
| Grants for abc@%                                           |
+------------------------------------------------------------+
| GRANT USAGE ON *.* TO 'abc'@'%'                            |
| GRANT ALL PRIVILEGES ON 'perf'.* TO 'abc'@'%'              |
| GRANT ALL PRIVILEGES ON 'test'.'t2' TO 'abc'@'%'           |
+------------------------------------------------------------+
```

在以上5个Level的权限中，Table、Column和Routine三者在授权中所依赖(或者引用)的对象必须是已经存在的，而不像Database Level的权限授予，可以在当前不存在该数据库的时候就完成授权。

10.2.5 用MySQL Workbench进行权限管理

1. 授予全局权限

如前所述，进入账户管理界面。在该界面中，选中Server Access Management选项卡，在User Accounts栏中选择需要设置全局权限的用户，如选中newuser。然后在右边选择Administrative Roles子选项卡，在其中进行全局权限的选择。选择完成后，单击Apply按钮。图10-2所示为全局权限设置。

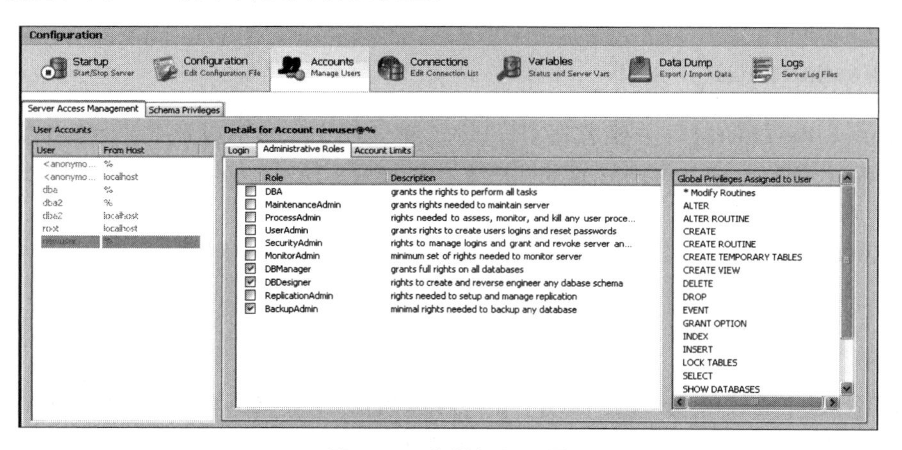

图10-2 全局权限设置

2. 授予数据库权限

如前所述，进入账户管理界面。在该界面中，选中Schema Privileges选项卡，在Users列表中选择需要设置数据库级权限的用户，如选中zhang。然后在右边单击Add Entry按钮，弹出设置用户连接数据库的设置对话框。如图10-3所示，在该图中设置需要给用户赋予权限的服务器名称，默认连接的数据库。选择之后，单击OK按钮，回到账户管理界面中，如图10-4所示。

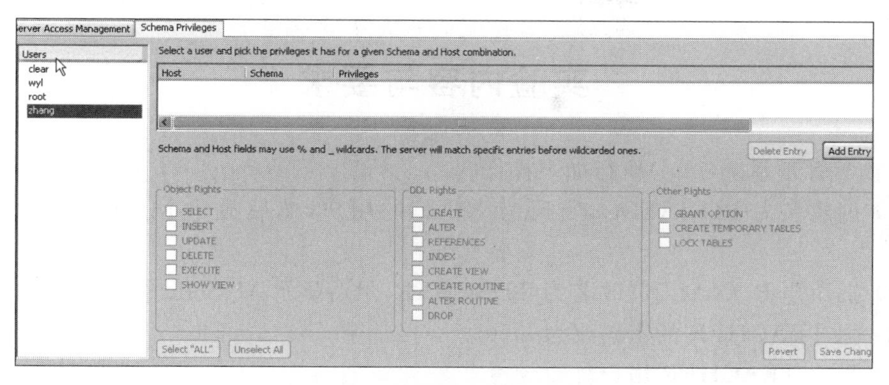

图 10-3　数据库权限设置(1)

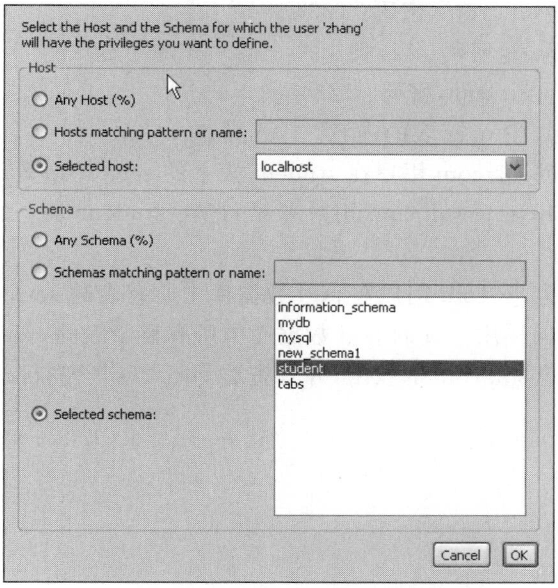

图 10-4　数据库权限设置(2)

在图 10-5 中,选择需要给用户赋予的数据库级别的权限后,单击 Apply 按钮。

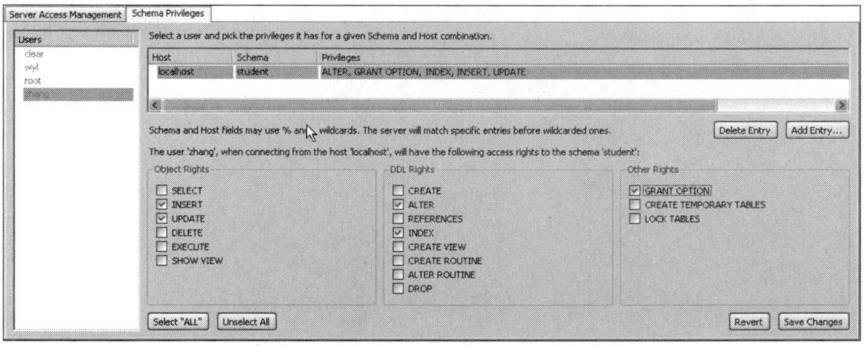

图 10-5　数据库权限设置(3)

实验内容与要求

对教学管理系统(jxgl)执行如下操作。

(1) 创建名为 RONALDO,密码为 NIKE 的用户,然后显示 MySQL 中 user 表的内容。

(2) 把用户 RONALDO 改名为 TEACHER,然后显示 MySQL 中 user 表的内容。

(3) 把 TEACHER 的密码改为 hello。

(4) 删除 TEACHER 用户。

(5) 新建三个用户:

用户名:Chris1@sql.com,密码:1234

用户名:Chris2@%,密码:12345

用户名:Chris3@%.com,密码:123456

然后显示 MySQL 中 user 表的内容。

(6) 授予 Chris1@sql.com 用户在 student 表上的 select、update 权限,并且他可以传递给其他用户。以 Chris1@sql.com 用户登录,把在 student 表上的 select、update 权限授予 chris2@%。

(7) 授予 Chris3@%.com 用户在 jxgl 数据库中所有表的 select 权限。

(8) 授予 Chris2@%用户查询 jxgl 数据库中所有目录表的 select 权限。

(9) 回收 Chris1@sql.com 的权限,并且查看 chris2@%的权限。

实验 11 EXPERIMENT 11

数据库完整性

实 验 目 的

熟悉数据库的保护措施——完整性控制;选择若干典型的数据库管理系统产品,了解它们所提供的数据库完整性控制的多种方式和方法,上机实践并加以比较。重点实践 MySQL 的数据库完整性控制。

背 景 知 识

数据完整性是指数据的精确性和可靠性。它是为了防止数据库中存在不符合语义规定的数据和防止因为错误信息的输入输出造成无效操作或错误信息而提出的。数据完整性分为 4 类:实体完整性、域完整性、参照完整性和用户定义的完整性。MySQL 对数据库的完整性的实现根据创建表时选择的存储引擎而不同。

MySQL 5.5 提供了一些工具来帮助用户实现数据完整性,主要实现了实体完整性、参照完整性(InnoDB/BDB 实现,而 MyISAM 未实现)和部分用户自定义完整性(实现了默认值、约束和触发器)。

实 验 示 例

11.1 实体完整性

实体完整性将行定义为特定表的唯一实体。实体完整性强制表的标识符列集或者主键的完整性。

1. PRIMARY KEY 约束

在一个表中不能有两行包含相同的主键值。不能在主键内的任何列中输入 NULL 值。在数据库中 NULL 值是特殊值,代表不同于零值和空白的不知道或无意义的值。每个表都有一个主键。例如在 student 表中定义 sno 为主键,则要求 sno 不能为空且值唯一。

练习：对 student 表添加或修改记录，检验是否能添加两个相同的学号。

2. UNIQUE 约束

UNIQUE 约束在列集中强制执行值的唯一性，对于 UNIQUE 约束中的列，表中不允许有两行包含相同的非空值(空值没有唯一性要求)。主键也强制执行唯一性，但是不允许为空值。UNIQUE 约束可以建立唯一索引。

练习：对 student 表添加或修改记录，检验是否能添加两个相同的姓名(假设姓名列已设置为 UNIQUE 约束)。

3. AUTO_INCREMENT 属性

AUTO_INCREMENT 属性能自动产生唯一标识值，指定为 AUTO_INCREMENT 的列一般作为主键。

练习：把 course 表的 cno 设置为 AUTO_INCREMENT 属性，录入数据验证是否可以自动增加。

11.2 参照完整性

参照完整性主要使用 FOREIGN KEY 约束体现，它标识表之间的关系、一个表的外键指向另一个表的候选键或唯一键。外键只可以定义在使用存储引擎 InnoDB 创建的表中，使用其他存储引擎创建的表不支持外键。在此假设在本实验中 InnoDB 是默认的存储引擎。如果不是，通过 set 语句进行设置。

```
Set  @@storage_engine='InnoDB'
```

在输入或删除记录时，参照完整性保持表之间已定义的关系。参照完整性确保键值在所有表中一致。这样的一致性要求不能引用不存在的值，如果键值改变了，那么在整个数据库中对该键值的所有引用要进行一致的更改。强制参照完整性时，MySQL 禁止用户做如下操作：

① 当主表中没有关联的记录时，将记录添加到相关表中。

② 更改主表中的值并导致相关表中的记录孤立。

③ 从主表中删除记录，但仍然存在与该记录相匹配的相关记录。

11.3 用户自定义完整性

用户自定义的完整性主要由 check 约束所定义的列级或表级约束实现。另外，还能由触发器、客户端或服务器端应用程序灵活定义。

1. CHECK 约束

CHECK 约束通过限制输入到列中的值来强制域的完整性。可以通过任何返回结果

TRUE 或 FALSE 的逻辑(布尔)表达式来创建 CHECK 约束。例如：

```
CHECK (SSEX='男' OR SSEX='女')
```

这样就限定性别字段只能输入“男”或“女”。

练习：对 student 表添加或修改记录，检验是否能输入不同的字。

对单独一列可以使用多个 CHECK 约束，按约束创建的顺序对其取值约束。通过在表一级上创建 CHECK 约束，可以将该约束应用到多列上(称为表级约束)。

例如，多列 CHECK 约束可以用来约束性别与年龄的关系，命令如下：

```
Create Table Student
(   Sno CHAR(7) NOT NULL,
    Sname VARCHAR(16),
    Ssex CHAR(2) DEFAULT '男' CHECK (Ssex='男' OR Ssex='女'),
    Sage SMALLINT CHECK(Sage>=15 AND Sage<=45),
    Sdept CHAR(2),
    PRIMARY KEY(Sno),
    CONSTRAINT CHK_SEX_AGE CHECK(SSEX='男' AND SAGE<=50 OR (SSEX='女' AND SAGE<
    =45))) ENGINE=InnoDB;
```

这样，在输入学生性别与年龄值时，就要受到如下制约(只是个假设)：男生年龄要小于等于 50，而女生年龄只能小于等于 45。但是 MySQL 中不支持 check 约束，可以使用下一种方法部分代替。

2. ENUM 和 SET 约束

如学生表(student)中性别(ssex)要求只能输入“男”或“女”。这种情况可以通过 ENUM 类型进行约束，把上文的 SSEX CHAR(2) DEFAULT '男' 改为：

```
SSEX ENUM('男', '女') DEFAULT '男'
```

并且设置参数 sql_mode：mysql>set sql_mode='STRICT_TRANS_TABLES';

在表中录入数据，检测性别属性是否还能输入“男”或“女”以外的其他内容。

这样可以对非法的输入值进行约束，但是只限于对离散数值的约束，对于传统 CHECK 约束支持的连续值的范围约束或者更复杂的约束，ENUM 和 SET 类型还是无能为力，这时就需要通过触发器来实现约束了。

3. 触发器

触发器是一类特殊的存储过程，被定义为对表或视图插入、修改和删除数据时自动执行。触发器可以扩展约束、默认值等的完整性检查规则，但是只要约束和默认值提供了全部所需的功能，就应该使用约束和默认值。关于触发器的创建和使用参见实验 9。

4. 存储过程

在使用 MySQL 创建应用程序时，sql 编程语言是应用程序和 MySQL 之间的主要编程接口。使用 sql 语言可以有两种方法存储和执行程序。可以在本地存储程序,并向 MySQL 发送命令并处理结果的应用程序;也可以将程序在 MySQL 中存储为存储过程,同时创建执行存储过程并处理结果的应用程序。在客户端或服务器存储过程中,设计程序实现数据完整性控制也是一种数据完整性方案。

例如,在教学管理系统(jxgl)中建立一个存储过程,该存储过程先对参数做正确性判定(要求成绩大于等于 0,成绩小于等于 100,并且学号和课程号都为数字编号)才实现对 sc 表的插入操作。

```
DELIMITER $$
DROP FUNCTION IF EXISTS 'IsNum' $$
CREATE FUNCTION 'IsNum' (str VARCHAR(25))
    RETURNS INT                    --先创建一个判断数字的函数 IsNum
BEGIN
    DECLARE iResult INT DEFAULT 0;
    IF ISNULL(str) THEN return 0; END IF;        --NULL 字符串
    IF str='' THEN return 0; END IF;             --空字符串
    SELECT str REGEXP '^[0-9]*$' INTO iResult;
    IF iResult=1 THEN
        RETURN 1;
    ELSE
        RETURN 0;
    END IF;
END $$
DELIMITER //
Create procedure insert_to_sc(isno char(7),icno char(1),igrade int)
Begin
  If (igrade>=0 or igrade<=100)and(IsNum(isno)=1) and (IsNum(icno)=1) then
    Insert into sc(sno,cno,grade) values(isno,icno,igrade);
  end if;
End;//
```

请类似如下调用 insert_to_sc 来实现不同记录值的插入,看是否能实现插入操作。

```
Call insert_to_sc('2011001', '1',78);
Call insert_to_sc('20110o1', '1',85);
Call insert_to_sc('2011001', 'a',90);
Call insert_to_sc('2011001', '2',120);
...
```

5. 客户端程序

数据的完整性约束也可由客户端加以数据约束。如在 Web 网页上的文本框中输入学生年龄时,可以由脚本语言在客户端先做判断。如无效,要求重新输入。

需要说明的是,客户端实现数据有效性判定的方法不具有通用性和系统性,一般应

在数据库中加以各种约束限制，从而更方便地系统级地确保数据的正确性。

6. 并发控制保证多用户存取数据的完整性

当多个用户并发地存取数据库时就会产生多个事务同时存取同一数据的情况。若对并发操作不加控制就可能会存取和存储不正确的数据，破坏数据库的一致性，影响数据的完整性。所以需要提供并发控制机制。关于并发控制的实验参见实验12。

实验内容与要求

(1) 选择若干常用的数据库管理系统，通过查阅帮助文件或相关书籍，了解产品所提供的控制数据库完整性措施。

(2) 针对某一个具体应用，分析其数据库的完整性需求及具体实现途径，并结合具体的数据库管理系统，全面实现并保障数据库数据的完整性。

(3) 实现 MySQL 的完整性控制机制。

(4) 实现本实验中陈述的各题，在掌握命令操作的同时，也能掌握界面操作的方法。

(5) 创建一个教工表 teacher(tno,tname,tadd,telphone,tsex,id)，将教工号 tno 设为主键，性别默认值为“男”。

(6) 根据教工表 teacher 完成以下任务：

① 设置 telphone 默认值为 00000000。

② 设置 tsex 的 check 检查约束为：输入值只能为“男”或“女”。

③ 设置 id 的位数为 15 位或 18 位，每位都是数字。

(7) 设有订报管理子系统数据库 DingBao 中的表 PAPER，表内容如下表：

报纸编码表(PAPER)

报纸编号(pno)	报纸名称(pna)	单价(ppr)	报纸编号(pno)	报纸名称(pna)	单价(ppr)
000001	人民日报	12.5	000004	青年报	11.5
000002	解放军报	14.5	000005	扬子晚报	18.5
000003	光明日报	10.5			

请在掌握数据库完整性知识的基础上，根据表内容设定尽可能多的完整性规则于该表，用于保障该表的正确性与完整性。

实验 12

EXPERIMENT 12

数据库并发控制

实 验 目 的

了解并掌握数据库的保护措施——并发控制机制，重点以 MySQL 为平台加以操作实践，要求认识典型的并发问题并掌握解决方法。

背 景 知 识

数据库系统提供了多用户并发访问数据的能力。这是一大优点，但是同时并发操作对数据库一致性、完整性形成了巨大的挑战，如果不对并发事务进行必要的控制，那么即使程序没有任何错误也会破坏数据库的完整性。在当前网络信息化时代，大多数的应用系统都面临着并发控制问题，该技术使用的好坏将极大地影响着系统的开发与应用的成败。数据库系统为了保障数据一致性、完整性，均提供了强弱不等的并发控制功能，不同的应用开发工具往往也提供了实现数据库并发控制的命令。

1. 事务

事务是并发控制的基本单位，MySQL 支持多种存储引擎作为对不同表类型的处理器，具体存储引擎见实验 1。MySQL 存储引擎包括处理事务安全表的引擎和处理非事务安全表的引擎：MyISAM 管理非事务表；InnoDB 存储引擎提供事务安全表。

事务安全表（TST）比起非事务安全表（NTST）有几大优势：

- 更安全。即使 MySQL 崩溃或遇到硬件问题，要么自动恢复，要么从备份与事务日志恢复，都取回数据。
- 可以合并许多语句，并用 COMMIT 语句同时提交（如果禁止 autocommit）。
- 可以执行 ROLLBACK 来恢复（如果禁止 autocommit）。
- 如果更新失败，所有改变都恢复（用非事务安全表，所有发生的改变都是永久的）。

总之，事务安全存储引擎可以给那些当前用读得到更新的表提供更好的部署。

非事务安全表自身也有几个优点：更快、所需磁盘空间更少、执行更新所需的内存更少。

可以在同一个语句中合并使用事务安全表和非事务安全表。

(1) 事务命令。

MySQL 通过 SET AUTOCOMMIT、START TRANSACTION、COMMIT 和 ROLLBACK 等语句支持本地事务(在给定的客户端连接中)。XA 事务(XA 是 eXtended Architecture 的缩写,XA 事务是支持 XA 协议的分布式事务)支持 MySQL 参与分布式事务。

语法:

```
START TRANSACTION|BEGIN                                  --开始事务
COMMIT [AND [NO] CHAIN] [[NO] RELEASE]                   --提交事务
ROLLBACK [AND [NO] CHAIN] [[NO] RELEASE]                 --回退事务
SET AUTOCOMMIT={0|1}                                     --设置是否自动提交
```

例 12-1 事务示例。

解:

```
mysql>delimiter //
mysql>START TRANSACTION;
    -> SELECT @A:=SUM(grade)  FROM sc WHERE sno='2005001';
    -> UPDATE sc SET grade=40 WHERE sno='2005001' and cno='1';
    -> COMMIT;//
```

(2) 设置事务保存点及回退到保存点。

InnoDB 支持使用 SQL 语句,设置带标识符的事务保存点,以及随时回退。

语法:

```
SAVEPOINT identifier                                     --设置带标识符的事务保存点
ROLLBACK [WORK] TO SAVEPOINT identifier                  --回退到某保存点
RELEASE SAVEPOINT identifier                             --删除某保存点
```

例 12-2 带保存点的事务示例。

解:

```
mysql> select * from sc where sno='2005001' and(cno='1' or cno='2');
+--------------+-------+---------+
|sno           |cno    |grade    |
+--------------+-------+---------+
|2005001       |1      |40       |
|2005001       |2      |90       |
+--------------+-------+---------+
2 rows in set(0.00 sec)
mysql>delimiter //
mysql>START TRANSACTION;
UPDATE sc SET grade=100 WHERE sno='2005001' and cno='1';
SAVEPOINT c1_sal;
```

```
UPDATE sc SET grade=20 WHERE sno='2005001' and cno='2';
SAVEPOINT c2_sal;
SELECT SUM(grade) FROM sc where sno='2005001';
ROLLBACK;
UPDATE sc SET grade=80 WHERE sno='2005001' and cno='2';
ROLLBACK TO SAVEPOINT c2_sal;
COMMIT;//
mysql>delimiter;
mysql>select * from sc where sno='2005001' and(cno='1' or cno='2');
+-------------+-------+-------+
|sno          |cno    |grade  |
+-------------+-------+-------+
|2005001      |1      |40     |
|2005001      |2      |80     |
+-------------+-------+-------+
2 rows in set(0.02 sec)
```

由结果可知，第一个 update 语句和第二个 update 语句都回退了，但是第三个 update 语句执行成功。因为在第二个 update 语句之后跟随为 rollback 语句，该语句未带保存点，所以之前的保存点(c1_sal 和 c2_sal)全部失效，同时第一个 update 和第二个 update 全部回退。在第三个 update 语句之后的 ROLLBACK TO SAVEPOINT c2_sal 未能执行成功(等于不起作用了)，所以第三个 update 语句更新成功。

2. 锁

(1) 锁的定义。

锁是计算机协调多个进程或线程并发访问某一资源的机制。在数据库中，除传统的计算资源(如 CPU、RAM 和 I/O 等)的竞争使用以外，数据也是一种供许多用户共享的资源。如何保证数据并发访问的一致性、有效性是所有数据库必须解决的一个问题，锁冲突也是影响数据库并发访问性能的一个重要因素。从这个角度来说，锁对数据库而言显得尤其重要，也更加复杂。

(2) 锁的类型和加锁方式。

相对其他数据库而言，MySQL 的锁机制比较简单，其最显著的特点是不同的存储引擎支持不同的锁机制。比如，MyISAM 和 MEMORY 存储引擎采用的是表级锁(table-level locking)；InnoDB 存储引擎既支持行级锁(row-level locking)，也支持表级锁，但默认情况下是采用行级锁。InnoDB 实现了以下两种类型的行锁。

- 共享锁(S)：允许一个事务去读一行，阻止其他事务获得相同数据集的排他锁。
- 排他锁(X)：允许获得排他锁的事务更新数据，阻止其他事务取得相同数据集的共享读锁和排他写锁。

另外，为了允许行锁和表锁共存，实现多粒度锁机制，InnoDB 还有两种内部使用的意向锁(Intention Locks)，这两种意向锁都是表锁。

- 意向共享锁(IS)：事务打算给数据行加行共享锁，事务在给一个数据行加共享锁前必须先取得该表的 IS 锁。

• 意向排他锁(IX)：事务打算给数据行加行排他锁，事务在给一个数据行加排他锁前必须先取得该表的 IX 锁。

上述锁模式的兼容情况具体如表 12-1 所示。

表 12-1 InnoDB 行锁模式兼容性列表

当前锁模式 \ 是否兼容 \ 请求锁模式	X	IX	S	IS
X	冲突	冲突	冲突	冲突
IX	冲突	兼容	冲突	兼容
S	冲突	冲突	兼容	兼容
IS	冲突	兼容	兼容	兼容

如果一个事务请求的锁模式与当前的锁兼容，InnoDB 就将请求的锁授予该事务；反之，如果两者不兼容，该事务就要等待锁释放。

意向锁是 InnoDB 自动加的，不需用户干预。对于 UPDATE、DELETE 和 INSERT 语句，InnoDB 会自动给涉及数据集加排他锁(X)；对于普通 SELECT 语句，InnoDB 不会加任何锁。事务可以通过以下语句显示给记录集加共享锁或排他锁。

共享锁(S)：SELECT * FROM table_name WHERE…LOCK IN SHARE MODE。

排他锁(X)：SELECT * FROM table_name WHERE…FOR UPDATE。

用 SELECT… IN SHARE MODE 获得共享锁，主要用在需要数据依存关系时来确认某行记录是否存在，并确保没有人对这个记录进行 UPDATE 或者 DELETE 操作。但是如果当前事务也需要对该记录进行更新操作，则很有可能造成死锁。对于锁定行记录后需要进行更新操作的应用，应该使用 SELECT… FOR UPDATE 方式获得排他锁。

为了解决“隔离”与“并发”的矛盾，ISO/ANSI SQL92 定义了 4 个事务隔离级别，每个级别的隔离程度不同，允许出现的副作用也不同，应用可以根据自己的业务逻辑要求，通过选择不同的隔离级别来平衡“隔离”与“并发”的矛盾。表 12-2 很好地概括了这 4 个隔离级别的特性。

表 12-2 4 种隔离级别比较

隔离级别 \ 读数据一致性及允许的并发副作用	读数据一致性	脏读	不可重复读	幻读
未提交读(Read uncommitted)	最低级别，只能保证不读取物理上损坏的数据	是	是	是
已提交读(Read committed)	语句级	否	是	是
可重复读(Repeatable read)	事务级	否	否	是
可序列化(Serializable)	最高级别，事务级	否	否	否

最后要说明的是，各具体数据库并不一定完全实现了上述 4 个隔离级别，例如 Oracle 只提供 Read committed 和 Serializable 两个标准隔离级别，另外还提供自己定义的 Read only 隔离级别；SQL Server 除支持上述 ISO/ANSI SQL92 定义的 4 个隔离级别外，还支持一个叫做“快照”的隔离级别，但严格来说它是一个 Serializable 隔离级别。MySQL 支持全部 4 个隔离级别，在 InnoDB 中根据 SQL：1992 事务隔离级别，使用 REPEATABLE-READ 作为默认隔离级别。为了避免隔离级别本身对并发问题的影响，需要将 MySQL 的全局隔离级别设置为最低的 READ-UNCOMMITTED：

```
SET GLOBAL TRANSACTION ISOLATION LEVEL READ UNCOMMITTED;
```

本实验讲解在 Innodb 引擎中如何加锁以及实现数据库的并发控制。

实验示例

并发控制技术的应用在于多用户同时操作数据时保障其完整性和一致性。并发控制的目标在于能优化事务设计，尽量避免死锁的发生，力求包含事务处理的并发应用程序运行正确、顺畅和快速。下面就典型并发控制问题的发生与解决等加以实践。

12.1 获取 InnoDB 行锁争用情况

可以通过 show engine innodb status 查看当前请求锁的信息。

例 12-3 通过 show engine innodb status 查看当前请求锁的信息。

解：

```
mysql>show engine innodb status \G
=================================
110714 11:59:07 INNODB MONITOR OUTPUT
=================================
Per second averages calculated from the last 32 seconds
----------------
BACKGROUND THREAD
----------------
srv_master_thread loops:68 1_second,68 sleeps,5 10_second,28 background,28
flush
srv_master_thread log flush and writes: 68
----------
SEMAPHORES
----------
OS WAIT ARRAY INFO: reservation count 20,signal count 20
Mutex spin waits 11,rounds 272,OS waits 0
```

```
RW-shared spins 20,rounds 600,OS waits 20
RW-excl spins 0,rounds 0,OS waits 0
Spin rounds per wait: 24.73 mutex,30.00 RW-shared,0.00 RW-excl
2 lock struct(s),heap size 320,1 row lock(s),undo log entries 1
MySQL thread id 4,query id 23 localhost 127.0.0.1 root update
⋮
------------
TRANSACTIONS
------------
Trx id counter 512
Purge done for trx's n:o<0 undo n:o<0
History list length 0
LIST OF TRANSACTIONS FOR EACH SESSION:
---TRANSACTION 0,not started,OS thread id 4936
MySQL thread id 7,query id 28 localhost 127.0.0.1 root
show engine innodb status
---TRANSACTION 511,not started,OS thread id 3068
MySQL thread id 4,query id 26 localhost 127.0.0.1 root
-------------------------
END OF INNODB MONITOR OUTPUT
=========================
```

InnoDB Plugin 中,在 INFORMATION_SCHEMA 架构下添加了 INNODB_TRX、INNODB_LOCKS 和 INNODB_LOCK_WAITS。通过这三张表,可以更简单地监控当前事务并分析可能存在的锁的问题。通过实例来分析这三张表,先看表 INNODB_TRX,INNODB_TRX 由 8 个字段组成:

- trx_id:当前事务的状态。
- trx_state:事务的开始时间。
- trx_requested_lock_id:等待事务的锁的 ID。
- trx_wait_started:事务等待开始的时间。
- trx_weight:事务的权重,反映了一个事务修改和锁住的行数。在 InnoDB 存储引擎中,当发生死锁需要回退时,InnoDB 存储引擎会选择该值最小的进行回退。
- trx_mysql_thread_id:MySQL 中的线程 ID。SHOW PROCESSLIST 显示的结果。
- trx_query:事务运行的 SQL 语句。

例 12-4 查看当前事务的信息。

解:

```
mysql>select * from information_schema.INNODB_TRX\G
```

这个只是显示了当前运行的 InnoDB 的事务,并不能判断锁的一些情况,如果需要查看锁，则需要 INNODB_LOCKS 表，该表由如下字段组成：

- lock_id：锁的 ID。
- lock_trx_id：事务 ID。
- lock_mode：锁的模式。
- lock_type：锁的类型，表锁还是行锁。
- lock_table：要加锁的表。
- lock_index：锁的索引。
- lock_space：InnoDB 存储引擎表空间的 ID。
- lock_page：被锁住的页的数量。若是表锁，则该值为 NULL。
- lock_rec：被锁住的行的数量。若是表锁，则该值为 NULL。
- lock_data：被锁住的行的主键值。若是表锁，则该值为 NULL。

例 12-5 查看当前锁的信息。

解：

```
mysql>select * from information_schema.INNODB_LOCKS\G
```

查看了每张表上锁的情况后，可以判断由此而引发的等待情况。当事务较小时，可以直观地进行判断。但是事务量非常大时，锁和等待经常发生，不容易直观判断，但是可以通过 INNODB_LOCK_WAITS 判断当前的等待。INNODB_LOCK_WAITS 由 4 个字段组成：

- requesting_trx_id：申请锁资源的事务 ID。
- requesting_lock_id：申请锁的 ID。
- blocking_trx_id：阻塞的事务 ID。
- blocking_lock_id：阻塞的锁的 ID。

例 12-6 查看阻塞事务的信息。

解：

```
mysql>select * from information_schema.INNODB_LOCK_WAITS \G
```

这样可以清楚地观察到哪个事务阻塞了另一个事务。

12.2 丢失修改

丢失修改是指 A、B 事务在同时读到基准数据后，A 事务修改数据，紧接着 B 事务也修改数据并覆盖 A 事务的修改，使 A 事务的修改丢失，从而产生两次修改行为而只有一次修改数据保留的错误情况。丢失修改是并发控制首要解决的并发问题。

事务必须运行于可重复读或更高的隔离级别以防止丢失修改。当两个事务检索相同的行，然后基于原检索的值对行进行更新时，会发生丢失修改。

开启两个会话，在两个会话中分别运行两个事务来对事务的并发运行进行模拟。

(1) 事务 1 查询一行数据,并显示给终端用户 user1。

(2) 事务 2 也查询该行数据,并显示给终端用户 user2。

(3) user1 修改这行记录,更新数据库并提交。

(4) user2 修改这行记录,更新数据库并提交。

这样,user1 对记录的修改丢失了。

如表 12-3 所示,user1 对记录的修改丢失了。要避免丢失更新发生,需要让这种情况下的事务变成串行操作,而不是并发的操作。即在第一个事务里对用户读取的记录加上一个排他锁。同样,在第二个事务里操作时也加一个排他锁,如表 12-4 所示。

表 12-3 InnoDB 存储引擎丢失修改

<table>
<tr><th>session_1</th><th>session_2</th></tr>
<tr><td>mysql>set @@tx_isolation='read-
uncommitted';
Query OK, 0 rows affected (0.00 sec)
mysql>start transaction;
mysql>set @grade=NULL;</td><td>mysql>set @@tx_isolation='read-
uncommitted';
Query OK, 0 rows affected (0.00 sec)
mysql>start transaction;
mysql>set @grade=NULL;</td></tr>
<tr><td>mysql>select @grade:=grade from sc where
sno='2005001' and cno='1';
+---------+
| @grade |
+---------+
| 87 |
+---------+</td><td>mysql>select @grade:=grade from sc where
sno='2005001' and cno='1';
+---------+
| @grade |
+---------+
| 87 |
+---------+</td></tr>
<tr><td>mysql>update sc set grade=@grade+5 where
sno='2005001' and cno='1';</td><td>mysql>update sc set grade=@grade+5 where
sno='2005001' and cno='1';
等待</td></tr>
<tr><td>mysql>select * from sc where sno='2005001'
and cno='1';
+------------+--------+--------+
| sno | cno | grade |
+------------+--------+--------+
| 2005001 |1 | 92 |
+------------+--------+--------+</td><td>等待</td></tr>
<tr><td>mysql>commit;</td><td>获得锁执行 update
mysql>select * from sc where sno='2005001'
and cno='1';
+------------+--------+--------+
| sno | cno | grade |
+------------+--------+--------+
| 2005001 |1 | 92 |
+------------+--------+--------+</td></tr>
<tr><td></td><td>mysql>commit;</td></tr>
</table>

表 12-4　InnoDB 存储引擎避免丢失修改

<table>
<tr><th>session_1</th><th>session_2</th></tr>
<tr><td>mysql>set @@tx_isolation='read-uncommitted';
Query OK, 0 rows affected (0.00 sec)
mysql>start transaction;
mysql>set @grade=NULL;
mysql>select @grade:=grade from sc where sno='2005001' and cno='1' for update;
+---------+
| @grade |
+---------+
| 87 |
+---------+</td><td>mysql>set @@tx_isolation='read-uncommitted';
Query OK, 0 rows affected (0.00 sec)
mysql>start transaction;
mysql>set @grade=NULL;</td></tr>
<tr><td>mysql>update sc set grade=@grade+5 where sno='2005001' and cno='1';</td><td>mysql>select @grade:=grade from sc where sno='2005001' and cno='1' for update;
等待锁</td></tr>
<tr><td>mysql>select * from sc where sno='2005001' and cno='1';
+------------+--------+--------+
| sno | cno | grade |
+------------+--------+--------+
| 2005001 | 1 | 92 |
+------------+--------+--------+</td><td>等待</td></tr>
<tr><td>mysql>commit;</td><td>获得锁
+---------+
| @grade |
+---------+
| 92 |
+---------+</td></tr>
<tr><td></td><td>mysql>update sc set grade=@grade+5 where sno='2005001' and cno='1';</td></tr>
<tr><td></td><td>mysql>select * from sc where sno='2005001' and cno='1';
+------------+--------+--------+
| sno | cno | grade |
+------------+--------+--------+
| 2005001 | 1 | 97 |
+------------+--------+--------+</td></tr>
<tr><td></td><td>mysql>commit;</td></tr>
</table>

以上事例也可以同时运行(方法：回车运行一窗口存储过程后，快速移动鼠标到另一窗口，单击并回车运行另一存储过程)如下两个存储过程(modi_a()与 modi_m())来说明程序间不加以控制时丢失修改的发生。先设置 sno='2005001',cno='1'的学生选课 grade 成绩为 0(命令为 update sc set grade=0 where sno='2005001' and cno='1'; commit;)，同时运行 modi_a()与 modi_m()各一次后，grade 还应为 0 才正确，可是结果 grade 的值往往不是 0(图 12-1 中显示为－31)，说明有丢失修改发生了。运行过程如图 12-1 所示。

图 12-1 并发运行不加控制的两个存储过程，有丢失修改发生

```
CREATE DEFINER='root'@'localhost' PROCEDURE 'modi_a'()
BEGIN
    Set @i=200;
    WHILE @i>0 DO
      SET @i=@i-1;
      start transaction;
      set @grade=NULL;
      select @grade:=grade from sc where sno='2005001' and cno='1';
      update sc set grade=@grade +1 where sno='2005001' and cno='1';
      select * from sc where sno='2005001' and cno='1';
      commit;
    END WHILE;
END
CREATE DEFINER='root'@'localhost' PROCEDURE 'modi_m'()
BEGIN
    Set @i=200;
    WHILE @i>0 DO
      SET @i=@i-1;
      start transaction;
      set @grade=NULL;
      select @grade:=grade from sc where sno='2005001' and cno='1';
```

```
        update sc set grade=@grade-1 where sno='2005001' and cno='1';
        select * from sc where sno='2005001' and cno='1';
        commit;
    END WHILE;
END
```

修改 modi_a()和 modi_m()两个存储过程为如下两个存储过程 modi_a2()和 modi_m2(),再次并发运行它们,发现已无丢失修改现象存在。运行过程如图 12-2 所示。

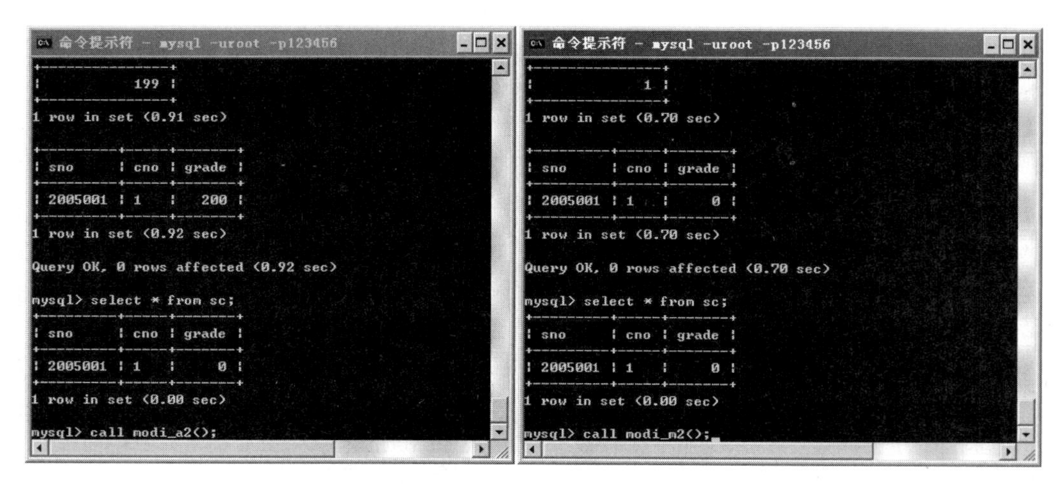

图 12-2 并发运行加控制的两个存储过程,无丢失修改发生

```
CREATE DEFINER='root'@'localhost' PROCEDURE 'modi_a2'()
BEGIN
    Set @i=200;
    WHILE @i>0 DO
      SET @i=@i-1;
      start transaction;
      set @grade=NULL;
      select @grade:=grade from sc where sno='2005001' and cno='1' for update;
      update sc set grade=@grade+1 where sno='2005001' and cno='1';
      select * from sc where sno='2005001' and cno='1';
      commit;
    END WHILE;
END
CREATE DEFINER='root'@'localhost' PROCEDURE 'modi_m2'()
BEGIN
    Set @i=200;
    WHILE @i>0 DO
      SET @i=@i-1;
      start transaction;
      set @grade=NULL;
      select @grade:=grade from sc where sno='2005001' and cno='1' for update;
      update sc set grade=@grade-1 where sno='2005001' and cno='1';
```

```
        select * from sc where sno='2005001' and cno='1';
        commit;
    END WHILE;
END
```

其他典型并发控制问题的发生与解决也可以自己来编写相应存储过程，并发运行来加以实践，这样更直观、更接近程序实现。这里具体略。

12.3 脏　　读

隔离级别为未提交读(READ UNCOMMITTED)时会产生脏读。脏读指的是在不同的事务下，可以读到另外事务未提交的数据，则违反了数据库的隔离性。例如表12-5和表12-6所示两个事务会发生脏读。

表12-5 InnoDB存储引擎脏读

<table>
<tr><th>session_1</th><th>session_2</th></tr>
<tr><td>mysql>set @@tx_isolation='read-uncommitted';
Query OK, 0 rows affected (0.00 sec)
mysql>set autocommit=0;
Query OK, 0 rows affected (0.00 sec)
mysql>start transaction;
mysql>select * from sc where sno='2005001' and cno='1' ;
+-----------+--------+---------+
| sno | cno | grade |
+-----------+--------+---------+
| 2005001 | 1 | 87 |
+-----------+--------+---------+</td><td>mysql>set @@tx_isolation='read-uncommitted';
Query OK, 0 rows affected (0.00 sec)
mysql>set autocommit=0;
Query OK, 0 rows affected (0.00 sec)
mysql>start transaction;
mysql>select * from sc where sno='2005001' and cno='1';
+-----------+--------+---------+
| sno | cno | grade |
+-----------+--------+---------+
| 2005001 | 1 | 87 |
+-----------+--------+---------+</td></tr>
<tr><td>mysql>update sc set grade=grade+5 where sno='2005001' and cno='1';</td><td></td></tr>
<tr><td>mysql>select * from sc where sno='2005001' and cno='1';
+-----------+--------+---------+
| sno | cno | grade |
+-----------+--------+---------+
| 2005001 | 1 | 92 |
+-----------+--------+---------+</td><td>mysql>select * from sc where sno='2005001' and cno='1';
+-----------+--------+---------+
| sno | cno | grade |
+-----------+--------+---------+
| 2005001 | 1 | 92 |
+-----------+--------+---------+</td></tr>
<tr><td>mysql>rollback;</td><td>mysql>select * from sc where sno='2005001' and cno='1';
+-----------+--------+---------+
| sno | cno | grade |
+-----------+--------+---------+
| 2005001 | 1 | 87 |
+-----------+--------+---------+</td></tr>
<tr><td></td><td>mysql>commit;</td></tr>
</table>

表 12-6　InnoDB 存储引擎避免脏读

<table>
<tr><th>session_1</th><th>session_2</th></tr>
<tr><td>mysql>set @@tx_isolation='read-uncommitted';
Query OK, 0 rows affected (0.00 sec)
mysql>set autocommit=0;
Query OK, 0 rows affected (0.00 sec)
mysql>start transaction;
mysql>select * from sc where sno='2005001' and cno='1' for update;
+------------+--------+---------+
| sno | cno | grade |
+-------------+--------+--------+
| 2005001 |1 | 87 |
+-------------+--------+--------+</td><td>mysql>set @@tx_isolation='read-uncommitted';
Query OK, 0 rows affected (0.00 sec)
mysql>set autocommit=0;
Query OK, 0 rows affected (0.00 sec)
mysql>start transaction;
mysql>select * from sc where sno='2005001' and cno='1' lock in share mode;
等待锁</td></tr>
<tr><td>mysql>update sc set grade=grade+5 where sno='2005001' and cno='1';</td><td>等待</td></tr>
<tr><td>mysql>select * from sc where sno='2005001' and cno='1';
+------------+--------+---------+
| sno | cno | grade |
+-------------+--------+--------+
| 2005001 |1 | 92 |
+-------------+--------+--------+</td><td>等待</td></tr>
<tr><td>mysql>rollback;</td><td>等待</td></tr>
<tr><td></td><td>获得锁
+------------+--------+---------+
| sno | cno | grade |
+-------------+--------+--------+
| 2005001 |1 | 87 |
+-------------+--------+--------+</td></tr>
<tr><td></td><td>mysql>select * from sc where sno='2005001' and cno='1' lock in share mode;
+------------+--------+---------+
| sno | cno | grade |
+-------------+--------+--------+
| 2005001 |1 | 87 |
+-------------+--------+--------+</td></tr>
<tr><td></td><td>mysql>commit;</td></tr>
</table>

解决的办法是指定更高级别的事务隔离级别，如 READ COMMITTED，或者对查询添加共享锁或排他锁。

12.4 不可重复读

不可重复读是指在一个事务内多次读同一数据。在这个事务还没有结束时,另外一个事务也访问该同一数据。那么在第一个事务的两次读数据之间,由于第二个事务的修改,第一个事务两次读到的数据可能是不一样的,因此称为不可重复读。

不可重复读和脏读的区别是:脏读是读到未提交的数据,而不可重复读读到的都是已经提交的数据,但是违反了数据库事务一致性的要求。例如表12-7和表12-8所示两个事务会发生不可重复读的情况,而表12-8所示两个事务可避免不可重复读。

表12-7 InnoDB存储引擎不可重复读

<table>
<tr><th>session_1</th><th>session_2</th></tr>
<tr><td>mysql>set @@tx_isolation='read-uncommitted';
Query OK, 0 rows affected (0.00 sec)
mysql>set autocommit=0;
Query OK, 0 rows affected (0.00 sec)
mysql>start transaction;
mysql>select * from sc where sno='2005001' and cno='1';
+------------+--------+---------+
| sno | cno | grade |
+------------+--------+---------+
| 2005001 | 1 | 87 |
+------------+--------+---------+</td><td>mysql>set @@tx_isolation='read-uncommitted';
Query OK, 0 rows affected (0.00 sec)
mysql>set autocommit=0;
Query OK, 0 rows affected (0.00 sec)
mysql>start transaction;
mysql>select * from sc where sno='2005001' and cno='1';
+------------+--------+---------+
| sno | cno | grade |
+------------+--------+---------+
| 2005001 | 1 | 87 |
+------------+--------+---------+</td></tr>
<tr><td>mysql>update sc set grade=grade+5 where sno='2005001' and cno='1';</td><td></td></tr>
<tr><td>mysql>commit;</td><td>mysql>select * from sc where sno='2005001' and cno='1';
+------------+--------+---------+
| sno | cno | grade |
+------------+--------+---------+
| 2005001 | 1 | 92 |
+------------+--------+---------+</td></tr>
<tr><td></td><td>mysql>commit;</td></tr>
</table>

解决的办法是指定更高级别的事务隔离级别,如Repeatable read,或者添加共享锁或排他锁。

表 12-8 InnoDB 存储引擎避免不可重复读

<table>
<tr><th>session_1</th><th>session_2</th></tr>
<tr><td>mysql>set @@tx_isolation='read-uncommitted';
Query OK, 0 rows affected (0.00 sec)
mysql>set autocommit=0;
Query OK, 0 rows affected (0.00 sec)
mysql>start transaction;
mysql>select * from sc where sno='2005001' and cno='1' for update;
等待锁</td><td>mysql>set @@tx_isolation='read-uncommitted';
Query OK, 0 rows affected (0.00 sec)
mysql>set autocommit=0;
Query OK, 0 rows affected (0.00 sec)
mysql>start transaction;
mysql>select * from sc where sno='2005001' and cno='1' lock in share mode;
+-------------+--------+---------+
| sno | cno | grade |
+-------------+--------+---------+
| 2005001 |1 | 87 |
+-------------+--------+---------+</td></tr>
<tr><td>等待</td><td>mysql>select * from sc where sno='2005001' and cno='1' lock in share mode;
+-------------+--------+---------+
| sno | cno | grade |
+-------------+--------+---------+
| 2005001 |1 | 87 |
+-------------+--------+---------+</td></tr>
<tr><td>等待</td><td>mysql>commit;</td></tr>
<tr><td>获得锁
+-------------+--------+---------+
| sno | cno | grade |
+-------------+--------+---------+
| 2005001 |1 | 87 |
+-------------+--------+---------+</td><td></td></tr>
<tr><td>mysql>update sc set grade=grade+5 where sno='2005001' and cno='1' ;</td><td></td></tr>
<tr><td>mysql>commit;</td><td></td></tr>
</table>

12.5 幻影问题

当两个事务并发时,在事务处理(读写等)符合条件数据之后,意外发现还有符合条件但是未处理的数据存在,实际是由另一个事务将新行插入数据库中导致的。例如表 12-9所示两个事务会发生幻影的情况,而表 12-10 所示两事务能解决幻影问题。

表 12-9 InnoDB 存储引擎幻影

<table>
<tr><th>session_1</th><th>session_2</th></tr>
<tr><td>mysql>set @@tx_isolation='read-uncommitted';
Query OK, 0 rows affected (0.00 sec)
mysql>set autocommit=0;
Query OK, 0 rows affected (0.00 sec)
mysql>start transaction;
mysql>select * from sc where grade>90;
+------------+--------+---------+
| sno | cno | grade |
+------------+--------+---------+
| 2005002 |2 | 95 |
+------------+--------+---------+</td><td>mysql>set @@tx_isolation='read-uncommitted';
Query OK, 0 rows affected (0.00 sec)
mysql>set autocommit=0;
Query OK, 0 rows affected (0.00 sec)
mysql>start transaction;
mysql>select * from sc where grade>90;
+------------+--------+---------+
| sno | cno | grade |
+------------+--------+---------+
| 2005002 |2 | 95 |
+------------+--------+---------+</td></tr>
<tr><td>mysql>insert into sc values('2005003','1',97);</td><td></td></tr>
<tr><td>mysql>commit;</td><td>mysql>select * from sc where grade>90;
+------------+--------+---------+
| sno | cno | grade |
+------------+--------+---------+
| 2005002 |2 | 95 |
+------------+--------+---------+
| 2005003 |1 | 97 |
+------------+--------+---------+</td></tr>
<tr><td></td><td>mysql>commit;</td></tr>
</table>

表 12-10 InnoDB 存储引擎解决幻影

<table>
<tr><th>session_1</th><th>session_2</th></tr>
<tr><td>mysql>set @@tx_isolation='read-uncommitted';
Query OK, 0 rows affected (0.00 sec)
mysql>set autocommit=0;
Query OK, 0 rows affected (0.00 sec)
mysql>start transaction;</td><td>mysql>set @@tx_isolation='read-uncommitted';
Query OK, 0 rows affected (0.00 sec)
mysql>set autocommit=0;
Query OK, 0 rows affected (0.00 sec)
mysql>start transaction;
mysql>select * from sc where grade>90 lock in share mode;
+------------+--------+---------+
| sno | cno | grade |
+------------+--------+---------+
| 2005002 |2 | 95 |
+------------+--------+---------+</td></tr>
</table>

续表

<table>
<tr><th>session_1</th><th>session_2</th></tr>
<tr><td>mysql>select * from sc where grade>90 for update;
等待锁</td><td>mysql>select * from sc where grade>90;
+-------------+--------+---------+
| sno | cno | grade |
+-------------+--------+---------+
| 2005002 |2 | 95 |
+-------------+--------+---------+</td></tr>
<tr><td>等待</td><td>mysql>commit;</td></tr>
<tr><td>获得锁
+-------------+--------+---------+
| sno | cno | grade |
+-------------+--------+---------+
| 2005002 |2 | 95 |
+-------------+--------+---------+</td><td></td></tr>
<tr><td>mysql>insert into sc values('2005003','1',97);</td><td></td></tr>
<tr><td>mysql>commit;</td><td></td></tr>
</table>

解决的办法是指定更高级别的事务隔离级别，如 Serializable，或者添加共享锁或排他锁。

12.6 死锁和解除死锁

在 InnoDB 中，除单个 SQL 组成的事务外，锁是逐步获得的，这就决定了在 InnoDB 中发生死锁是可能的。

例 12-7 创建表并举例说明死锁。

解：

创建表：

```
CREATE TABLE parent(id INT NOT NULL,PRIMARY KEY (id)) TYPE=INNODB;
CREATE TABLE child(id INT, parent_id INT,INDEX par_ind (parent_id),FOREIGN KEY
(parent_id) REFERENCES parent(id) ON DELETE CASCADE) TYPE=INNODB;
```

要添加一些记录，命令如：

```
INSERT INTO parent values(1);          INSERT INTO parent values(2);
INSERT INTO child values(1,1);         INSERT INTO child values(1,2);
```

表 12-11 所示就是一个发生死锁的例子。

在表 12-11 所示的例子中，两个事务都需要获得对方持有的排他锁才能继续完成事务，这种循环锁等待就是典型的死锁。

表 12-11 InnoDB 存储引擎中的死锁例子

session_1	session_2
mysql>set autocommit=0; Query OK, 0 rows affected (0.00 sec) mysql>select * from parent where id=1 for update;… 做一些其他处理…	mysql>set autocommit=0; Query OK, 0 rows affected (0.00 sec) mysql>select * from child where id=1 for update; …
select * from child where id=1 for update; 因 session_2 已取得排他锁,等待	做一些其他处理…
	mysql>select * from parent where id=1 for update; 死锁

发生死锁后,InnoDB一般都能自动检测到,并使一个事务释放锁并回退,另一个事务获得锁,继续完成事务。但在涉及外部锁,或涉及表锁的情况下,InnoDB并不能完全自动检测到死锁,这需要通过设置锁等待超时参数 innodb_lock_wait_timeout 来解决。需要说明的是,这个参数并不是只用来解决死锁问题,在并发访问比较高的情况下,如果大量事务因无法立即获得所需的锁而挂起,会占用大量计算机资源,造成严重性能问题,甚至拖垮数据库。通过设置合适的锁等待超时阈值,可以避免这种情况发生。

通常来说,死锁都是应用设计的问题,通过调整业务流程、数据库对象设计、事务大小以及访问数据库的SQL语句,绝大部分死锁都可以避免。

如果出现死锁,可以用SHOW INNODB STATUS命令来确定最后一个死锁产生的原因。返回结果中包括死锁相关事务的详细信息,如引发死锁的SQL语句、事务已经获得的锁、正在等待什么锁以及被回退的事务等。据此可以分析死锁产生的原因和改进措施。

实验内容与要求

(1) 选择若干常用的数据库管理系统产品,通过查阅帮助文件或相关书籍,了解产品所提供的并发控制机制。

(2) 分析各典型数据库管理系统在数据库并发控制方面的异同及控制能力强弱优劣。针对MySQL数据库系统,实践本实验中的示例。

(3) 编写存储过程及并发运行存储过程来呈现并发问题的发生及加以并发控制后并发问题的解决(类似书上针对丢失修改问题编写的存储过程 modi_a()、modi_m()等)。

(4) 把本实验中事务处理技术应用到所熟悉的应用系统开发工具编写的程序中。

(5) 把以上事务处理技术应用于你熟悉的应用系统开发工具编写的程序中去,以实践应用系统中并发事务的处理。编写程序模拟两个以上事务的并发工作,观察并记录并发事务处理情况。

实验 13 EXPERIMENT 13

数据库备份与恢复

实验目的

熟悉数据库的保护措施——数据库备份与恢复。通过本次实验使读者在掌握备份和恢复的基本概念的基础上，掌握在 MySQL 中进行的各种备份和恢复的基本方式和方法。

背景知识

数据库的备份和还原是维护数据库安全性和完整性的重要组成部分。通过备份数据库，可以防止因为各种原因而造成数据破坏和丢失。还原是指在造成数据丢失以后使用备份来恢复数据的操作。

MySQL 有完整备份、差异备份和表备份。

实验示例

13.1 日志文件

1. 日志文件的种类

MySQL 中的日志文件包括错误日志、查询日志、更新日志、慢查询日志和二进制日志文件等几种日志文件，文件路径存放在 my.ini 文件中。

- 错误日志：记录启动、运行或停止 mysqld 时出现的问题。

```
#Enter a name for the error log file. Otherwise a default name will be used.
log-error=C:\Documents and Settings\All Users\Application Data\MySQL\MySQL Server 5.5
\Data\mysql_log_err.txt
```

- 查询日志：记录建立的客户端连接和执行的语句。

My. ini 配置信息：

```
#Enter a name for the query log file. Otherwise a default name will be used.
log=C:\Documents and Settings\All Users\Application Data\MySQL\MySQL Server
5.5\Data\mysql_log.txt
```

- 更新日志：记录更改数据的语句。不赞成使用该日志。

My. ini 配置信息：

```
#Enter a name for the update log file. Otherwise a default name will be used.
log-update=C:\Documents and Settings\All Users\Application Data\MySQL\MySQL
Server 5.5\Data\mysql_log_update.txt
```

- 二进制日志：记录所有更改数据的语句。还用于复制。

My. ini 配置信息：

```
#Enter a name for the binary log. Otherwise a default name will be used.
log-bin=C:\Documents and Settings\All Users\Application Data\MySQL\MySQL Server 5.5\
Data\mysql_log_bin
```

- 慢查询日志：记录所有执行时间超过 long_query_time 秒的所有查询或不使用索引的查询。

My. ini 配置信息：

```
#Enter a name for the slow query log file. Otherwise a default name will be used.
long_query_time=1
log-slow-queries=C:\Documents and Settings\All Users\Application Data\MySQL\
MySQL Server 5.5\Data\mysql_log_slow.txt
```

2. Mysql 日志的关闭与开启

使用以下命令查看是否启用了日志。

```
mysql>show variables like 'log_%';
+----------------------------------------+-------+
|Variable_name                           |Value  |
+----------------------------------------+-------+
|log_bin                                 |OFF    |
|log_bin_trust_function_creators         |OFF    |
|log_bin_trust_routine_creators          |OFF    |
|log_error|C:\Documents and Settings\All Users\Application Data\MySQL\MySQL Server 5.5
\Data\1E711D4D86F1479.err|
|log_output                              |FILE   |
|log_queries_not_using_indexes           |OFF    |
|log_slave_updates                       |OFF    |
|log_slow_queries                        |OFF    |
|log_warnings                            |1      |
```

```
+----------------------------------------+-------+
9 rows in set(0.00 sec)
```

凡是Value值为OFF的表示未开启服务，若要开启，只需要将配置信息写入my.ini中(my.ini在mysql安装目录下)，再重启mysql服务。现在会看到指定的日志文件已创建。相反地，若要停止mysql日志服务，只需要将my.ini中对应的配置信息去掉即可。

3. 二进制日志的使用

根据上述描述，可知my.ini配置信息的log-bin没有指定文件扩展名，这是因为即使指定扩展名它也不使用。当mysql创建二进制日志文件时，首先创建一个以mysql_log_bin为名称，以.index为后缀的文件；再创建一个以mysql_log_bin为名称，以.000001为后缀的文件。当mysql服务重新启动一次以.000001为后缀的文件会增加一个，并且后缀名加1递增。如果日志长度超过了max_binlog_size的上限(默认是1GB)，也会创建一个新的日志文件。使用flush logs;(mysql命令)或者执行mysqladmin -u -p flush-logs(windows命令)也会创建一个新的日志文件。

既然写入的都是二进制数据，用记事本打开文件是看不到正常数据的，那怎么查看呢?

在数据库目录下，使用BIN目录下的mysqlbinlog命令，如：

```
C:\Documents and Settings\All Users\Application Data\MySQL\MySQL Server 5.5\data\>
mysqlbinlog  二进制文件
```

使用SQL语句也可查看mysql创建的二进制的文件目录：

```
mysql>show master logs;
```

查看当前二进制文件状态：

```
mysql>show master status;
```

13.2 使用SQL语句实现备份和还原

可以使用SELECT INTO OUTFILE语句备份数据，并用LOAD DATA INFILE语句恢复数据。这种方法只能导出数据的内容，不包括表的结构，如果表的结构文件损坏，必须要先恢复原来表的结构。

语法：

```
SELECT * INTO {OUTFILE|DUMPFILE} 'file_name' FROM tbl_name
LOAD DATA [LOW_PRIORITY] [LOCAL] INFILE 'file_name.txt' [REPLACE|IGNORE]
INTO TABLE tbl_name
```

SELECT… INTO OUTFILE 'file_name'格式的SELECT语句将选择的行写入一个文件。文件在服务器主机上被创建，并且不能是已经存在的(这可阻止数据库表和文件被破坏)。SELECT… INTO OUTFILE 和 LOAD DATA INFILE 是互逆操作。

LOAD DATA INFILE 语句从一个文本文件中以很高的速度读入一个表中。如果指定 LOCAL 关键词,从客户主机读文件。如果 LOCAL 没指定,文件必须位于服务器上。

为了避免重复记录,在表中需要一个 PRIMARY KEY 或 UNIQUE 索引。当在唯一索引值上一个新记录与一个旧记录重复时,REPLACE 关键词使得旧记录用一个新记录替代。如果指定 IGNORE,跳过有唯一索引的现有行的重复行的输入。如果不指定任何一个选项,当找到重复索引值时出现一个错误,并且文本文件的余下部分被忽略。

如果指定关键词 LOW_PRIORITY,LOAD DATA 语句的执行被推迟到没有其他客户读取表后。

使用 LOCAL 将比让服务器直接存取文件慢些,因为文件的内容必须从客户主机传送到服务器主机。另一方面,不需要 file 权限装载本地文件。如果使用 LOCAL 关键词从一个本地文件装载数据,服务器没有办法在操作的当中停止文件的传输,因此缺省的行为好像 IGNORE 被指定一样。当在服务器主机上寻找文件时,服务器使用下列规则:

(1) 如果给出一个绝对路径名,服务器使用该路径名。

(2) 如果给出一个有一个或多个前置部件的相对路径名,服务器相对服务器的数据目录搜索文件。

(3) 如果给出一个没有前置部件的文件名,服务器在当前数据库的数据库目录寻找文件。

例 13-1 假定表 student 具有一个 PRIMARY KEY 或 UNIQUE 索引,备份一个数据表的过程如下。

(1) 锁定数据表,避免在备份过程中表被更新。

```
mysql>LOCK TABLES student READ;
```

(2) 导出数据。

```
mysql>SELECT * INTO OUTFILE 'student.bak' FROM student;
```

(3) 解锁表。

```
mysql>UNLOCK TABLES;
```

例 13-2 相应的恢复备份的数据的过程如下:

(1) 为表增加一个写锁定。

```
mysql>LOCK TABLES student WRITE;
```

(2) 恢复数据。

```
mysql>LOAD DATA INFILE 'student.bak'
    ->REPLACE INTO TABLE student;
```

如果指定一个 LOW_PRIORITY 关键字,就不必对表锁定,因为数据的导入将被推迟到没有客户读表为止。

```
mysql>LOAD DATA LOW_PRIORITY INFILE 'student.bak'
```

```
->REPLACE INTO TABLE student;
```

操作中若因汉字问题出现恢复异常现象，可以把表默认的字符集和所有字符列(CHAR、VARCHAR 和 TEXT)改为新的字符集的语句：

```
ALTER TABLE tbl_name CONVERT TO CHARACTER SET charset_name;
```

举例如下：

```
ALTER TABLE student CONVERT TO CHARACTER SET gbk;
```

(3) 解锁表。

```
mysql>UNLOCK TABLES;
```

13.3 使用程序工具完整备份和还原

使用 mysqldump 备份数据，它既可以备份数据库表的结构，也可以备份一个数据库，甚至整个数据库系统。使用 mysql 导入数据。

```
mysqldump [OPTIONS] database [tables]
mysqldump [OPTIONS]  --databases [OPTIONS] DB1 [DB2 DB3…]
mysqldump [OPTIONS]  --all-databases [OPTIONS]
```

如果不指定任何表，将备份整个数据库。

1. 备份

选择在系统空闲时，比如在夜间，使用 mysqldump 备份数据库。

例 13-3 完整备份教学管理系统(jxgl)。

```
C:\>mysqldump -u root -p*** jxgl>jxgl.sql
```

说明："***"代表具体口令，下同。

2. 恢复

停掉应用，执行 mysql 导入备份文件。

例 13-4 恢复教学管理系统(jxgl)。

```
C:\>mysql -u root -p*** jxgl <jxgl.sql
```

13.4 差异备份和还原

不可能随时备份数据，但数据丢失时，或者数据库目录中的文件损坏时，只能恢复已经备份的文件，而在这之后的插入或更新的数据就无能为力了。解决这个问题就必须使用更新日志。更新日志可以实时记录更新、插入和删除记录的 SQL 语句。

13.4.1 启用日志

当“--log-update=file_name”选项启动时，mysqld 将所有更新数据的 SQL 命令写入记录文件中。文件被写入数据目录并且有一个名字 file_name. #，这里 # 是一个数字，它在每次执行 mysqladmin refresh 或 mysqladmin flush-logs、FLUSH LOGS 语句，或重启服务器时加 1。

如果不指定 file_name，默认使用服务器的主机名。

如果在文件名中指定扩展名，那么更新日志不再使用顺序文件，使用指定的文件。但是它在每次执行 mysqladmin refresh 或 mysqladmin flush-logs、FLUSH LOGS 语句，或重启服务器时日志文件被清空。

13.4.2 差异备份和还原

1. 备份

例 13-5 对教学管理系统(jxgl)进行差异备份。

(1) 选择在系统空闲时，使用 mysqldump -F(flush-logs)备份数据库。

```
C:\>mysqldump -u root -p*** jxgl -F>jxglf.sql
```

(2) 备份 mysqldump 开始以后生成的 binlog。

2. 恢复

例 13-6 从差异备份中恢复教学管理系统(jxgl)。

(1) 停掉应用，执行 mysql 导入备份文件。

```
C:\>mysql -u root -p*** jxgl<jxglf.sql
```

(2) 使用 mysqlbinlog 恢复自 mysqldump 备份以来的 binlog。

```
C:\Documents and Settings\All Users\Application Data\MySQL\MySQL Server 5.5\data>
mysqlbinlog jxgl.000001|mysql -u root -h localhost -p***
```

13.4.3 时间点恢复

例 13-7 如果上午 10 点发生了误操作，用备份和 binglog 将数据恢复到故障前。

(1) C:\Documents and Settings\All Users\Application Data\MySQL\MySQL Server 5. 5\data>mysqlbinlog --stop-date="2011-07-19 9:59:59" jxgl. 000001|

```
mysql -u root -h localhost -p****
```

(2) 跳过故障时的时间点,继续执行后面的 binlog,完成恢复。

```
C:\Documents and Settings\All Users\Application Data\MySQL\MySQL Server 5.5\data>
mysqlbinlog --stop-date="2011-07-19 10: 00: 01" jxgl.000001|
mysql -u root -h localhost -p***
```

13.4.4 位置恢复

例 13-8 进行位置恢复。

和时间点恢复类似,但是更精确,方法如下:

```
C:\Documents and Settings\All Users\Application Data\MySQL\MySQL Server 5.5\data>
mysqlbinlog jxgl.000001>jxgl_temp.sql
```

该命令将在 data 目录创建小的文本文件,编辑此文件,找到出错语句前后的位置号,例如前后位置号分别是 368312 和 368315。恢复了以前的备份文件后,应从命令行输入下面内容:

```
C:\Documents and Settings\All Users\Application Data\MySQL\MySQL Server 5.5\data>
mysqlbinlog--stop-position="368312" jxgl.000001|mysql-u root-hlocalhost -p****
C:\Documents and Settings\All Users\Application Data\MySQL\MySQL Server 5.5\data>
mysqlbinlog--start-position="368315" jxgl.000001|mysql-u root-hlocalhost  -p****
```

上面的第一行将恢复到停止位置(368312)为止的所有事务。下一行将恢复从给定的起始位置(368315)直到二进制日志结束的所有事务。因为 mysqlbinlog 的输出包括每个 SQL 语句记录之前的 SET TIMESTAMP 语句、恢复的数据和相关 MySQL 日志将反应事务执行的原时间。

13.5 使用 MySQL Workbench 备份和还原

除了可以使用 SQL 语句和程序工具进行备份和还原之外,还可以使用图形工具来备份和还原。以 MySQL Workbench 为例,解释图形工具的备份和还原。

如前所述,进入数据导入/导出界面。在该界面中有三个子选项卡,从左至右依次为导出数据,导入数据和导出数据参数设置。

1. 备份

选择 Export to Disk 子选项卡,如图 13-1 所示。在该子选项卡中,用户可以选择数据库或表进行导出。可以把数据库中的每个表导出为一个单独的文件,也可以把所有表导出到一个文件中。设置之后,单击 Start Export 按钮进行导出。

2. 还原

选择 Import from Disk 子选项卡,如图 13-2 所示。在该子选项卡中,用户可以选择

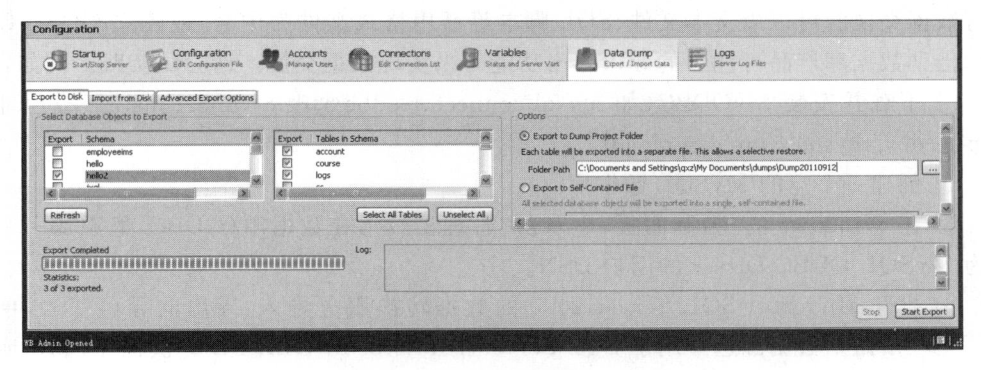

图 13-1　导出到磁盘子选项卡

磁盘文件进行导入。可以把一个单独的文件还原为数据库中的某个表，也可以把一个文件还原为整个数据库。设置之后，单击 Start Import 按钮进行还原。

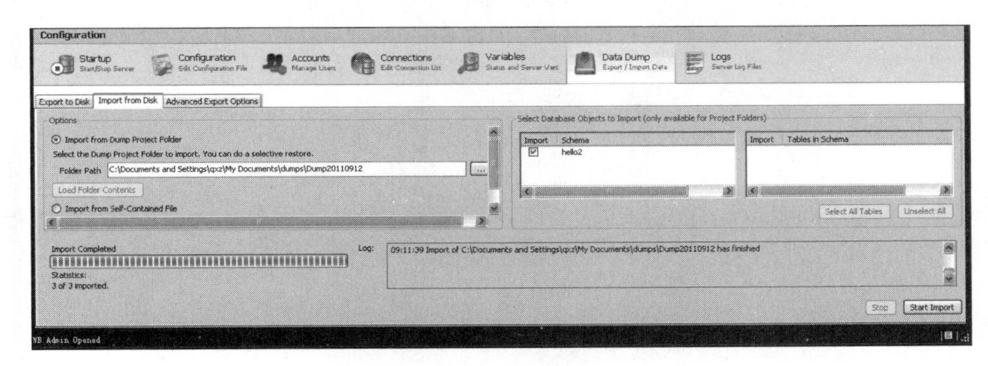

图 13-2　还原子选项卡

实验内容与要求

(1) 针对教学管理系统(jxgl)做如下操作：

① 对表 sc、course 和 student 分别做表备份和表恢复。

② 对教学管理系统采用不同方法进行完整备份和恢复。

③ 对教学管理系统与 2011 年 6 月 29 日上午 9:00:00 进行了差异备份；上午9:40 数据库发生故障，根据其差异备份和日志文件进行时间点恢复。

④ 对教学管理系统与 2011 年 6 月 29 日上午 9:00:00 进行了差异备份；上午9:40 数据库发生故障，根据其差异备份和日志文件进行位置恢复。

(2) 选择若干常用的数据库管理产品，通过查阅帮助文件或相关书籍，了解产品所提供的数据库备份与恢复措施的实施细节；针对某一具体应用，考虑其备份与恢复方案和措施等，针对 Oracle、MySQL 或 SQL Server 2005 具体数据库系统，学习其备份和恢复操作步骤及操作方式方法。

(3) MySQL 数据库间、MySQL 数据库与 Oracle 或 SQL Server 2005 数据库间如何

进行数据交换？可以以文本文件、SQL 脚本等通用格式文件为中介，或建立 ODBC 数据源后借助数据库产品可能有的导入导出功能等来实现数据交换。请尝试实践。例如：

① 下载并安装 MyODBC（如 mysql-connector-odbc-5.1.8-win32.msi，下载地址为 http://dev.mysql.com/downloads）。

② 创建一个空的 MySQL 数据库。

③ 在 Windows 的“控制面板”中双击“管理工具”，在数据源（ODBC）里添加一个类型为 MySQL ODBC Driver 的用户 DSN。

④ 打开 Microsoft SQL Server 2000 的数据转换服务导入/导出向导（DTS），单击“下一步”按钮。数据源选择用于 SQL Server 的 Microsoft OLE DB 提供程序，数据库选择要转换的 Microsoft SQL Server 2000 数据库，单击“下一步”按钮。目的选择 MySQL ODBC Driver，用户/系统 DSN 选择刚刚添加的用户 DSN，单击“下一步”按钮。从源数据库复制表和视图，单击“下一步”按钮。全选，单击“下一步”按钮，直至完成。

实验 14 EXPERIMENT 14

数据库应用系统设计与开发

实验目的

掌握数据库设计的基本方法；了解 C/S 与 B/S 结构应用系统的特点与适用场合；了解 C/S 与 B/S 结构应用系统的不同开发设计环境与开发设计方法；综合运用前面实验掌握的数据库知识与技术设计开发出小型数据库应用系统。

背景知识

《数据库原理及应用》课程的学习，其主要的目标是能利用课程中学习到的数据库知识与技术较好地设计开发出数据库应用系统，去解决各行各业信息化处理的要求。本实验主要在于巩固学生对数据库基本原理和基础理论的理解，掌握数据库应用系统设计开发的基本方法，进一步提高学生综合运用所学知识的能力。

为了使数据库应用系统开发设计合理、规范、有序、正确、高效进行，现在广泛采用的工程化 6 阶段开发设计过程与方法，它们是需求分析阶段、概念结构设计阶段、逻辑结构设计阶段、物理结构设计阶段、数据库的实施、数据库系统运行与维护阶段。以下实验示例的介绍就是力求按照 6 阶段开发设计过程展开的，以求给读者一个开发设计数据库应用系统的样例。

本实验除了要求较好地掌握数据库知识与技术外，还要求掌握某种客户端开发工具或语言。这里分别采用 Java、C# 与 ASP.NET 来实现两个简单应用系统。

实验示例

14.1 企业员工管理系统(Java 技术)

随着企业对人才需求的加大，对人力资源管理意识的提高，传统的人事档案管理已经不能满足各个企业对人员管理的需求，企业迫切需要使用新的管理方法与技术来管理员工的相关信息。本系统在极大简化的情况下，想要体现企业员工管理系统的基本雏形，想要体现Java技术在传统C/S模式、多窗体方式下数据库应用系统的开发方法。本系统的设计与实现能充分体现出Java的编程技术，特别是Java操作数据库数据的技术。

14.1.1 开发环境与开发工具

系统开发环境为局域网或广域网网络环境，网络中有一台服务器上安装MySQL、SQL Server 2008/2005/2000、Oracle或PostgreSQL这样的数据库管理系统，本子系统采用Java语言设计实现，使用jdk1.5.0_15及Eclipse SDK Version：3.3.2(http://www.eclipse.org/platform)为开发工具，服务器操作系统为Windows Server 2003 family Build 3790 Service Pack 2。

14.1.2 系统需求分析

企业可以通过员工管理系统实现对企业人员信息及其相关信息的管理，简化的企业员工管理系统具有如下功能：

- 系统的用户管理：包括用户的添加、删除，密码修改等；
- 员工的信息管理：包括员工基本信息的查询、添加、删除、修改等；
- 员工的薪资管理：包括员工薪资的查询、添加、删除、修改等；
- 员工的培训管理：包括员工培训计划的查询、添加、删除、修改等；
- 员工的奖惩管理：包括对员工的奖惩信息的查询、添加、删除、修改等；
- 部门的信息管理：包括部门查询、添加、修改、删除等。

14.1.3 功能需求分析

企业员工管理系统按照上面所述，管理功能是比较简单的，主要实现了对员工、部门、员工的薪资、员工奖惩、员工培训等的管理。系统功能模块图如图14-1所示。

其中“信息管理”板块中的每一个功能管理项都包括查看、添加、删除和修改等功能。

14.1.4 系统设计

1. 数据概念结构设计

(1) 数据流程图。

系统数据流程图如图14-2所示。

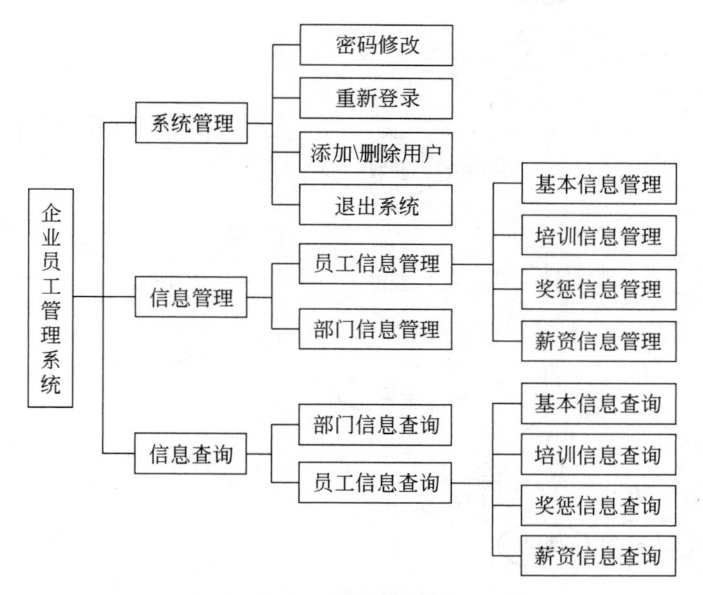

图 14-1 系统功能模块图

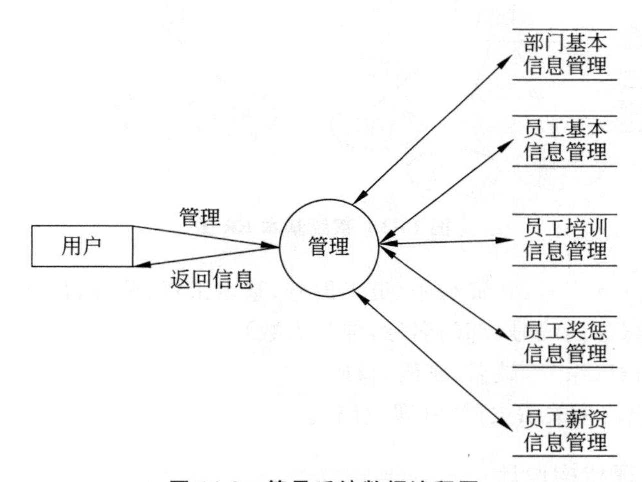

图 14-2 简易系统数据流程图

(2) 系统 ER 图。

经调研分析后,得简化企业员工管理系统整体基本 ER 图如图 14-3 所示。

2. 数据库逻辑结构(关系模式)设计

按照 ER 图到逻辑关系模式的转换规则,可得到系统如下 6 个关系。

(1) 员工信息(员工编号,姓名,性别,学历,政治状况,婚姻,出生日期,在职否,进厂日期,转正日期,部门编号,职务,备注)

(2) 奖惩信息(顺序号,奖惩编号,员工编号,奖惩时间,奖惩地点,奖惩原因,备注)

(3) 培训信息(顺序号,培训编号,员工编号,培训天数,培训费用,培训内容)

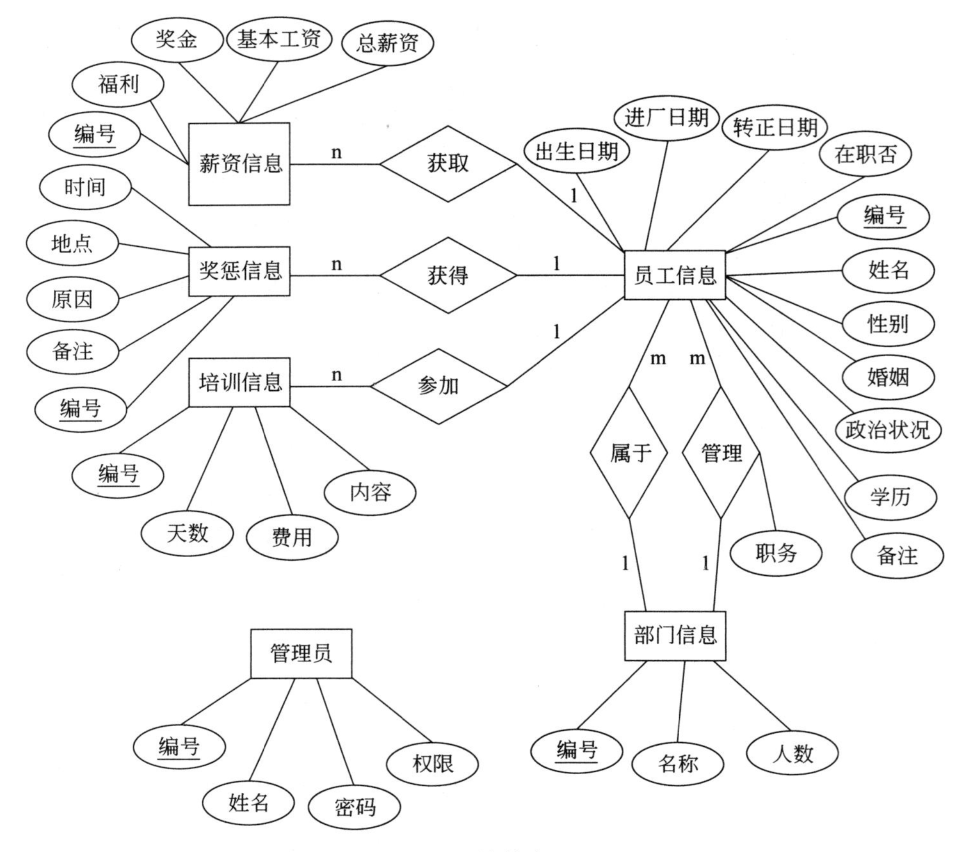

图 14-3　系统基本 ER 图

(4) 薪资信息(顺序号,薪资编号,员工编号,基本工资,奖金,福利,总薪资)

(5) 部门信息(部门编号,部门名称,部门人数)

(6) 管理员信息(编号,姓名,密码,权限)

其中带下划线的为关系关键字(即主码)。

3. 数据库物理结构设计

本系统数据库表的物理设计通过创建表的 SQL 命令来呈现,下面只列出 SQL 创建命令,针对其他数据库系统的创建命令略。

创建数据库表的 SQL 命令如下:

```
CREATE DATABASE EmployeeIMS;                      /*创建数据库*/
use employeeIMS;
/*以下为创建各表的 SQL 命令*/
CREATE TABLE DepartmentInformation(
    D_Number int AUTO_INCREMENT PRIMARY KEY,
    D_Name varchar(20) NOT NULL,
    D_Count int NOT NULL
```

```
)AUTO_INCREMENT=1 ENGINE=InnoDB;
CREATE TABLE EmployeeInformation(E_Number int AUTO_INCREMENT PRIMARY KEY,E_Name
varchar(30) NOT NULL,E_Sex varchar(2) NOT NULL,E_BornDate datetime NOT NULL,E_Marriage
varchar(4) NOT NULL,E_PoliticsVisage varchar(20) NOT NULL,E_SchoolAge varchar(20) NULL,
E_EnterDate datetime NULL,E_InDueFormDate datetime NOT NULL,D_Number int NOT NULL,E_
Headship varchar(20) NOT NULL,E_Estate varchar(10) NOT NULL,E_Remark varchar(500)
NULL)AUTO_INCREMENT=1 ENGINE=InnoDB;
CREATE TABLE TrainInformation(ID int AUTO_INCREMENT PRIMARY KEY,T_Number varchar(20)
NOT NULL,T_Content varchar(100) NOT NULL,E_Number int NOT NULL,T_Date int NULL,T_
Money int NULL)AUTO_INCREMENT=1 ENGINE=InnoDB;
CREATE TABLE WageInformation(ID int AUTO_INCREMENT PRIMARY KEY,W_Number int NOT NULL,
E_Number int NOT NULL,W_BasicWage decimal(18,2) NOT NULL,W_Boon decimal(18,2) NOT NULL,
W_Bonus decimal(18,2) NOT NULL,W_FactWage decimal(18,2) NOT NULL)AUTO_INCREMENT=1
ENGINE=InnoDB;
CREATE TABLE RewardspunishmentInformation(ID int AUTO_INCREMENT PRIMARY KEY,R_Number
int NOT NULL,E_Number int NOT NULL,R_Date datetime NOT NULL,R_Address varchar(50) NOT
NULL,R_Causation varchar(200) NOT NULL,R_Remark varchar(500) NULL)AUTO_INCREMENT=1
ENGINE=InnoDB;
CREATE TABLE UserInformation(User_ID int AUTO_INCREMENT PRIMARY KEY,User_Name
varchar(20) NOT NULL,Password varchar(20) NOT NULL,Authority varchar(20) NULL
DEFAULT 'B')AUTO_INCREMENT=1 ENGINE=InnoDB;
```

按需还可创建索引及视图的，此处略。

14.1.5 系统功能的实现

1. 数据库连接通用模块

数据库连接、公用操作函数等代码数据库类 Database 如下。

```
package qxz;
import java.sql.*;
import javax.swing.JComboBox;
import javax.swing.JList;
import javax.swing.JOptionPane;
import javax.swing.table.DefaultTableModel;
public class Database {
    public static Connection cn;
    public static Statement st;
    public static Statement st2;
    public static ResultSet rs;
    public static String dbms;
    //below for SQL Server
    static String user=ConfigIni.getIniKey("UserID");
    static String pwd=ConfigIni.getIniKey("Password");
```

```
static String ip=ConfigIni.getIniKey("IP");
static String acc=ConfigIni.getIniKey("Access");
static String dbf=ConfigIni.getIniKey("DataBase");
//below for Oracle
static String UID=ConfigIni.getIniKey("UID");
static String Passd=ConfigIni.getIniKey("Passd");
static String Server=ConfigIni.getIniKey("Server");
static String DB=ConfigIni.getIniKey("DB");
static String Port=ConfigIni.getIniKey("Port");
//below for MySQL
static String UID2=ConfigIni.getIniKey("UID2");
static String Passd2=ConfigIni.getIniKey("Passd2");
static String Server2=ConfigIni.getIniKey("Server2");
static String DB2=ConfigIni.getIniKey("DB2");
static String Port2=ConfigIni.getIniKey("Port2");
//below for PostgreSQL
static String UID3=ConfigIni.getIniKey("UID3");
static String Passd3=ConfigIni.getIniKey("Passd3");
static String Server3=ConfigIni.getIniKey("Server3");
static String DB3=ConfigIni.getIniKey("DB3");
static String Port3=ConfigIni.getIniKey("Port3");
static {
  try {
    if(ConfigIni.getIniKey("Default_Link").equals("1")) {
                                                //JDBC--SQL Server 2005
      DriverManager.registerDriver(new com.microsoft.sqlserver.jdbc.
      SQLServerDriver());                                   //注册驱动
      String url="jdbc: sqlserver: //"+ip+": "+acc+";"+"databasename="+dbf;
                                                        //获得一个连接
      cn=DriverManager.getConnection(url,user,pwd);
      dbms="SQL Server";
    }
    else if(ConfigIni.getIniKey("Default_Link").equals("2")) {
        //JDBC-SQL Server 2000
        DriverManager.registerDriver(new com.microsoft.jdbc.sqlserver.
        SQLServerDriver());                                 //注册驱动
        String url="jdbc: microsoft: sqlserver: //"+ip+": "+acc+";"+
        "databasename="+dbf;                                //获得一个连接
        cn=DriverManager.getConnection(url,user,pwd);
        dbms="SQL Server";
    }
    else if(ConfigIni.getIniKey("Default_Link").equals("4")) {
        //JDBC-ODBC to Oracle
        DriverManager.registerDriver(new sun.jdbc.odbc.JdbcOdbcDriver());
```

```
    cn=DriverManager.getConnection("jdbc: odbc: "+ConfigIni.getIniKey(
    "LinkNameORA").trim(),UID,Passd);                    //获得一个连接
    dbms="Oracle";
}
else if(ConfigIni.getIniKey("Default_Link").equals("5")) {//JDBC to Oracle
    DriverManager.registerDriver(new oracle.jdbc.driver.OracleDriver());
   String url="jdbc: oracle: thin: @"+Server+": "+Port+": "+DB;
   cn=DriverManager.getConnection(url,UID,Passd);
   dbms="Oracle";
}
else if(ConfigIni.getIniKey("Default_Link").equals("6")) {//JDBC to MySQL
   try { Class.forName("com.mysql.jdbc.Driver").newInstance();
   } catch(Exception ex) { }
    String url="jdbc: mysql: //localhost/"+DB2+"?"+"user="+UID2+"&"+
    "password="+Passd2;
   try { cn=DriverManager.getConnection(url);
   } catch(SQLException ex) {
      System.out.println("SQLException: "+ex.getMessage());
      System.out.println("SQLState: "+ex.getSQLState());
      System.out.println("VendorError: "+ex.getErrorCode());
      }
      dbms="MySQL";
}
else if(ConfigIni.getIniKey("Default_Link").equals("7")) {
   //JDBC-ODBC to MySQL
   DriverManager.registerDriver(new sun.jdbc.odbc.JdbcOdbcDriver());
   cn=DriverManager.getConnection("jdbc: odbc: "+ConfigIni.getIniKey(
   "LinkNameMySQL").trim(),UID2,Passd2);
   dbms="MySQL";
   Linknum="7";
}
else if(ConfigIni.getIniKey("Default_Link").equals("8")) {
   //JDBC-ODBC to postgresql
   Class.forName("org.postgresql.Driver");
   String url="jdbc: postgresql: //"+Server3+": "+Port3+"/"+DB3;
   cn=DriverManager.getConnection(url,UID3,Passd3);
   dbms="PostgreSQL";
}
else if(ConfigIni.getIniKey("Default_Link").equals("9")) {
   //JDBC-ODBC to PostgreSQL
   DriverManager.registerDriver(new sun.jdbc.odbc.JdbcOdbcDriver());
   cn=DriverManager.getConnection("jdbc: odbc: "+ConfigIni.getIniKey
   ("LinkNamePostgreSQL").trim(),UID3,Passd3);
   dbms="PostgreSQL";
```

```
            }
            else {//ConfigIni.getIniKey("Default_Link").equals("3")//JDBC-ODBC to
                                                                  //SQL Server
              DriverManager.registerDriver(new sun.jdbc.odbc.JdbcOdbcDriver());
              cn=DriverManager.getConnection("jdbc: odbc: "+ConfigIni.getIniKey
              ("LinkName").trim(),user,pwd);
              dbms="SQL Server";
            }
          st=cn.createStatement(ResultSet.TYPE_SCROLL_SENSITIVE,ResultSet.CONCUR_
          READ_ONLY);
          st2=cn.create Statement(ResultSet.TYPE_SCROLL_SENSITIVE,ResultSet.CONCUR
          _READ_ONLY);
          }
          catch(Exception ex) {
            System.out.println(ex.getMessage().toString()+"--");
            JOptionPane.showMessageDialog(null,"数据库连接失败…","错误",
            JOptionPane.ERROR_MESSAGE);
            System.exit(0);
          } //End try
}
//执行查询 SQL 命令,返回记录集对象函数
        public static ResultSet executeQuery(String sql) {
        ResultSet rs=null;
        try {
            st2=cn.createStatement(ResultSet.TYPE_SCROLL_SENSITIVE,
            ResultSet.CONCUR_READ_ONLY);                       //需要此句,否则相互干扰
            rs=st2.executeQuery(sql);
        }catch(Exception e){
            e.printStackTrace();
        }//End try
        return rs;
    }
    //执行更新类 SQL 命令的函数
    public static int executeUpdate(String sql) {
        int i=0;
        try {
            st2=cn.createStatement(ResultSet.TYPE_SCROLL_SENSITIVE,
            ResultSet.CONCUR_READ_ONLY);
          i=st2.executeUpdate(sql);
          cn.commit();
        }
        catch(Exception e) {
          e.printStackTrace();
        }
        return i;
    }
```

```
    //执行查询 SQL 命令,返回是否成功的函数
    public static boolean query(String sqlString){
        try {
            rs=null;
            rs=st.executeQuery(sqlString);
        }catch(Exception Ex) {
            System.out.println("sql exception: "+Ex);
            return false;
        }
        return true;
    }
    //执行更新类 SQL 命令,返回是否成功的函数
    public static boolean executeSQL(String sqlString){
        boolean executeFlag;
        try{st.execute(sqlString);
            executeFlag=true;
        } catch(Exception e) {
            executeFlag=false;
            System.out.println("sql exception: "+e.getMessage());
        }
        return executeFlag;
    }
    //执行 SQL 查询命令,初始化到组合框的函数
    public static void initJComboBox(JComboBox jComboBox,String sqlCode){
        jComboBox.removeAllItems();
        try{ ResultSet rs=executeQuery(sqlCode);
            int row=recCount(rs);
            //从结果集中取出 Item 加入 JComboBox 中
            if(row !=0) rs.beforeFirst();
            for(int i=0; i <  row; i++) {
                rs.next();
                jComboBox.addItem(rs.getString(1));
            }
           jComboBox.addItem("");
        }
        catch(Exception ex) {
            System.out.println("sunsql.initJComboBox(): false");
        }
    }
  …                                                        //其他公用函数略
}
```

本程序通过 ConfigIni.java 文件中的 ConfigIni 类来获取连接数据库的相关信息。这些连接数据库的相关信息组织存放于 Config.ini 系统配置文件中,这样便于修改与配置连接数据库的相关参数值。该文件的参考内容如下:

```
[SOFTINFO]=
    UserName=qxz
    CompName=jndx
[CONFIG]=
    Soft_First=0
    Default_Link=6
    Default_Page=1
[JDBC 1--SQL Server 2005,2--SQL Server 2000]=
    IP=127.0.0.1
    Access=1433
    DataBase=EmployeeIMS
    UserID=sa
    Password=sasasasa
[ODBC 3--odbc to SQL Server]=
    LinkName=EmployeeIMS
[ODBC 4--odbc to Oracle]=
    LinkNameORA=EmployeeIMSORA
[JDBC 5--Oracle]=
    UID=scott
    Passd=tiger
    Server=qxz1
    DB=qxz1
    Port=1521
[JDBC 6--MySQL]=
    UID2=root
    Passd2=qxz
    Server2=qxz1
    DB2=EmployeeIMS
    Port2=3306
[ODBC 7--odbc to MySQL]=
    LinkNameMySQL=EmployeeMySQL
[JDBC 8--PostgreSQL]=
    UID3=qxz
    Passd3=qxz
    Server3=localhost
    DB3=EmployeeIMS2
    Port3=5432
[ODBC 9--odbc to PostgreSQL]=
    LinkNamePostgreSQL=EmployeePostgreSQL
```

其中“Default_Link=”指定1～9中某数字，代表着连接数据库的某种方式方法。可以看到：“Default_Link=1”表示通过JDBC连接到SQL Server 2005；“Default_Link=2”表示通过JDBC连接到SQL Server 2000；“Default_Link=3”表示通过JDBC-ODBC桥连接到SQL Server 2000或SQL Server 2005；“Default_Link=4”表示通过JDBC-ODBC桥连接

到 Oracle;“Default_Link=5”表示通过 JDBC 连接到 Oracle;“Default_Link=6”表示通过 JDBC 连接到 MySQL;“Default_Link=7”表示通过 JDBC-ODBC 桥连接到 MySQL;“Default_Link=8”表示通过 JDBC 连接到 PostgreSQL;“Default_Link=9”表示通过 JDBC-ODBC 桥连接到 PostgreSQL。

要说明的是,要使 1～9 种连接数据库方法能正常工作,需要先在服务器端安装相应数据库管理系统并正确配置,再通过执行 SQL 脚本等方法在某数据库系统下创建系统库表等对象,在 Config. ini 系统配置文件中正确配置相应某数据库的连接选项值,只有这样才能成功运行。

2. 部分功能界面的实现

(1) 系统登录及主界面类模块。

```
//用户登录类
package qxz;
import java.awt.*;
import java.awt.event.*;
import javax.swing.*;
public class Login extends JFrame{
    JFrame jf;
    JTextField textName=new JTextField("admin");
    JPasswordField textPassword=new JPasswordField("123456");
    JLabel label=new JLabel("企业员工管理系统");
    … //其他界面元素及变量等定义略
    public Login(){
        jf=this;
        setTitle("登录");
        Font f=new Font("新宋体",Font.PLAIN,12);
        Container con=getContentPane();
        con.setLayout(null);
        label.setBounds(80,10,140,20);
        label.setFont(new Font("新宋体",Font.BOLD,16));
        con.add(label);
        labelName.setBounds(55,45,55,20);
        labelName.setFont(f);
        con.add(labelName);
        textName.setBounds(105,45,120,20);
        con.add(textName);
        … //其他界面元素定位、赋属性等略
        //登录的鼠标监听
        buttonEnter.addMouseListener(new MouseAdapter(){
            public void mouseClicked(MouseEvent me){
                if(textName.getText().equals("")){
                  new JOptionPane().showMessageDialog(null,"用户名不能为空!");
```

```
                }
                else if(textPassword.getText().equals("")){
                    new JOptionPane().showMessageDialog(null,"密码不能为空!");
                }
                else{
                    String sql="select * from UserInformation where User_Name='"+
                    textName.getText()+"' and Password='"+textPassword.getText()+
                    "'";                            //查找是否有该用户的 SQL 查询命令
                    Judge(sql);                     //调用判断函数
                }
            }
        });
        //登录的键盘监听
        buttonEnter.addKeyListener(new KeyAdapter(){
            public void keyPressed(KeyEvent e){
            }
        });
        buttoncancel.setBounds(155,115,60,20);
        buttoncancel.setFont(f);
        con.add(buttoncancel);
        //清空按钮的鼠标监听方法
        buttoncancel.addMouseListener(new MouseAdapter(){
            public void mouseClicked(MouseEvent me){
                textName.setText("");
                textPassword.setText("");
            }
        });
        //窗口大小不可调
        setResizable(false);
        //窗口图标
        Image img=Toolkit.getDefaultToolkit().getImage("image\\main.gif");
        setIconImage(img);
        Toolkit t=Toolkit.getDefaultToolkit();
        int w=t.getScreenSize().width;
        int h=t.getScreenSize().height;
        setBounds(w/2-150,h/2-90,300,180);
        setVisible(true);
        //获取焦点
        buttonEnter.grabFocus();
        buttonEnter.requestFocusInWindow();
    }
    private void Judge(String sqlString) {
        if(Database.joinDB()) {
            if(Database.query(sqlString))
```

```
            try{ if(Database.rs.isBeforeFirst()) {
                    System.out.println("密码正确");
                    jf.setVisible(false);
                    //关闭数据库连接
                    //Database.cn.close();
                    new Main();
                }
                else{System.out.println("错误");
                    new JOptionPane().showMessageDialog(null,"用户名或密码错误!","",
                    JOptionPane.ERROR_MESSAGE);                    //!!!!!!!!!!!!!!
                }
            }catch(Exception ex) {
                System.out.println(ex.getMessage());
            }
        }
        else{ System.out.println("连接数据库不成功!!!"); }
}
public static void main(String args[]){
    new Login();
}
```

运行界面如图 14-4 所示。

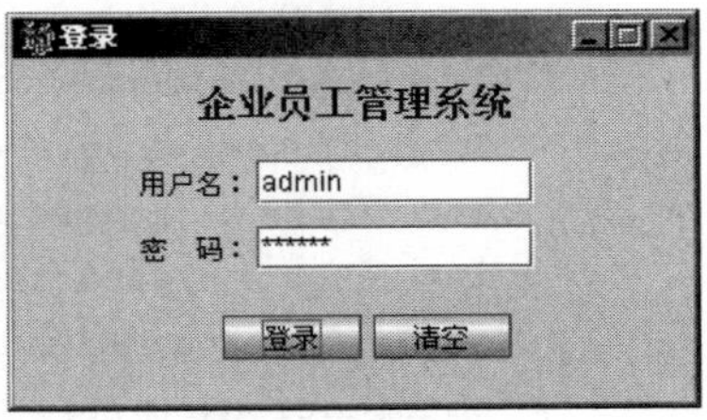

图 14-4 系统登录界面

```
//主程序类,可以独立运行
package qxz;
import java.awt.*;
import java.awt.event.*;
import javax.swing.*;
public class Main extends JFrame implements Runnable{
    Thread t=new Thread(this);                       //在窗体里创建线程并实例化
    JDesktopPane deskpane=new JDesktopPane();        //在窗体里建立虚拟桌面并实例化
    JPanel p=new JPanel();                           //创建一个面板并实例化
    Label lp1=new Label("欢迎使用企业员工管理系统!本系统纯属练习!");
    //菜单上的图标创建并实例化--------------------------------------
    ImageIcon icon1=new ImageIcon("image//tjsc.gif");
    … //其他略---------------------------------
    public Main(){//构造函数
        setTitle("企业员工管理系统");                  //设置窗体标题
        Container con=getContentPane();
        con.setLayout(new BorderLayout());           //创建一个布局
        con.add(deskpane,BorderLayout.CENTER);       //实例虚拟桌面的布局
        Font f=new Font("新宋体",Font.PLAIN,12);     //设置一个字体,以后都使用这种字体
        JMenuBar mb=new JMenuBar();                  //实例化菜单栏
        //实例化菜单开始
        JMenu systemM=new JMenu("系统管理");
```

```
      systemM.setFont(f);
      JMenu manageM=new JMenu("信息管理");
      manageM.setFont(f);
      …//其他略
    //退出窗体事件
        this.addWindowListener(new WindowAdapter(){
          public void windowClosing(WindowEvent e){
              System.exit(0);
          }});
      //为系统管理菜单加事件-----------------------------------------
      password.addActionListener(new ActionListener(){        //密码修改监听
          public void actionPerformed(ActionEvent e){
           System.out.println("AmendPassword");
           deskpane.add(new AmendPassword());
          }});
      … //其他事件略
      p.setLayout(new BorderLayout());
      p.add(lp1,BorderLayout.EAST);
      t.start();
      con.add(p,BorderLayout.SOUTH);
    Toolkit t=Toolkit.getDefaultToolkit();
    int width=t.getScreenSize().width-120;
    int height=t.getScreenSize().height-100;
    setSize(width,height);
    setLocation(50,25);
    setVisible(true);
    setResizable(false);
  }
  //线程的方法
    public void run(){
    System.out.println("线程启动了!");
    Toolkit t=Toolkit.getDefaultToolkit();
    int x=t.getScreenSize().width;
    lp1.setForeground(Color.red);
    while(true)
    { if(x<-600){
            x=t.getScreenSize().width;
        }
        lp1.setBounds(x,0,700,20);
        x-=10;
        try{Thread.sleep(100);}catch(Exception e){}
    }
  }
  //退出窗体事件
```

```
    public void windowClosing(WindowEvent e) {
        System.exit(0);
    }
    public static void main(String[] args){ //主函数
        new Main();
    }
}
```

运行界面如图 14-5 所示。

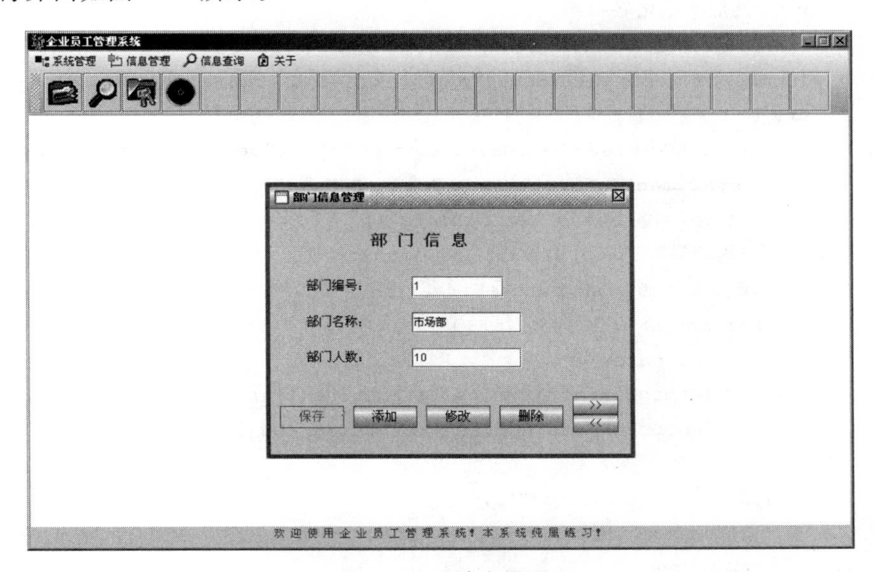

图 14-5　系统主界面

(2) 员工基本信息维护类模块。

```
//员工信息管理类
package qxz;
import java.awt.*;
import javax.swing.*;
import javax.swing.text.DateFormatter;
import java.awt.event.*;
import java.sql.*;
import java.text.DateFormat;
import java.text.SimpleDateFormat;
import java.util.Date;
public class Employeemanage extends JInternalFrame{
    JInternalFrame jif;
    public Employeemanage() {
            jif=this;
        initComponents(); }
    private JTextField tdepartment;
```

```
private JComboBox jComboBox,jComboBoxCode;
private ResultSet rs;
private void initComponents() { //初始化界面组件
     //定义与初始化组合框
    jComboBox=new JComboBox();
    jComboBox.addItem("");
        jComboBox.setBackground(new Color(204,204,204));
    jComboBox.setPreferredSize(new Dimension(100,20));
    … //其他初始化略
    //部门编码信息添加到组合框 jComboBox,jComboBoxCode
    jComboBox.removeAllItems();
    try {
         ResultSet rs2=Database.executeQuery("select D_Name,D_Number from
         DepartmentInformation order by D_Name");
        int row=Database.recCount(rs2);
        //从结果集中取出 Item 加入 JComboBox 中
        if(row !=0) rs2.beforeFirst();
        for(int i=0; i <row; i++) {
            rs2.next();
            jComboBox.addItem(rs2.getString(1));
            jComboBoxCode.addItem(rs2.getString(2));
        }
        jComboBox.addItem("");
        jComboBoxCode.addItem("");
        rs2.close();
    }
    catch(Exception ex) {
          System.out.println("initJComboBox(): false");
    }
    //初始化窗体数据
    String csql="select E_Number,E_Name,E_Sex,E_BornDate,D_Number,E_Marriage,
    E_Headship,E_InDueFormDate,E_PoliticsVisage,E_SchoolAge,E_EnterDate,
    E_Estate,E_Remark from EmployeeInformation";
    try{
         rs=Database.executeQuery(csql);
         if(Database.recCount(rs)>0){
           rs.next();
           txt_number.setText(""+rs.getInt("E_Number"));
           txt_name.setText(rs.getString("E_Name"));
           if(rs.getString("E_Sex").equals("男")){
               sex_cb.setSelectedIndex(0);
           }
           else{
               sex_cb.setSelectedIndex(1);
```

```
            }
            txt_borndate.setValue(rs.getDate("E_BornDate"));
            tdepartment.setText(rs.getString("D_Number"));
              if(rs.getString("E_Marriage").equals("未婚")){
                marriage_cb.setSelectedIndex(0);
            }
            else if(rs.getString("E_Marriage").equals("已婚")){
                marriage_cb.setSelectedIndex(1);
            }
            else{
                marriage_cb.setSelectedIndex(2);
            }
            headship_cb.setSelectedItem(rs.getString("E_Headship"));
            txt_InDueFormDate.setValue(rs.getDate("E_InDueFormDate"));
            if(rs.getString("E_PoliticsVisage").equals("党员")){
                politicsVisage_cb.setSelectedIndex(0);
            }
            else{
                politicsVisage_cb.setSelectedIndex(1);
            }
            schoolage_cb.setSelectedItem(rs.getString("E_SchoolAge"));
            txt_enterdate.setValue(rs.getDate("E_EnterDate"));
            if(rs.getString("E_Estate").equals("在职")){
                estate_cb.setSelectedIndex(0);
            }
            else if(rs.getString("E_Estate").equals("停薪留职")){
                estate_cb.setSelectedIndex(1);
            }
            else{
                estate_cb.setSelectedIndex(2);
            }
            remark_ta.setText(rs.getString("E_Remark"));
        }
          jComboBoxCode.setSelectedItem(tdepartment.getText());
        jComboBox.setSelectedIndex(jComboBoxCode.getSelectedIndex());
    }
    catch(Exception e){System.out.println(e);};
    //上一条按钮事件
    rm_bt.addActionListener(new ActionListener(){
        public void actionPerformed(ActionEvent e){
            try{
              if(rs.next()){
                txt_number.setText(""+rs.getInt("E_Number"));
                txt_name.setText(rs.getString("E_Name"));
```

```
                    if(rs.getString("E_Sex").equals("男")){
                       sex_cb.setSelectedIndex(0);
                    }
                    else{
                      sex_cb.setSelectedIndex(1);
                    }
                    txt_borndate.setValue(rs.getDate("E_BornDate"));
                    tdepartment.setText(rs.getString("D_Number"));
    Database.setJComboBox(jComboBoxCode,rs.getString("D_Number"));
jComboBox.setSelectedIndex(jComboBoxCode.getSelectedIndex());
                    if(rs.getString("E_Marriage").equals("未婚")){
                       marriage_cb.setSelectedIndex(0);
                     }
                     else if(rs.getString("E_Marriage").equals("已婚")){
                       marriage_cb.setSelectedIndex(1);
                     }
                     else{
                       marriage_cb.setSelectedIndex(2);
                     }
headship_cb.setSelectedItem(rs.getString("E_Headship"));
    txt_InDueFormDate.setValue(rs.getDate("E_InDueFormDate"));
                     if(rs.getString("E_PoliticsVisage").equals("党员")){
                       politicsVisage_cb.setSelectedIndex(0);
                     }
                     else{
                       politicsVisage_cb.setSelectedIndex(1);
                     }
                      schoolage_cb.setSelectedItem(rs.getString("E_SchoolAge"));
                     txt_enterdate.setValue(rs.getDate("E_EnterDate"));
                     if(rs.getString("E_Estate").equals("在职")){
                       estate_cb.setSelectedIndex(0);
                     }
                     else if(rs.getString("E_Estate").equals("停薪留职")){
                       estate_cb.setSelectedIndex(1);
                     }
                     else{
                       estate_cb.setSelectedIndex(2);
                     }
                     remark_ta.setText(rs.getString("E_Remark"));
                 }
              }catch(Exception erm){ System.out.println(erm);}
            }
        });
```

```
        //下一条按钮事件
        lm_bt.addActionListener(new ActionListener(){ //具体略 });
        //最前一条按钮事件
        left_bt.addActionListener(new ActionListener(){ //具体略 });
      right_bt.addActionListener(new ActionListener(){
          … //具体略
        });
    //为添加保存按钮加事件
    append_bt.addActionListener(new ActionListener(){
      public void actionPerformed(ActionEvent e){
           save_bt.setEnabled(true);
           txt_number.setText("");
           txt_number.setEditable(false);
           txt_name.setText("");
           sex_cb.setSelectedIndex(0);
           txt_borndate.setValue(new Date());
           marriage_cb.setSelectedIndex(0);
           txt_InDueFormDate.setValue(new Date());
           politicsVisage_cb.setSelectedIndex(0);
           txt_enterdate.setValue(new Date());
           estate_cb.setSelectedIndex(0);
           remark_ta.setText("");
      }
    });
    //组合框,选项事件
    jComboBox.addItemListener(new ItemListener() {
       public void itemStateChanged(ItemEvent e) {
         jComboBoxCode.setSelectedIndex(jComboBox.getSelectedIndex());
      }});
    //为添加保存按钮添加事件
     save_bt.addActionListener(new ActionListener(){
        public void actionPerformed(ActionEvent e){
           if(txt_name.getText().equals("")||txt_borndate.getText().equals("")
           ||txt_InDueFormDate.getText().equals("")
               ||txt_enterdate.getText().equals("")){
new JOptionPane().showMessageDialog(null,"除备注外,其余数据均不能为空!");}
           else{
               String name=txt_name.getText();
               String borndate=txt_borndate.getText();
               String department=tdepartment.getText();
               String headship=(""+headship_cb.getSelectedItem());
               String indueformdate=txt_InDueFormDate.getText();
               String schoolage=(""+schoolage_cb.getSelectedItem());
```

```
String enterdate=txt_enterdate.getText();
String remark=remark_ta.getText();
String sex=(""+sex_cb.getSelectedItem());
String marriage=(""+marriage_cb.getSelectedItem());
String estate=(""+estate_cb.getSelectedItem());
String politicsVisage=(""+politicsVisage_cb.getSelectedItem());
jComboBoxCode.setSelectedIndex(jComboBox.getSelectedIndex());
String sInsert="";
if(Database.dbms.equals("SQL Server")){
  sInsert="insert EmployeeInformation values('"+name+"','"+sex+"',
  '"+borndate+"',"+"'"+marriage+"','"+politicsVisage+"','"+
  schoolage+"','"+enterdate+"','"+indueformdate+"',"+jComboBoxCode
  .getSelectedItem()+",'"+headship+"','"+estate+"','"+remark+"')";
}
if(Database.dbms.equals("Oracle")){
  sInsert="insert into EmployeeInformation values(SEI.nextval,'"+
  name+"','"+sex+"',to_date('"+borndate+"','YYYY-MM-DD'),"+"'"+
  marriage+"','"+politicsVisage+"','"+schoolage+"',to_date('"+
  enterdate+"','YYYY-MM-DD'),to_date('"+indueformdate+"','YYYY-MM-
  DD'),"+jComboBoxCode.getSelectedItem()+",'"+headship+"','"+
  estate+"','"+remark+"')";
}
if(Database.dbms.equals("MySQL")){
  sInsert="insert into EmployeeInformation values(null,'"+name+"',
  '"+sex+"','"+borndate+"',"+"'"+marriage+"','"+politicsVisage+
  "','"+schoolage+"','"+enterdate+"','"+indueformdate+"',"+
  jComboBoxCode.getSelectedItem()+",'"+headship+"','"+estate+"','"
  +remark+"')";
}
if(Database.dbms.equals("PostgreSQL")){
  sInsert="insert into EmployeeInformation values(nextval
  ('EmployeeInformation_E_Number_seq'),'"+name+"','"+sex+"','"+
  borndate+"',"+"'"+marriage+"','"+politicsVisage+"','"+schoolage
  +"','"+enterdate+"','"+indueformdate+"',"+jComboBoxCode
  .getSelectedItem()+",'"+headship+"','"+estate+"','"+remark+"')";
}
try{ if(Database.executeUpdate(sInsert)!=0){
    txt_number.setEditable(true);
    save_bt.setEnabled(false);
    new JOptionPane().showMessageDialog(null,"添加数据成功!");
    String sql="select E_Number,E_Name,E_Sex,E_BornDate,D_Number,
    E_Marriage,E_Headship,E_InDueFormDate,E_PoliticsVisage,
    E_SchoolAge,E_EnterDate,E_Estate,E_Remark from
```

```
                EmployeeInformation";
                rs=Database.executeQuery(sql);
                rs.last();
                txt_number.setText(""+rs.getInt("E_Number"));
                }
            }
            catch(Exception einsert){ System.out.println(einsert);}
            save_bt.setEnabled(false);
        }
    }
});
//为修改按钮添加事件
amend_bt.addActionListener(new ActionListener(){
    public void actionPerformed(ActionEvent e){
            String name=txt_name.getText();
        String borndate=txt_borndate.getText();
        String department=tdepartment.getText();
        String headship=(""+headship_cb.getSelectedItem());
        String indueformdate=txt_InDueFormDate.getText();
        String schoolage=(""+schoolage_cb.getSelectedItem());
            String enterdate=txt_enterdate.getText();
        String remark=remark_ta.getText();
        String sex=(""+sex_cb.getSelectedItem());
        String marriage=(""+marriage_cb.getSelectedItem());
        String estate=(""+estate_cb.getSelectedItem());
        String politicsVisage=(""+politicsVisage_cb.getSelectedItem());
            String supdate="";
if(Database.dbms.equals("SQL Server")){
   supdate="update EmployeeInformation set E_Name='"+name+"',E_Sex='"+sex+"',"
   +"E_BornDate='"+borndate+"',E_Marriage='"+marriage+"',E_PoliticsVisage='"+
  politicsVisage+"',"+"E_SchoolAge='"+schoolage+"',E_EnterDate='"+enterdate
  +"',E_InDueFormDate='"+indueformdate+"',"+"D_Number="+jComboBoxCode
  .getSelectedItem()+",E_Headship='"+headship+"',E_Estate='"+estate+"',"+"E_
  Remark='"+remark+"' where E_Number='"+txt_number.getText()+"'";}
if(Database.dbms.equals("Oracle")){
  supdate="update EmployeeInformation set E_Name='"+name+"',E_Sex='"+sex+"',"+"E_
  BornDate=to_date('"+borndate+"','YYYY-MM-DD'),E_Marriage='"+marriage+"',E_
  PoliticsVisage='"+politicsVisage+"',"+"E_SchoolAge='"+schoolage+
  "',E_EnterDate=to_date('"+enterdate+"','YYYY-MM-DD'),E_InDueFormDate=to_
  date('"+indueformdate+"','YYYY-MM-DD'),"+"D_Number="+jComboBoxCode.
  getSelectedItem()+",E_Headship='"+headship+"',E_Estate='"+estate+"',"+"E_
  Remark='"+remark+"' where E_Number='"+txt_number.getText()+"'";}
```

```
if(Database.dbms.equals("MySQL")){
   supdate="update EmployeeInformation set E_Name='"+name+"',E_Sex='"+sex+"',"
   +"E_BornDate='"+borndate+"',E_Marriage='"+marriage+"',E_PoliticsVisage=
  '"+politicsVisage+"',"+"E_SchoolAge='"+schoolage+"',E_EnterDate='"+
  enterdate+"',E_InDueFormDate='"+indueformdate+"',"+"D_Number="+
  jComboBoxCode.getSelectedItem()+",E_Headship='"+headship+"',E_Estate='"+
  estate+"',"+"E_Remark='"+remark+"' where E_Number='"+txt_number.getText()+
   "'";}
if(Database.dbms.equals("PostgreSQL")){
   supdate="update EmployeeInformation set E_Name='"+name+"',E_Sex='"+sex+"',"
   +"E_BornDate='"+borndate+"',E_Marriage='"+marriage+"',E_PoliticsVisage='"
   +politicsVisage+"',"+"E_SchoolAge='"+schoolage+"',E_EnterDate='"+
  enterdate+"',E_InDueFormDate='"+indueformdate+"',"+"D_Number="+
  jComboBoxCode.getSelectedItem()+",E_Headship='"+headship+"',E_Estate='"+
  estate+"',"+"E_Remark='"+remark+"' where E_Number='"+txt_number.getText()+
   "'"; }
 try{
      if(Database.executeUpdate(supdate)!=0){
          new JOptionPane().showMessageDialog(null,"数据修改成功!");
            String sql1="select E_Number,E_Name,E_Sex,E_BornDate,D_Number,E_
            Marriage,E_Headship,E_InDueFormDate,E_PoliticsVisage,E_SchoolAge,E_
            EnterDate,E_Estate,E_Remark from EmployeeInformation";
           rs=Database.executeQuery(sql1);
        }
 }
 catch(Exception eupdate){}}
 });
 //为删除按钮添加事件
 delet_bt.addActionListener(new ActionListener(){
     public void actionPerformed(ActionEvent e){
         String sdelete="delete from EmployeeInformation where E_Number='"+txt_
         number.getText()+"'";
         try{
           if(Database.executeUpdate(sdelete)!=0){
             new JOptionPane().showMessageDialog(null,"数据删除成功!");
               String sql="select E_Number,E_Name,E_Sex,E_BornDate,D_Number,E_
               Marriage,E_Headship,E_InDueFormDate,E_PoliticsVisage,E_SchoolAge,E_
               EnterDate,E_Estate,E_Remark from EmployeeInformation";
                  rs=Database.executeQuery(sql);
             rs.next();
             txt_number.setText(""+rs.getInt("E_Number"));
             txt_name.setText(rs.getString("E_Name"));
             if(rs.getString("E_Sex").equals("男")){
```

```
            sex_cb.setSelectedIndex(0);
          }
          else{
             sex_cb.setSelectedIndex(1);
          }
          txt_borndate.setValue(rs.getDate("E_BornDate"));
          tdepartment.setText(rs.getString("D_Number"));
          ComboBoxCode.setSelectedItem(rs.getString("D_Number"));
            jComboBox.setSelectedIndex(jComboBoxCode.getSelectedIndex());
         if(rs.getString("E_Marriage").equals("未婚")){
            marriage_cb.setSelectedIndex(0);
          }
          else if(rs.getString("E_Marriage").equals("已婚")){
            marriage_cb.setSelectedIndex(1);
          }
          else{
            marriage_cb.setSelectedIndex(2);
          }
          headship_cb.setSelectedItem(rs.getString("E_Headship"));
          txt_InDueFormDate.setValue(rs.getDate("E_InDueFormDate"));
          if(rs.getString("E_PoliticsVisage").equals("党员")){
            politicsVisage_cb.setSelectedIndex(0);
          }
          else{
            politicsVisage_cb.setSelectedIndex(1);
          }
          schoolage_cb.setSelectedItem(rs.getString("E_SchoolAge"));
          txt_enterdate.setValue(rs.getDate("E_EnterDate"));
          if(rs.getString("E_Estate").equals("在职")){
            estate_cb.setSelectedIndex(0);
          }
          else if(rs.getString("E_Estate").equals("停薪留职")){
            estate_cb.setSelectedIndex(1);
          }
          else{
            estate_cb.setSelectedIndex(2);
          }
          remark_ta.setText(rs.getString("E_Remark"));
        }
      }
      catch(Exception er){ System.out.println(er); }
    }
});
```

```
    …  //其他事件略
    Dimension screenSize=Toolkit.getDefaultToolkit().getScreenSize();
    setBounds((screenSize.width-658)/2,(screenSize.height-607)/2,558,455);
    this.setClosable(true);
    this.setMaximizable(true);
    setVisible(true);
  }
  private JButton save_bt;
  …  //其他界面元素定义略
}
```

运行界面如图 14-6 所示。

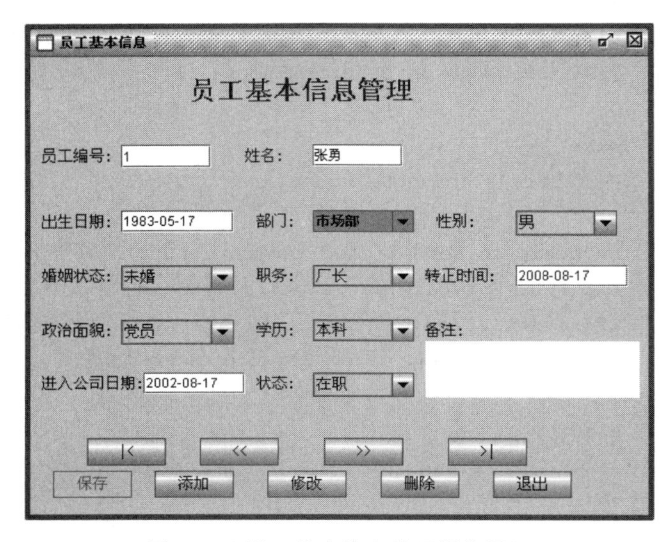

图 14-6　员工基本信息管理操作界面

(3) 查询与统计类模块界面。

部门查询类详细代码略,运行界面如图 14-7 所示。

3. Java 常用方法

(1) 获取字符串的长度：s. length()。

(2) 比较两个字符串：s1. equals(String s)和 int s1. compareTo(String anotherString)。

(3) 把字符串转化为相应的数值：int 型 Integer. parseInt(字符串)、Integer. valueOf(my_str). intValue()、long 型 Long. parseLong(字符串)、float 型 Folat. valueOf(字符串). floatValue()、double 型 Double. valueOf(字符串). doubleValue()。

(4) 将数值转化为字符串：String. valueOf(数值)、Integer. toString(i)。

(5) 将字符串转化为日期：java. sql. Date. valueOf(dateStr)。

(6) 将日期转化为字符串：java. sql. Date. toString()。

(7) 字符串检索：s1. indexOf(Srting s)从头开始检索；s1. indexOf(String s, int

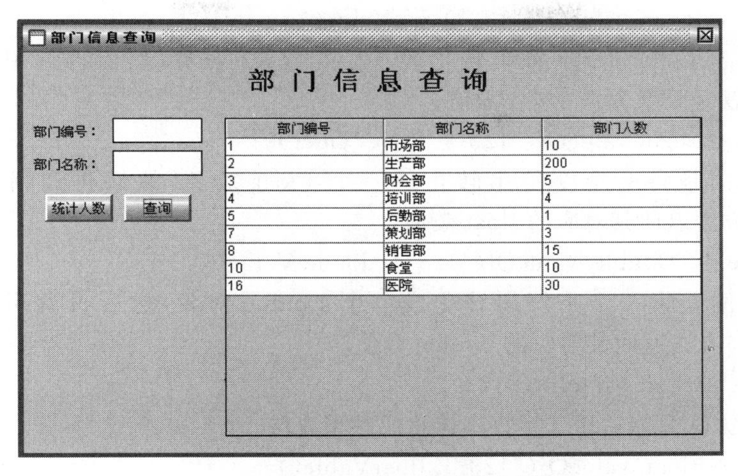

图 14-7 员工基本信息管理操作界面

startpoint)从 startpoint 处开始检索，如果没有检索到，将返回－1。

(8) 得到字符串的子字符串：s1. substring(int startpoint) 从 startpoint 处开始获取；s1. substring(int start,int end)从 start 到 end 中间的字符。

(9) 替换字符串中的字符，去掉字符串前后空格：replace(char old,char new)用 new 替换 old;s1. trim();s1. replaceAll(String sold,String snew)。

(10) 分析字符串：StringTokenizer(String s)构造一个分析器，使用默认分隔字符(空格，换行，回车，Tab，进纸符)；StringTokenizer(String s,String delim)delim 是自己定义的分隔符。

(11) 文本框：TextField(String s)构造文本框，显示 s；setText(String s)设置文本为 s；getText()获取文本；setEchoChar(char c)设置显示字符为 c；setEditable(boolean)设置文本框是否可以被修改；addActionListener()添加监视器；removeActionListener()移去监视器。

(12) 按钮：Button()构造按钮；Button(String s)构造按钮，标签是 s；setLabel(String s)设置按钮标签是 s；getLabel()获取按钮标签；addActionListener()添加监视器；removeActionListener()移去监视器。

(13) 标签：Label()构造标签；Label(String s)构造标签，显示 s；Label(String s,int x)中的 x 是对齐方式，取值：Label. LEFT、Label. RIGHT、Label. CENTER；setText(String s)设置文本 s；getText()获取文本；setBackground(Color c)设置标签背景颜色；setForeground(Color c)设置字体颜色。

(14) 类型及其转换：Java 的基本类型有以下 4 种：int 长度数据类型有 byte(8 位)、short(16 位)、int(32 位)、long(64 位)；float 长度数据类型有单精度(32 位 float)、双精度(64 位 double)；boolean 类型变量的取值有 ture、false；char 数据类型有 unicode 字符，16 位。

对应的类类型：Integer、Float、Boolean、Character、Double、Short、Byte、Long。从低精度向高精度转换：byte、short、int、long、float、double、char。类型转换举例：

• int i=Integer.valueOf("123").intValue()

说明：本例是将一个字符串转化成一个 Integer 对象，然后再调用这个对象的 intValue()方法返回其对应的 int 数值。

• float f=Float.valueOf("123").floatValue()

说明：本例是将一个字符串转化成一个 Float 对象，然后再调用这个对象的 floatValue()方法返回其对应的 float 数值。

• double d=Double.valueOf("123").doubleValue()

说明：本例是将一个字符串转化成一个 Double 对象，然后再调用这个对象的 doubleValue()方法返回其对应的 double 数值。

• int i=Integer.parseInt("123")

说明：此方法只能适用于字符串转化成整型变量。

• float f=Float.valueOf("123").floatValue()

说明：本例是将一个字符串转化成一个 Float 对象，然后再调用这个对象的 floatValue()方法返回其对应的 float 数值。

• long l=Long.valueOf("123").longValue()

说明：本例是将一个字符串转化成一个 Long 对象，然后再调用这个对象的 longValue()方法返回其对应的 long 数值。

(15) 获取记录集记录字段的值：i=rs.getInt(编号字段);，s1=rs.getString(名称字段);。

14.1.6 测试运行和维护

1. 系统运行与维护

经测试，系统功能运行良好。虽然在不同操作系统中系统运行方式有所不同，但系统在多种操作系统下都能正常运行，可见本系统的兼容性是不错的。这里说明两个操作系统平台下的运行方式：

(1) Windows XP：直接双击 qxz.jar 文件包（下文将说明其如何制作）即可运行，前提是先附加数据库，而且建立数据源（若直接使用 JDBC 驱动可不必建数据源）。

(2) Windows 2000：Windows 2000 下不能直接运行 jar 文件，在附加数据库，而且建立数据源之后，打开 MS-DOS 命令窗体，改变当前目录到 qxz.jar 文件所在的目录，运行命令 java -jar qxz.jar 即可。

维护阶段最主要的是需要保存好最新的数据库文件，可以定期周期性做好系统的备份。

系统编码完成后，要经过反复调试、测试与试用运行后，才能正式交付企业使用。

2. 系统的相关文件及如何制作 jar 文件包

下面来补充说明本系统的相关文件及如何制作 jar 文件包。

1）本系统的文件组成

本系统在 Eclipse SDK Ver 3. 3. 2 集成环境下编辑、调试与运行。通过新建项目来组织系统文件，如图 14-8 所示。左边子窗体呈现了项目 yuangong2 及其所包含的系统组成部分：image 目录存放系统使用的图形图像文件；qxz 目录存放系统所有 Java 源程序及其编译产生的 class 目标文件；JRE System Library[jdk1. 5. 0_15]是引用的系统库文件；Referenced Libraries 是引用的其他库文件；sqlserver20002005jdbc 存放连接 SQL Server 2000/2005 的 JDBC 库文件目录；oraclejdbc 存放连接 Oracle 数据库的 JDBC 库文件目录；mysql-connector 存放连接 MySQL 的 JDBC 库文件目录；postgresql-jdbc 存放连接 PostgreSQL 的 JDBC 库文件目录；Config. ini 是系统配置文件；其他相关系统文件。

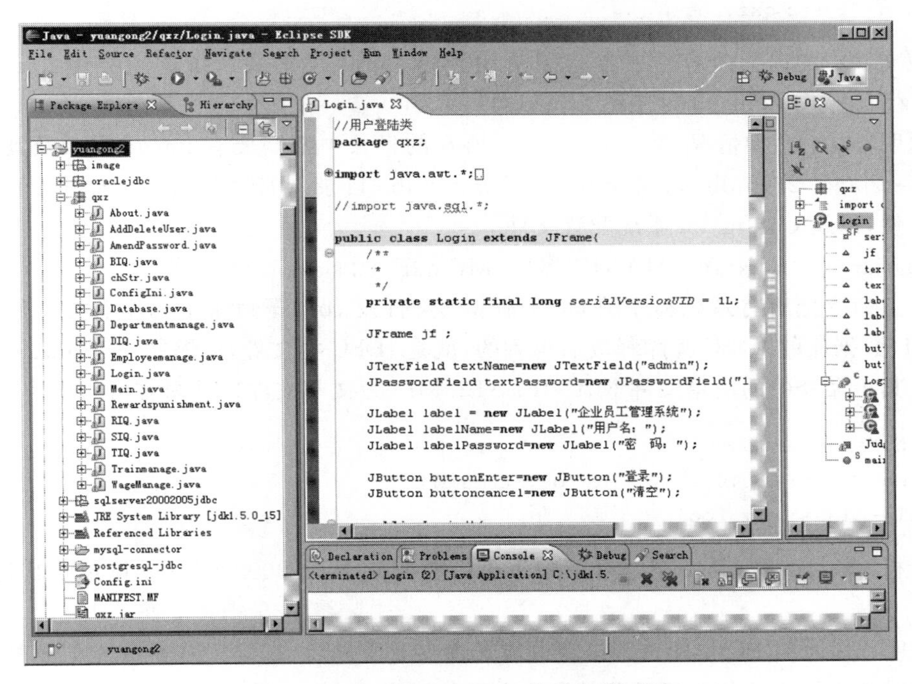

图 14-8 本系统的 Eclipse 集成开发环境

2）如何制作本系统的 jar 文件包

制作可执行的 jar 文件包要利用 jar 命令。jar 命令文件一般位于 Java jdk 安装目录的 bin 子目录中，如在 C:\jdk1. 5. 0_15\bin 中。在 DOS 窗口中运行不带参数的 jar 命令能得到命令参数的说明（注意：运行前应通过 set path 命令设置路径，如 set path= C:\jdk1. 5. 0_15\bin），这里不再展开，只对制作本系统的 jar 文件包举例说明，命令有：

（1）jar -cvfm qxz. jar MANIFEST. MF qxz\ * . * image\ * . * Config. ini sqlserver20002005jdbc\msbase. jar sqlserver20002005jdbc\mssqlserver. jar sqlserver20002005jdbc\ msutil. jar sqlserver20002005jdbc\ sqljdbc. jar mysql-connector\ mysql-connector-java-5. 0. 8-bin. jar oraclejdbc\classes12. jar postgresql-jdbc\postgresql-8. 2-506. jdbc3. jar

以上命令把系统所有相关文件压缩制作到 qxz. jar 文件包中。

(2) jar -cvfm qxz.jar MANIFEST.MF qxz\ *.class

以上命令只把所有系统程序的class字节码文件压缩制作到qxz.jar文件包中。

以上两命令中使用到清单文件MANIFEST.MF(为文本文件),其内容如下:

```
Manifest-Version: 1.0
Created-By: 1.5.0_15(Sun Microsystems Inc.)
Class- Path: sqlserver2000&2005jdbc\msbase.jar sqlserver20002005jdbc\mssqlserver.jar
sqlserver20002005jdbc\msutil.jar sqlserver20002005jdbc\sqljdbc.jar mysql- connector\
mysql-connector-java-5.0.8-bin.jar oraclejdbc\classes12.jar postgresql-jdbc\
postgresql-8.2-506.jdbc3.jar
Main-Class: qxz.Login
```

该文件中的以上内容主要指定了引用到的JDBC类库及系统的主类为qxz.Login(即qxz目录中Login.class中的Login类)。

说明:以上两种情况,运行时qxz.jar所在的目录中都需要有image目录及其文件,sqlserver2000&2005jdbc目录及其文件,oraclejdbc目录及其文件,postgresql-jdbc目录及其文件,以及Config.ini系统配置文件。

(3) jar -cvfm qxz.jar MANIFEST2.MF qxz\ *.class com\ *.*

以上命令把所有系统程序的class字节码文件及com子目录下的所有类文件(是把MySQL数据库的JDBC类库释放后得到的,就是JDBC类文件)压缩制作到qxz.jar文件包中。其中命令中的清单文件MANIFEST2.MF(为文本文件),其内容可简单为:

```
Manifest-Version: 1.0
Created-By: 1.5.0_15(Sun Microsystems Inc.)
Main-Class: qxz.Login
```

这样运行qxz.jar时,其所在的目录中不再需要sqlserver20002005jdbc目录及其类库文件了。

说明:其他JDBC类库也可以释放成文件夹及文件后,直接压缩到系统文件包中,这样运行时就不再需要相应目录及其类库文件了。

14.2 企业库存管理及Web网上订购系统(C# /ASP.NET技术)

企业库存管理子系统往往是企业众多管理子系统中企业物资供应管理子系统或企业产品销售管理子系统的核心模块。有的企业在管理系统规划设计时,根据企业管理的现状或重点对仓库管理的需要,专门设置仓库管理子系统,实际上核心管理内容主要是对出入仓库的各类物品的管理,或者说是对仓库中物品库存的有效管理。

天辰冷拉型钢有限公司是无锡的小型钢铁加工企业,本案例介绍的企业库存管理系统的原型就来自该企业,该企业以钢铁产品的物理加工如拉伸、压制、锻造等为主,为此,企业的加工原料与生产产品的描述属性相似,企业在原料(即坯料)采购与产品销售中根据手工制作的Excel表格来管理库存数据。希望开发库存管理子系统能对原料与产品的库存计算机自动管理,原料采购与产品销售中能实时获取库存信息,以利于更有效开展企业活动。

Web网上订购系统是企业为适应不断发展的Internet上电子商务活动的需要。通过Web网页方式,企业能更好地宣传自己,扩大影响力,能方便快捷地开展网上产品销售活动。

企业库存管理与Web网上订购系统对整个企业管理信息系统来说是较小范围的局部系统,然而,它较具典型性与实用性,把它应用于本书,用来介绍数据库应用系统的设计与开发是较适合的,因为简单小系统能让初学者更容易了解与把握系统全貌,学习与借鉴系统的分析、设计与实现,更能说明问题,章节的篇幅也有限可控。

14.2.1 开发环境与开发工具

天辰冷拉型钢有限公司内部已有局域网,网络中有若干配置较高的台式机可以用做服务器,服务器上安装MySQL,其中有一台服务器能以ADSL方式宽带上网并安装有IIS Web服务器。服务器或各部门的客户端都安装了各种类型的Windows操作系统,一般还安装了如Word、Excel等Office软件。

为此,开发设计的库存管理子系统,首先是基于局域网的客户端/服务器系统(C/S模式),支持企业信息集中存放在MySQL数据库中,承担数据服务器功能,使用系统的客户端上安装有将开发设计出的库存管理子系统,多客户端同时共享使用服务器中的库存系统数据。随着Internet上企业商务活动的广泛开展,本C/S模式的库存管理子系统可以容易地扩展成支持B/S模式的Internet上的商务系统,实际上我们也确实这样做了,因为未来的企业管理系统往往是C/S、B/S、基于Web服务等模式共存的系统,如图14-9所示。

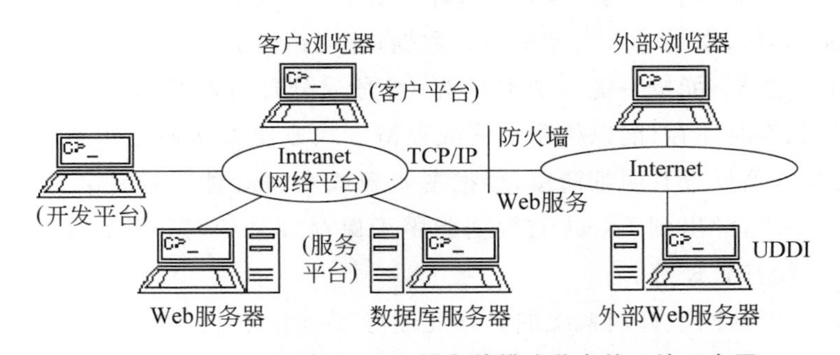

图14-9 C/S、B/S、基于Web服务等模式共存的系统示意图

本子系统可以使用Visual C# 2005与ASP.NET 2005开发,系统能在企业内部局域网上共享使用,库存查询与网上订购功能的网页发布到Web服务器上能支持在Internet上使用Web网上订购系统。

14.2.2 系统需求分析

经过调查，对企业库存管理和Web网上订购的业务流程进行分析，能够知道库存的变化通常是通过入库、出库操作来进行。系统对每个入库操作均要求用户填写入库单，对每个出库操作均要求用户填写出库单，网上订购则更直接，通过订购系统在网上直接下单。在完成出入库操作的同时，可以进行增加、删除和修改数据记录等操作。用户可以随时进行各种查询、统计、报表打印、账目核对等工作。另外，需要时也可以用图表等形式来反映查询结果。

在使用本系统之前，企业通过手工维护Excel表格来管理原料与产品库存的数据。但是在使用中遇到很多问题，如：文件级共享，共享性差，安全性低；实时性差，Excel表中的内容只有及时保存后，其他计算机才能读到，另外，不能允许两个以上的人同时更新库存文件；查询、统计等操作不方便；根本不能实现Web网上订购功能等。

在充分了解原Excel工作模式，多次深入询问调研后，基本了解了企业就库存管理及网上订购系统对数据与处理的需求。

本系统主要处理的数据有：产品与坯料的入、出库信息；产品与坯料的实时库存信息；产品与坯料月明细库存信息（如包括每产品每天的入出库信息）；产品与坯料月区段统计表（包括累计月初值、月入库、月出库、月末库存值等情况）；产品与坯料月末累计统计表（包括累计入库、累计出库、月末库存值等情况）；模具库存信息。网上订购需要有：用户一次订购信息，包括订购明细信息；月份的设定信息（如某月从某日到某日的信息等）；其他还包括从安全性与权限控制考虑的各级别用户信息等。总体上而言，输入入出库信息后，能得到库存、各种统计、汇总、分类信息等，Web用户能查阅库存信息，决定网上订购量等。

基于以上系统涉及的处理数据，C/S模式实现的库存管理系统具体涉及：能方便及时多用户地录入产品、坯料、模具等入出库单数据；能方便查阅、核对入出库单数据，并能方便维护产品、坯料、模具等入出库单原始数据；能以组合方式快速查阅产品、坯料、模具等入出库单原始数据；能按一键完成对库存、按月或分日对产品、坯料的统计；能自动产生产品或坯料的实时库存；能以树型结构或表格方式方便查阅各类产品或坯料的实时库存；能由分类统计值反查其明细清单；能把主要表或查询信息按需导出到Excel中，支持原有手工处理要求，导出到Excel的数据能用于保存或排版打印等需要；分级别用户管理；月份设定与统计管理等。

B/S模式实现的网上订购系统的具体处理与数据主要有：能实现网上用户的注册与登录，登录用户的管理；能方便查阅（如分页查询）产品及库存信息，方便产品选购；能实现基本的购物车功能；能完成订购、实现网上支付过程，并自动产生订购明细数据，产生产品Web销售对应的出库记录；自动更改产品库存；事后能查阅自己的历史订单及明细数据；具有商务网站的基本功能，如网站公告、系统简介、自己的用户信息维护、找回密码、联系我们、友情链接等。

C/S 与 B/S 两类系统共用同一个数据库，数据间紧密依赖、密切关联与联动，数据库则集中存放在企业服务器上的 MySQL 数据库管理系统中。

1. 系统数据流图

在仔细分析调查有关信息需要的基础上，能得到库存管理之产品库存管理系统的基本模型图如图 14-10 所示。产品库存管理系统的功能级(1 级)数据流图如图 14-11 所示(坯料或原料库存系统的功能级数据流图略，请读者参照完成)。对图 14-10 中的“处理事务”分解后的 2 级数据流图如图 14-12 所示。

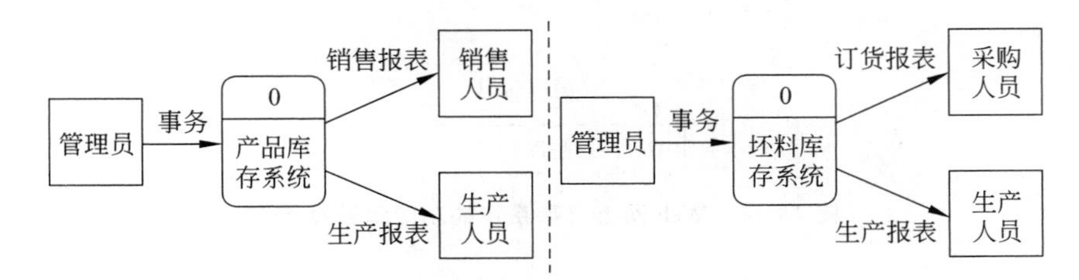

图 14-10 坯料与产品库存系统的基本系统模型

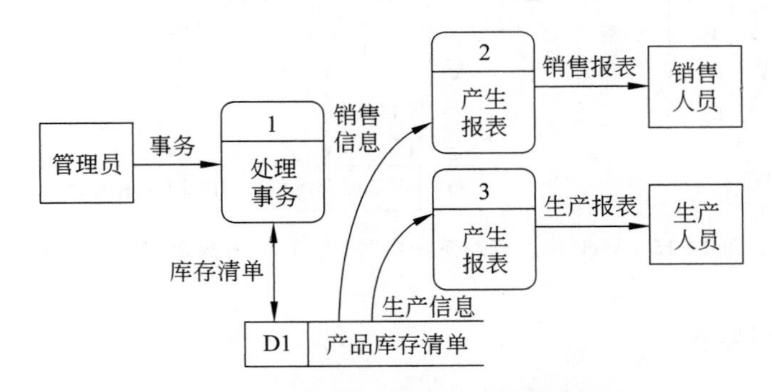

图 14-11 产品库存系统的功能级数据流图

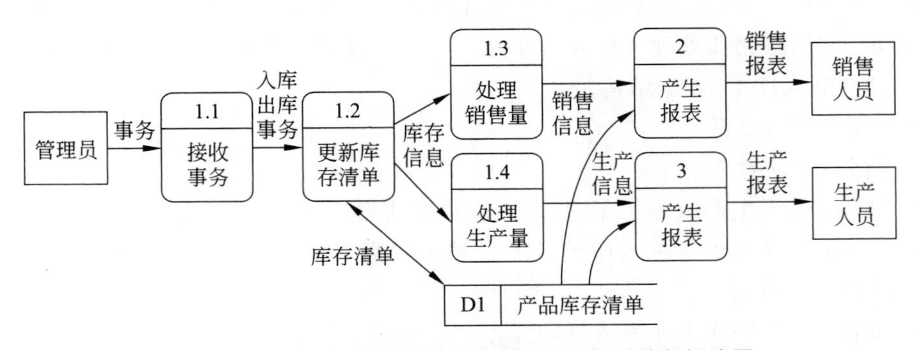

图 14-12 产品库存系统中“处理事务”分解后的数据流图

Web 网上订购系统的基本模型图如图 14-13 所示，系统的功能级(1 级)数据流图如图 14-14 所示。对图 14-14 中的“网上订购”分解后的 2 级数据流图如图 14-15 所示。

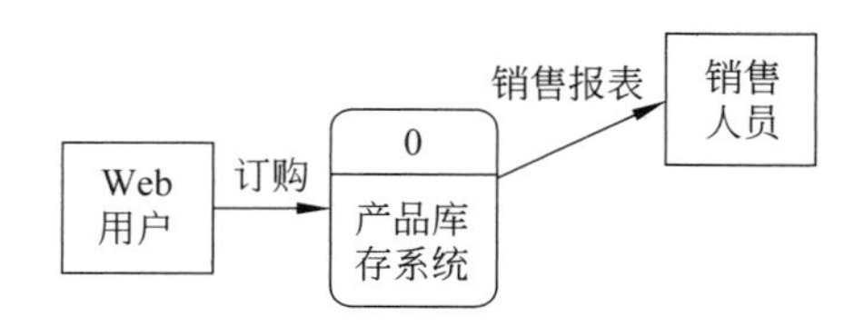

图 14-13 Web 网上订购系统的基本系统模型

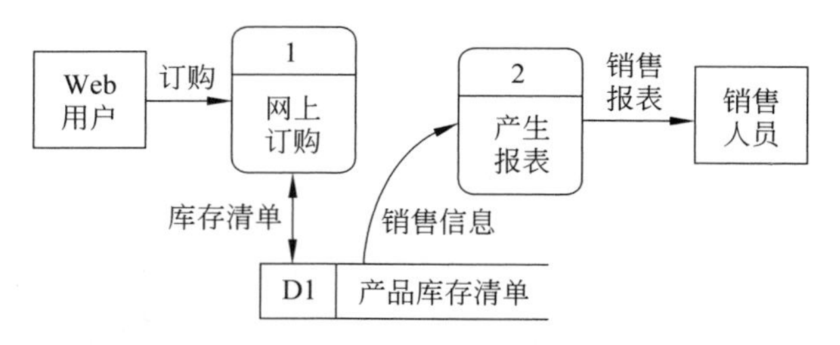

图 14-14 Web 网上订购系统的功能级数据流图

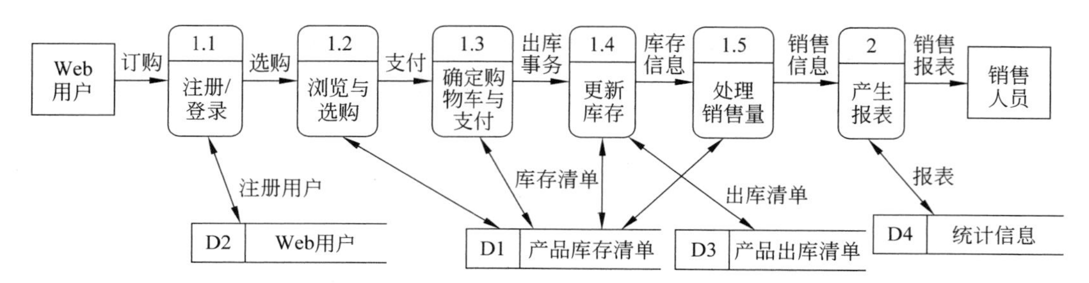

图 14-15 Web 网上订购系统中"网上订购"分解后的数据流图

2. 系统数据字典

数据流图表达了数据和处理的关系，数据字典则是系统中各类数据描述的集合，是进行详细的数据收集和数据分析所获得的主要成果。数据字典通常包括数据项、数据结构、数据流、数据存储和处理过程 5 个部分。下面以数据字典卡片的形式来举例说明。

(1)"产品入库单"数据结构。

- 名字：产品入库单；
- 别名：产品生产量；
- 描述：每天生产或加工车间，以入库单形式来记录其产量，并登记入库；
- 定义：产品入库单＝入库单号＋大类＋规格＋材质＋单位＋生产车间＋成本＋日期＋入库值＋经办人；
- 位置：保存到入出库表或打印保存。

(2)"产品入库单"数据结构之数据项。

如表 14-1 和表 14-2 所示。

表 14-1 “入库单号”数据项

名字	入库单号
别名	顺序号
描述	唯一标识某产品入库的数字编号
定义	整型数
位置	产品入库表、产品入出库表

表 14-2 “大类”数据项

名字	大类
别名	产品大类名
描述	产品的第一大分类名
定义	字符型汉字名称，汉字数小于等于 3
位置	产品入库表、产品入出库表、产品库存表、各统计表

其他数据项的定义略。

(3) 数据流。

数据流是数据结构在系统内传输的路径。前面已画出的数据流图能较好地反映出数据的前后流动关系，除此之外还能描述为(以“入库单数据流”来说明)：

- 数据流名：入库单数据流；
- 说明：“产品入库单”数据结构在系统内的流向；
- 数据流来源：管理员接收事务；
- 数据流去向：库存处理事务；
- 平均流量：每天几十次；
- 高峰期流量：每天上百次。

(4) 数据存储。

数据存储是数据结构停留或保存的地方，也是数据流的来源和去向之一。它可以是手工文档或手工凭单，也可以是计算机文档。对数据存储的描述通常包括(以入库表数据存储来说明)：

- 数据存储名：入库表；
- 说明：入库单数据，作为原始数据需要保存与备查；
- 编号：入库单为唯一标识，顺序整数，从 1 开始每次增加 1；
- 输入的数据流：入库单数据流，来自生产车间；
- 输出的数据流：出库单数据流，用于销售部门销售；
- 数据结构：“产品入库单”、“产品出库单”、“产品库存”；
- 数据量：一天，100×100＝10 000 字节；
- 存取频度：每小时存取更新 10～20 次，查询大于等于 100 次；
- 存取方式：联机处理、检索与更新、顺序检索与随机检索。

(5) 处理过程。

处理过程的具体处理逻辑一般用判定表或判定树来描述。数据字典中只需要描述处理过程的说明性信息。如“实时产品库存计算”的处理过程说明如下：

处理过程名：实时产品库存计算

- 说明：随着入库单、出库单的不断输入，要能实时计算出当前各产品的库存；
- 输入：入库单数据流，来自生产车间，出库单数据流，来自销售部门销售；
- 输出：计算出各产品当前库存；
- 处理：产品库存计算的功能就是实时计算产品库存，处理频度：每小时 20～40 次，每当有入库单数据流或出库单数据流发生都要引发库存计算事务，计算库存涉及的数据：每小时4～10KB，希望在发生入库或出库信息时实时计算库存。

以上通过几个例子说明了数据字典的基本表示方法，只是起到引导的作用。完整、详尽的系统数据字典是在需求分析阶段，充分调研、分析、讨论的基础上建立，并将在数据库设计过程中不断修改、充实、完善的，它是数据库应用系统良好设计与实现的基础与保障。

3. 本系统需要管理的实体信息

(1) Web订单：顺序号、订单号、订单日期、订购总额、支付方式、确认标志、地址、E-mail地址、备注等；

(2) Web用户表：用户编号、用户名、口令、E-mail地址、地区、地址、邮编、QQ号、电话、用户级别、其他；

(3) 产品年月设置：年月、起始日期、终止日期、创建标志、生成次数、已结转、已删除等；

(4) 产品入库单：顺序号、大类、规格、材质、单位、生产车间、成本、日期、入库值、经办人、处理标记等；

(5) 产品出库单：顺序号、大类、规格、材质、单位、发货去向、单价、日期、出库值、经办人、处理标记等；

(6) 产品实时库存：大类、规格、材质、产品入库、产品出库、产品库存、图片、图片文件、单价、折扣率、产品说明、顺序号等；

(7) 坯料年月设置：年月、起始日期、终止日期、创建标志、生成次数、已结转、已删除等；

(8) 坯料入库单：顺序号、材质、钢号、规格、单位、钢产地、单价、日期、入库值、经办人、处理标记等；

(9) 坯料出库单：顺序号、材质、钢号、规格、单位、领用车间、单价、日期、出库值、经办人、处理标记等；

(10) 料实时库存：材质、钢号、规格、入库量、出库量、库存量、图片等；

(11) 模具库存：顺序号、分类、厚度、乘、宽度、库存数量、备注等；

(12) 系统用户：用户编号、用户姓名、口令、等级等。

4. 本系统要管理的实体联系信息

(1) Web订单与产品库存间的"Web订单明细"联系要反映：订单号、产品编号、订购量等；

(2) "月累计库存"联系要反映：年月、大类、规格、产量、销量、产品库存等；

(3) "产品月区段库存"联系要反映：年月、大类、规格、期初值、产量、销量、期末值等；

(4) "月产品明细库存"(不同月份属性个数也不同)联系要反映：年月、大类、规格、材质、单位、发货去向、期初值、期末值、1号、2号……31号等；

(5) "坯料累计库存"联系要反映：年月、规格、钢产地、入库量、出库量、库存量等；

(6)“坯料月区段库存”联系要反映：年月、规格、钢产地、期初值、入库、出库、期末值等；

(7)“坯料月区段库存2”联系要反映：年月、规格、钢产地、期初值、入库、出库、期末值等；

(8)“月坯料明细库存”(不同年月属性个数也不同)联系要反映：年月、材质、钢号、规格、单位、钢产地、期初值、期末值、1号、2号……31号等。

14.2.3 功能需求分析

在数据库服务器如MySQL中要创建KCGL数据库，在数据库上建立各关系模式对应的库表信息，并确定主键、索引、参照完整性、用户自定义完整性等约束要求。

1. C/S模式实现的库存管理系统功能需求

(1) 能对各原始数据表实现输入、修改、删除、添加、查询和打印等基本操作；

(2) 能方便及时多用户地录入产品、坯料、模具等入出库单数据；

(3) 能方便查阅、核对入出库单数据，并能方便维护产品、坯料、模具等入出库单原始数据；

(4) 能以组合方式快速查阅产品、坯料、模具等入出库单原始数据；

(5) 能按一键完成对库存、按月或分日对产品、坯料的统计；

(6) 能自动产生产品或坯料的实时库存；

(7) 能以树型结构或表格方式方便查阅各类产品或坯料的实时库存；

(8) 能由分类统计值反查其明细清单；

(9) 能把主要表或查询信息按需导出到Excel中，支持原有手工处理要求，导出到Excel的数据能用于保存或排版打印等需要；

(10) 分级别用户管理；

(11) 月份设定与统计管理；

(12) 高级管理员的管理操作，如系统数据的备份与恢复、系统用户的维护、动态SQL命令操作、系统日志查阅等；

(13) 系统设计成传统的Windows多文档多窗口操作界面，要求系统具有操作方便、简捷等特点；

(14) 用户管理功能，包括用户登录、注册新用户、更改用户密码等功能；

(15) 其他你认为子系统应有的查询、统计功能；

(16) 要求所设计系统界面友好，功能安排合理，操作使用方便，并能进一步考虑子系统在安全性、完整性、并发控制、备份恢复等方面的功能要求。

2. B/S模式实现的网上订购系统功能需求

(1) 能实现网上用户的注册与登录，登录用户的管理；

(2) 能方便查阅(如分页查询)产品及库存信息，方便产品选购；

(3) 能实现基本的购物车功能；

(4) 能完成订购、实现网上支付过程,并自动产生订购明细数据,产生产品 Web 销售对应的出库记录,自动更改产品库存;

(5) 事后能查阅自己的历史订单及明细数据;

(6) 具有商务网站的基本功能,如网站公告、系统简介、自己的用户信息维护、找回密码、联系我们、友情链接等;

(7) 要求 Web 网页系统要运行稳定、可靠,操作简单、方便。

14.2.4 系统设计

1. 数据库概念结构设计

数据库在一个信息管理系统中占有非常重要的地位,数据库结构设计的好坏将直接对应用系统的效率以及实现的效果产生影响。合理的数据库结构设计可以提高数据存储的效率,保证数据的完整和一致。同时,合理的数据库结构也将有利于程序的实现。

在充分需求分析的基础上,经过逐步抽象、概括、分析、充分研讨,可画出如下反映产品库存管理与产品网上订购的数据的整体 ER 图(如图 14-16～图 14-18 所示)。至于原料(坯料)库存管理及其网上订购的数据的 ER 图部分类似,读者可以自己参考设计出来,此处略。

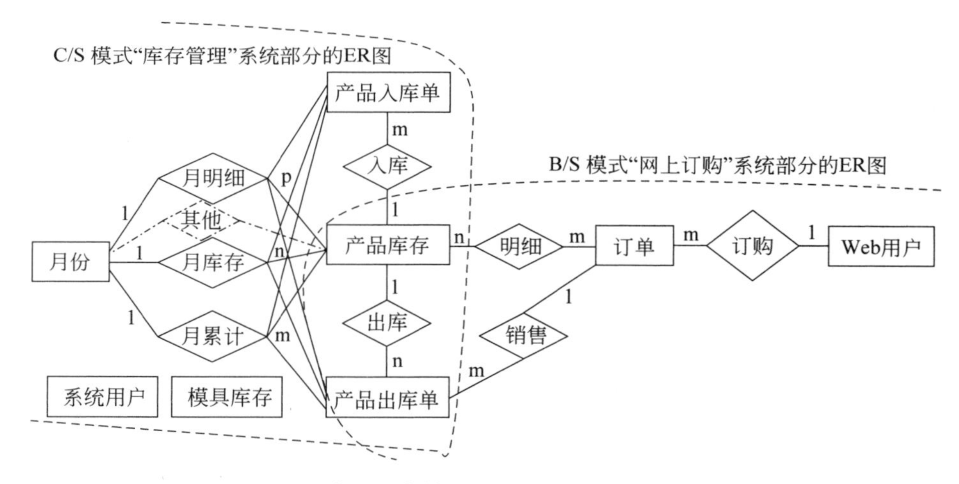

图 14-16 产品库存管理与产品网上订购整体 ER 图

2. 系统功能模块设计

对库存管理系统各项功能进行集中、分类,按照结构化程序设计的要求,可得出系统的功能模块图如图 14-19 所示,而 Web 网上订购系统的功能模块图如图 14-20 所示。

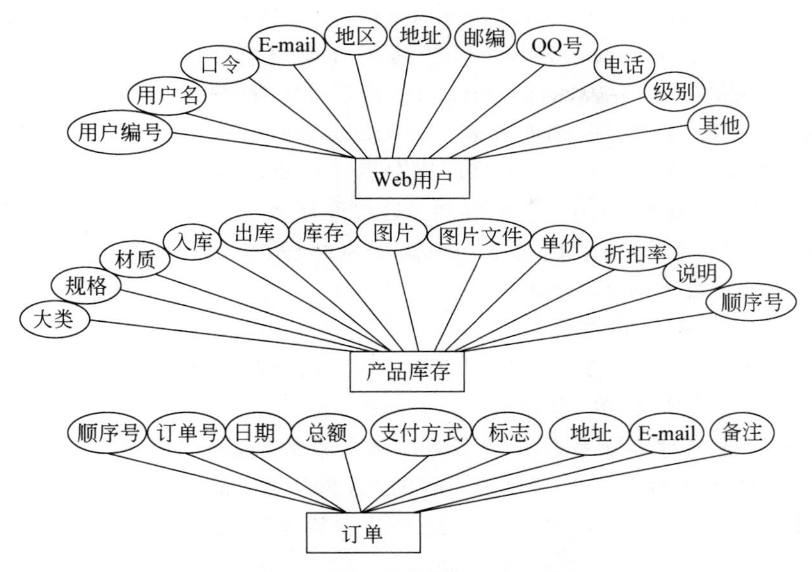

图 14-17 系统部分实体及其属性图

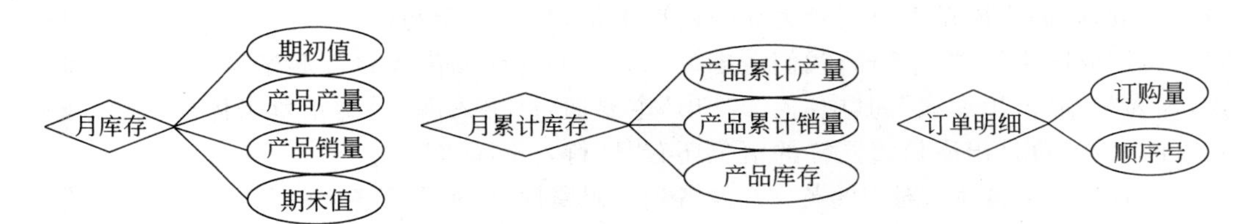

图 14-18 系统部分联系及其属性图

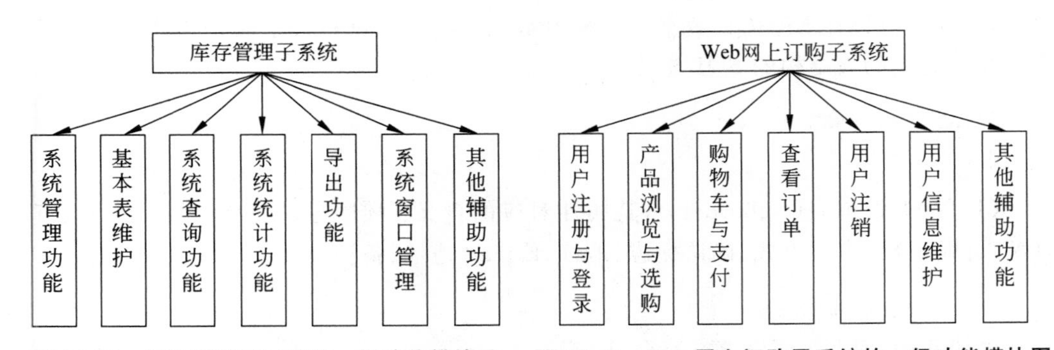

图 14-19 库存管理子系统的一级功能模块图　图 14-20 Web 网上订购子系统的一级功能模块图

3. 数据库逻辑及物理结构设计

1) 数据库关系模式

按照实体-联系图转化为关系模式的方法，本系统共使用到至少 23 个关系模式(含 4 个辅助关系)，这里只给出表名，中文属性名见后面的“2)数据库及表结构的创建”。

(1) Web 订单表(weborders)；(2) Web 订单明细表(weborderdetails)；(3) Web 用

户表(webuser)；(4)Web购买折扣表(webdiscount)；(5)Web支付方式表(Webpaydefault)；(6)Web即时信息表(webmessage)；(7)产品年月设置表(tccpny)；(8)产品入出库表(tccprck)；(9)产品实时库存表(tccpsskc)；(10)月累计库存表(tccptj)；(11)产品月区段库存表(tccpkctj)；(12)月产品明细库存表(tccpkc200412)；(13)坯料年月设置表(tcplny)；(14)坯料入出库表(tcplrck)；(15)坯料实时库存表(tcplsskc)；(16)坯料累计库存表(tcpltj)；(17)坯料月区段库存表(tcplkctj)；(18)坯料月区段库存表2(tcplkctj2)；(19)月坯料明细库存表(tcplkc200412)；(20)模具库存表(tcmjkc)；(21)系统用户表(users)；(22)日志表(logs)；(23)系统参数表(tcsyspara)。

转化与设计关系模式的说明：

(1) 实体“Web用户”与实体“订单”间的一对多“订购”联系，通过把“用户编号”加到“订单”实体中而合并到“订单”多方实体。

(2) 通用的把一对多联系合并到多方实体的联系还有“订单”与“产品出库”间的“销售”联系、“产品库存”与“产品入库”间的“入库”、“产品库存”与“产品出库”间的“出库”、“月份”与“产品库存、产品入库或产品出库等”间的“月明细、月库存、月累计等”联系。

(3) “产品入库单”与“产品出库单”两实体属性稍有区别，主要是入库单含生产车间与产品成本，而出库单上是发货去向与销售单价，从简单化与使用单位处理习惯出发，把它们设计成同类属性。这样，我们考虑把产品入库与产品出库合并起来形成一个关系模式，称为“产品入出库表”，其中“入”与“出”主要通过“出入库值”的正负来体现，值为正是入库值，值为负是出库值。同样的情况还有“坯料入出库表”。

表名与中文属性名对应的英文名及各表主码属性，参阅下面各表的T-SQL创建命令。

2) 数据库及表结构的创建

设本系统使用的数据库名为KCGL，根据已设计出的关系模式及各模式的完整性的要求，现在就可以在MySQL数据库系统中实现这些逻辑结构。下面是创建数据库及以产品相关为主的表结构的SQL命令：

```
CREATE DATABASE KCGL;
USE KCGL;
```

(1) Web订单表(weborders)，其属性对应的含义：顺序号、用户编号、订单号、订单日期、订购总额、支付方式、确认标志、地址、E-mail地址、备注。

```
CREATE TABLE weborders(
    ID int AUTO_INCREMENT PRIMARY KEY,
    userid int NOT NULL,
    orderid varchar(20) NOT NULL,
    ordertime varchar(20) NOT NULL,
    summoney varchar(20) NULL,
    paymenttype varchar(50) NULL,
    validate bit DEFAULT 0,
    address varchar(50) NULL,
    email varchar(20) NULL,
```

```
    bz varchar(500) NULL
) AUTO_INCREMENT=1 ENGINE=InnoDB;
```

(2) Web订单明细表(weborderdetails),其属性对应的含义:顺序号、订单号、产品编号、订购量。

```
CREATE TABLE weborderdetails(id int AUTO_INCREMENT PRIMARY KEY,ordered varchar(20)
NOT NULL,cpid int NOT NULL,dgl decimal(18,3) NULL) AUTO_INCREMENT=1 ENGINE=InnoDB;
```

(3) Web用户表(webuser),其属性对应的含义:用户编号、用户名、口令、E-mail地址、地区、地址、邮编、QQ号、电话、用户级别、其他。

```
CREATE TABLE webuser(id int AUTO_INCREMENT PRIMARY KEY,UserName varchar(20) NOT NULL,
password varchar(16) NULL,Email varchar(20) NULL,Area varchar(10) NULL,Address varchar
(50) NULL,PostID char(6) NULL,QQ varchar(15) NULL,telphone varchar(21) NULL,Ulevel
tinyint NULL DEFAULT 1,other varchar(50) NULL) AUTO_INCREMENT=1 ENGINE=InnoDB;
```

(4) Web购买折扣表(webdiscount),其属性对应的含义:顺序号、折扣率、等级、累计金额。

```
CREATE TABLE webdiscount(ID int AUTO_INCREMENT PRIMARY KEY,discount decimal(18,
4) NOT NULL, ulevel tinyint NOT NULL DEFAULT 1, mmoney DECIMAL (5, 2) NOT NULL
DEFAULT 10.00) AUTO_INCREMENT=1 ENGINE=InnoDB;
```

(5) Web支付方式表(Webpaydefault),其属性对应的含义:顺序号、支付类型、支付信息、起用日期、联系人。

```
CREATE TABLE Webpaydefault (ID int AUTO _ INCREMENT PRIMARY KEY, paymenttype
varchar(50) NULL, paymentmessage blob NULL, idate varchar (50) NULL, senduser
varchar(50) NULL) AUTO_INCREMENT=1 ENGINE=InnoDB;
```

(6) Web即时信息表(webmessage),其属性对应的含义:顺序号、主题、内容、发表日期、发布人。

```
CREATE TABLE webmessage(ID int NOT NULL primary key,subject varchar(50) NULL,message
varchar(100) NULL,idate varchar(50) NULL,senduser varchar(50) NULL) ENGINE=InnoDB;
```

(7) 产品年月设置表(tccpny),其属性对应的含义:年月、起始日期、终止日期、创建标志、生成次数、已结转、已删除。

```
CREATE TABLE tccpny(ny char(6) NOT NULL PRIMARY KEY,qsrq datetime NOT NULL,zzrq
datetime NOT NULL,cjbz char(2) NULL DEFAULT '否',sccs int NULL DEFAULT 0,wc char
(2) NULL DEFAULT '否',qc char(2) NULL DEFAULT '否') ENGINE=InnoDB;
```

(8) 产品入出库表(tccprck),其属性对应的含义:顺序号、大类、规格、材质、单位、发货去向、单价、日期、出入库值、经办人、处理标记。

```
CREATE TABLE tccprck(id int AUTO_INCREMENT PRIMARY KEY,dl char(6) NOT NULL DEFAULT '圆钢
',gg char(30) NOT NULL,cz1 char(10) NOT NULL,dw char(4) NULL,fhqx varchar(50) NULL,dj
```

```
numeric(18,3) NULL,rq datetime NULL,crkz numeric(18,3) NULL,jbr char(8) NULL,clbj char
(1) NULL DEFAULT '0') ENGINE=InnoDB;
```

(9) 产品实时库存表(tccpsskc),其属性对应的含义:大类、规格、材质、产品入库、产品出库、产品库存、图片、图片文件、单价、折扣率、产品说明、顺序号。

```
CREATE TABLE tccpsskc(dl char(6) NOT NULL,gg char(30) NOT NULL,cz1 char(10) NOT NULL,
cprk numeric(38,3)NULL,cpck numeric(38,3) NULL,cpkc numeric(38,3) NULL,tp blob NULL,
tpwj nvarchar(200) NULL,dj DECIMAL(5,2) NULL,zkl numeric(18,2) NULL,sm varchar(200)
NULL,id int unique AUTO_INCREMENT,PRIMARY KEY(dl,gg,cz1)) ENGINE=InnoDB;
```

(10) 月累计库存表(tccptj),其属性对应的含义:年月、大类、规格、产量、销量、产品库存。

```
CREATE TABLE tccptj(ny char(6) NOT NULL,dl char(6) NOT NULL,gg char(30) NOT NULL,
cl numeric(18,3) NULL,xl numeric(18,3) NULL,cpkc numeric(18,3) NULL,PRIMARY KEY
(ny,dl,gg)) ENGINE=InnoDB;
```

(11) 产品月区段库存表(tccpkctj),其属性对应的含义:年月、大类、规格、期初值、产量、销量、期末值。

```
CREATE TABLE tccpkctj(ny char(6) NOT NULL,dl char(6) NOT NULL,gg char(30) NOT
NULL,qcz numeric(38,3) NULL,cl numeric(18,3) NULL,xl numeric(18,3) NULL,qmz
numeric(38,3) NULL,PRIMARY KEY(ny,dl,gg)) ENGINE=InnoDB;
```

(12) 月产品明细库存表(tccpkc200412)(不同年月表名不同,表属性个数也不同),其属性对应含义:年月、大类、规格、材质、单位、发货去向、期初值、期末值、1号、2号……31号。

```
CREATE TABLE tccpkc200412(ny char(6) NOT NULL,dl char(6) NOT NULL,gg char(30) NOT
NULL,cz1 char(10) NOT NULL,dw char(4) NULL,fhqx varchar(50) NULL,qcz numeric(11,
3) NOT NULL,qmz numeric(11,3) NOT NULL,CONSTRAINT PK_tccpkc200412 PRIMARY KEY
(ny,dl,gg,cz1)) ENGINE=InnoDB;
```

(13) 模具库存表(tcmjkc)。

```
CREATE TABLE tcmjkc(顺序号 int PRIMARY KEY AUTO_INCREMENT,分类 char(6) NOT NULL,
厚度 varchar(10) NOT NULL,乘 char(1) NULL DEFAULT '*',宽度 varchar(10) NULL,库存
数量 int NULL DEFAULT 1,备注 varchar(50)) ENGINE=InnoDB;
```

(14) 系统用户表(users)(C/S模式系统用户表),其属性对应的含义:用户编号、用户姓名、口令、等级。

```
CREATE TABLE users(uno char(6) NOT NULL,uname char(10) NOT NULL,upassword varchar(10)
NULL,uclass integer NULL DEFAULT '0',PRIMARY KEY(uno)) ENGINE=InnoDB;
```

(15) 日志表(logs),其属性对应的含义：顺序号、用户编号、操作类型、操作内容、操作日期时间。

```
CREATE TABLE logs(id int AUTO_INCREMENT,uno char(6) NOT NULL,opclass char(10)
NULL DEFAULT 'INSERT',opcommand varchar(400) NULL,opdatetime datetime NULL,
PRIMARY KEY(id)) ENGINE=InnoDB;
```

(16) 系统参数表(tcsyspara),其属性对应的含义：显示所有、显示近若干天、库存表保存天数、库存最少生产次数、自动记录日志标记、在线人数、备注、备用1、备用2、备用3、备用4、备用5。

```
CREATE TABLE tcsyspara(sysall int NULL,sysdays int NULL,syskcdays int NULL,syssccs
int NULL,syslogg int NULL,sysrs int NULL,sysbz char(200) NULL,sysp1 char(10) NULL,
sysp2 char(10) NULL,sysp3 char(10) NULL,sysp4 char(10) NULL,sysp5 char(10) NULL)
ENGINE=InnoDB;
```

3) 基于数据库表的索引

从系统运行性能考虑,可以对系统数据库中记录数多、查询与统计等操作频繁的表(如成品入出库表 tccprck、坯料入出库表 tcplrck 等)创建适量索引,举例如下：

在成品入出库表 tccprck 的 dl、gg 和 cz1 三个属性上创建非聚集非唯一索引：

```
CREATE INDEX IX_tccprck_dl_gg_cz ON tccprck(dl ASC,gg ASC,cz1 ASC)
```

在坯料入出库表 tccprck 的 cz1、cz2 和 gg 三个属性上创建非聚集非唯一索引：

```
CREATE INDEX IX_tcplrck_cz12gg ON tcplrck(cz1 ASC,cz2 ASC,gg ASC)
```

其他表的所需索引此处略。

注意：表索引对性能的影响及是否采用是需要通过实际系统的运行来比较而判定的。

14.2.5 数据库初始数据的加载

数据库创建后,要为下一阶段窗体模块、Web 网页模块的设计与调试作好数据准备,需要整体加载数据,加载数据可以手工一条一条界面录入,也可设计对各表的数据记录的 Insert 命令集,这样执行插入命令集后表数据就有了(一旦要重建数据非常方便)。在准备数据过程中一般要注意以下几点：

(1) 尽可能使用真实数据,这样在录入数据中能发现一些结构设计中可能的不足之处,并能及早更正。

(2) 由于表内或表之间已设置了系统所要的完整性约束规则,如外码、主码等,为此,加载数据时可能有时序问题,如在生成“产品月统计表”前,一定要先在“产品年月设置表”中录入该月的数据记录,因为“产品月统计表”中的年月属性值要参照“产品年月设置表”中的年月属性值。

(3) 加载数据应尽可能全面些,能反映各种表数据与表间数据的关系,这样便于模块设计时程序的充分调试。一般全部加载后，对数据库要及时做备份，因为测试中会频繁更改或无意损坏数据，而建立起完整的测试数据库数据是很费时的。

14.2.6 库存管理系统的设计与实现

库存管理系统(C/S)使用 Visual C# 2005 语言在 Visual Studio 2005 开发平台中设计实现。系统采用多项目共同组成系统解决方案来实现，其中除了一个是输出类型为 Windows 应用程序的主启动项目外，其他都是输出类型为类型(dll 动态连接库型)的辅助项目。

创建系统解决方案及项目过程为：首先在 Visual Studio 2005 中选择“文件”→“新建”命令，在项目中选择其他项目类型，Visual Studio 解决方案，解决方案名称取 KCGL，解决方案存放位置可按需浏览确定某文件夹。然后在解决方案中添加主启动项目 KCGLWinForm，方法是选择“文件”→“添加”→“新建项目”命令，出现“添加新建项目”对话框，其中项目类型选 Visual C#→Windows→“Windows 应用程序”，项目名称为 KCGLWinForm，位置为 KCGL 解决方案所在目录下的子目录，如 KCGL。最后，按需逐个添加其他辅助类型项目，方法类似于添加主启动项目 KCGLWinForm，不同之处为项目类型为 Visual C#→“类型”，并设置不同的项目名与项目位置。

本系统由多辅助类型项目构成，主要有公用类型项目 KCGLCommon、公共变量类 KCGLStatic、功能窗体接口类 KCGLInterFace、功能窗体方法实现类 KCGLMethod 等。这样的组织使得系统具有更好的维护性，更清晰的层次性。系统解决方案及其组成项目如图 14-21 所示。

1. .Net 框架(.NET Framework)中可以使用的数据库连接器的安装和配置

(1) 在 MySQL 网站上下载.Net 框架(.NET Framework)中可以使用的数据库连接器。名称为 mysql-connector-net-6.4.3.msi。双击安装。

(2) 到安装目录(默认是在 C:\Program Files\MySQL)的 Binaries 文件夹的.NET 2.0 文件夹里找 MySql.Data.dll，复制到每个项目的 BIN 文件夹里。或者每个项目添加引用为 MySql.Data.dll。

(3) 在 C#中，可以使用 using 语句来引用 MySQL 数据接口：

```
using MySql.Data.MySqlClient;
```

2. 库存管理系统的主窗体设计

本系统主窗体还采用多文档界面窗体，其他功能界面设计成子窗体，为此文档界面主窗体 MainF 上可加入主菜单、工具栏与状态栏等，运行后，登录窗体如图 14-22 所示。顺利登录系统后，系统主窗体如图 14-23 所示。

解决方案资源管理器 - 解决方案'KCGL'（6 个项目）
解决方案'KCGL'（6 个项目）
KCGLCommon
KCGLInterFace
KCGLMethod
KCGLStatic
KCGLWinForm
Properties
引用
AboutProj.cs
AddNewUserF.cs
AddP1CPMJ.cs
AdoF.cs

图 14-21　系统解决方案及其组成项目

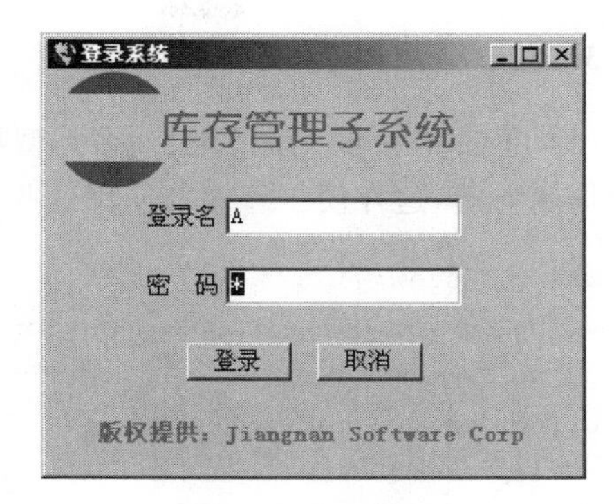

图 14-22　系统登录窗体

天辰冷拉库存管理子系统
系统(S)　维护(W)　查询(Q)　统计(T)　导出到Excel(D)　其他(O)
产品入出库表维护

编号	大类	规格	材质	单位	发货去向	单价	日期	入出库值	经办人	标记
389	方钢	25*25 ...	Q215	吨	X昌		2004-8-5	-4.064		0
390	方钢	25*25 ...	16Mn	吨	X昌		2004-8-5	0.000		0
391	圆钢	24 ...	Q215	吨	X昌定尺		2004-8-5	-1.740		0
392	圆钢	50 ...	45#	吨	X昌定尺?...		2004-8-5	-2.696		0
393	圆钢	60 ...	45#	吨	X昌		2004-8-5	-7.401		0
394	方钢	50*50 ...	45#	吨	X山声江		2004-8-5	-0.222		0
395	圆钢	08 ...	40Cr	吨	X瑞		2004-8-5	-0.542		0
396	圆钢	30 ...	Q215	吨	X山新顺		2004-8-5	-0.188		0
397	圆钢	40 ...	Q215	吨	X山新顺		2004-8-5	-0.089		0
398	圆钢	45 ...	Q215	吨	X兴		2004-8-5	-0.290		0
399	圆钢	20 ...	Q215	吨	X凯		2004-8-5	-0.316		0
400	圆钢	12 ...	Q215	吨	X凯		2004-8-5	-0.042		0
401	圆钢	10 ...	Q215	吨	X凯		2004-8-5	-0.004		0
402	扁钢	03*25 ...	Q215	吨	X凯		2004-8-5	-0.004		0
403	异型钢	TC159图14....	Q235	吨	X岛		2004-8-5	-7.966		0
404	异型钢	TC191图16....	45#	吨	X岛		2004-8-5	-5.192		0
405	圆钢	10 ...	45#	吨	X荣		2004-8-5	-0.030		0
406	方钢	25*25 ...	45#	吨	X徽黄山		2004-8-5	-0.196		0
407	方钢	28*28 ...	45#	吨	X徽黄山		2004-8-5	-0.660		0
408	圆钢	20 ...	45#	吨	X徽黄山		2004-8-5	-0.536		0

确定

Status

图 14-23　库存管理子系统的主界面

在主窗体上，功能菜单体现了系统的主要功能模块，如图 14-24 所示。

天辰冷拉库存管理子系统
系统(S)　维护(W)　查询(Q)　统计(T)　导出到Excel(D)　其他(O)
浏览用户
添加用户
修改密码
系统参数设置
系统年月设置(成品)
系统年月设置(坯料)
系统数据库备份
系统数据库恢复
打印页面设置
退出
成品入库表
成品出库表
成品入出库表
成品入出库表维护
坯料入库表
坯料出库表
坯料入出库表
模具库存表
成品当月库存查询
成品入出库组合查询
成品实时库存查询
坯料当月库存查询
坯料入出库组合查询
坯料实时库存查询
成品月统计
成品日销售排名
坯料月统计
导出到Excel(D)
Ado动态查询
浏览日志
关于……

图 14-24　主菜单

3. 创建公用模块

(1) 在系统中可以用公用类(在类型项目 KCGLStatic 中)来存放整个工程项目公共的全局变量等,这样便于管理与使用这些公共变量。具体如下:

```
using System;
using System.Collections.Generic;
using System.Text;
using MySql.Data.MySqlClient;
namespace KCGLStatic
{  ///定义一组公共静态变量
    public class StaticMember
    {   public static string connectString=null;   //记录当前的数据库连接字符串
        public static string userPassword=null;    //记录当前用户的登录密码
        public static string userName=null;        //记录当前的用户名
        public static int userClass;               //记录当前用户的级别
        public static int icount;                  //记录系统的操作次数
        public static string YhSR;           //记录用户输入的用于比较判断的密码
        public static bool showAll=true;           //显示所有的出入库值
        public static int sysdays;                 //记录系统参数的日期
        public static int sysKcdays;               //记录库存日期
        public static int syssccs;                 //每月库存统计的次数
        public static string sysServerName=null;   //数据库服务器名
        public static string sysDatabaseName=null;//系统数据库名
        public static string sysDbUserName=null;   //数据库用户名
        public static string sysDbPassword=null;   //数据库登录密码
        public static string sysDbPort=null;       //数据库端口号
        public static bool sysLogg=true;           //是否自动记录系统日志
        public static bool sysdlggcz=true;         //是否修改大类,规格,材质表
        public static int cpNumber;                //记录产品数量
        public static double cpTot;                //记录产品总数量
        public static int plNumber;                //记录坯料数量
        public static double plTot;                //记录坯料总数量
        public static int sysrs;                   //记录系统在线人数
        public static string sysbz;                //记录系统备注
        public static bool Isplrk=false;      //判断是否为坯料入库,默认为 false
        public static bool IsCprk=false;      //判断是否为产品入库,默认为 false
        public static bool IsMjrk=false;      //判断是否为模具入库,默认为 false
        public static string selectRq="";     //系统选定日期
    }
}
```

(2) MySQL 数据的类。下面是这些类的一个样本:

- MySqlConnection: 管理和 MySQL 服务器/数据库的连接。

- MySqlDataAdapter：一套用于填充 DataSet 对象和更新 MySQL 数据库的命令和连接的集合。
- MySqlDataReader：让用户能够从一个 MySQL 数据库读取数据。它是一个单向的数据流。
- MySqlCommand：提供向数据库服务器发送指令的功能。
- MySqlException：当发生问题时提供例外处理。

(3) 各功能模块对数据库中数据的操作主要是通过 ADO. NET 模型类 Command、DataAdapter、DataSet、DataTabel、connection、MySqlCommandBuilder 的对象递交执行 SQL 命令来完成的。本系统把这些最基本的数据操作函数放置在 Command. cs(在类型项目 KCGLCommon 中)类中。下面罗列一些最重要的类函数：

```
using System;
using System.Collections.Generic;
using System.Text;
using System.Data;
using System.IO;
using KCGLStatic;
using Microsoft.Office.Core;
using MySql.Data.MySqlClient;
namespace KCGLCommon
{   ///定义一组方法,用来操作数据库,以便在后面的程序中直接调用
  public class Command
  {  //定义一组变量,表示各种操作的数据
      //Command
    private MySqlCommand SelectCommand=null;
    private MySqlCommand UpdateCommand=null;
    private MySqlCommand StoreCommand=null;
    private static MySqlDataAdapter myDataAdapter=null;      //定义 DataAdapter
    private static DataSet myDataSet=null;                   //定义 DataSet
    private DataTable myDataTable=null;                      //定义 DataTabel
    private static MySqlConnection myConnection=null;        //定义 connection
    private string connectString=string.Empty;
    private MySqlCommandBuilder myCommandBuilder=null;
    public Command()                                         //初始化类
    {
      this.connectString=StaticMember.connectString;
    }
    public Command(string connectString)                     //初始化类
    {   this.connectString=connectString; }
    //建立与数据库的连接
    public bool ConnectDB()
    {   bool successFlag=false;
      try
```

```
    {   myConnection=new MySqlConnection();
        myConnection.ConnectionString=connectString;
        myConnection.Open();
        successFlag=true;
    }
    catch(MyException ex)
    {   throw ex; }
    return successFlag;
}
public void disConnect()
{   try
    {   myConnection.Close(); }
    catch(MySqlException ex)
    {   throw ex; }
}
//从数据库中查询数据,并将其填充到 dataset 中
public DataSet selectMember(string sqlText,string DataSetName)
{   try
    {   if(ConnectDB())
        {   myDataSet=new DataSet(DataSetName);
            SelectCommand=new MySqlCommand();
            SelectCommand.CommandText=sqlText;
            SelectCommand.CommandType=CommandType.Text;
            SelectCommand.Connection=myConnection;
            myDataAdapter=new MySqlDataAdapter();
            myDataAdapter.SelectCommand=SelectCommand;
            myCommandBuilder=new MySqlCommandBuilder(myDataAdapter);
            myDataAdapter.FillSchema(myDataSet,SchemaType.Source,DataSetName);
            myDataAdapter.Fill(myDataSet,DataSetName);
        }
    }
    catch(MySqlException sqlex)
    {   throw sqlex;   }
    finally
    {   disConnect(); }
    return myDataSet;
}
//从数据库中取得数据,并填充到 dataTable
public DataTable selectMemberToTable(string sqlText,string datatablename)
{   try
    {   if(ConnectDB())
        {   myDataTable=new DataTable(datatablename);
            SelectCommand=new MySqlCommand();
            SelectCommand.CommandText=sqlText;
```

```
                SelectCommand.CommandType=CommandType.Text;
                SelectCommand.Connection=myConnection;
                myDataAdapter=new MySqlDataAdapter();
                myDataAdapter.SelectCommand=SelectCommand;
                myCommandBuilder=new MySqlCommandBuilder(myDataAdapter);
                myDataAdapter.FillSchema(myDataTable,SchemaType.Source);
                myDataAdapter.Fill(myDataTable);
            }
        }
        catch(MySqlException sqlex)
        {   throw sqlex;}
        finally
        { disConnect(); }
        return myDataTable;
    }
    //更新数据库中的信息
    public int updateMember(string sqlText)
    {   int count=0;
        if(ConnectDB())
        {   try
            {   UpdateCommand=new MySqlCommand();
                UpdateCommand.CommandText=sqlText;
                UpdateCommand.CommandType=CommandType.Text;
                UpdateCommand.Connection=myConnection;
                count=UpdateCommand.ExecuteNonQuery();
            }
            catch(MySqlException sqlex)
            {   throw sqlex; }
            finally
            {   disConnect();}
        }
        return count;
    }
    //省略其他函数
    //执行无参存储过程
    public bool execStore(string storeName,ref string errorMessage)
    {   bool successFlag=false;
        if(ConnectDB())
        {   try
            {   StoreCommand=new MySqlCommand();
                StoreCommand.CommandText=storeName;
                StoreCommand.CommandType=CommandType.StoredProcedure;
                StoreCommand.CommandTimeout=10;
                StoreCommand.Connection=myConnection;
```

```
                StoreCommand.ExecuteNonQuery();
                successFlag=true;
            }
            catch(MyException ex)
            {   errorMessage=ex.ToString(); }
            finally
            {   disConnect();   }
        }
        return successFlag;
    }
    //省略其他函数
  }
}
```

4. 系统运行线路及连接字符串的配置

本系统的组织、组成显得复杂，然而其运行线路是唯一的。

(1) Windows应用程序从如下Main()开始运行。

```
///The main entry point for the application.
[STAThread]
static void Main()
{   Application.EnableVisualStyles();
    Application.SetCompatibleTextRenderingDefault(false);
    Application.Run(new ConnectDBF());
}
```

(2) "Application.Run(new ConnectDBF());"语句运行转到连接字符串获取与选定功能窗体。ConnectDBF窗体运行时，先从系统的XML配置文件"xml\connectStringX.xml"中读取预设置的连接字符串信息到可选数据源组合框中等待选取。

位于项目KCGL所在目录KCGL下的bin\Debug\xml或bin\Release\xml下connectStringX.xml文件中的内容如下所示：

```
<?xml version="1.0" encoding="utf-8"?>
<!--插入一些连接数据库字符串-->
<connectString>
  <connectStringIP>
    <value>host=localhost;database=KCGL;uid=root;pwd=123456;Port=3306;
</value>
    </connectStringIP>
<!—其他可选连接数据库字符串略-->
</connectString>
```

其中"host=localhost;database=KCGL;uid=root;pwd=123456;Port=3306;"指定了连接系统数据库的服务器名为localhost，数据库名为KCGL，用户名为root，用户密码

为123456。

若缺省取第一种连接字符串的话，可以在ConnectDBF窗体运行时自动选取获得连接数据库字符串。

(3) ConnectDBF窗体运行并获得连接数据库字符串后，运行转到系统登录窗体。命令如下：

```
LoginF Login=new LoginF();
Login.Show();
this.Hide();
```

(4) LoginF登录窗体运行时，在输入用户名与密码后，通过如下MLogin类来判断某用户是否能进入本系统。

```
using System;
using System.Collections.Generic;
using System.Text;
using System.Data;
using System.Data.MySqlClient;
using KCGLStatic;
namespace KCGLMethod
{
  public class MLogin
  {  protected string userName=null;
     protected string userPassword=null;
     protected bool successFlag=false;
     public MLogin(string userName,string userPassword)
    {
      this.userName=userName;
      this.userPassword=userPassword;
    }
    public bool LoginTo()
    {  MySqlConnection  myConnection  =  new  MySqlConnection  ( StaticMember.
       connectString);
       MySqlCommand myCommand=new MySqlCommand();
       myCommand.CommandText="select uname,upassword,uclass from users where uname
       ='"+this.userName+"' And upassword='"+this.userPassword+"'";
       myCommand.CommandType=CommandType.Text;
       myCommand.Connection=myConnection;
       myConnection.Open();
       try
       {  MySqlDataAdapter myDataAdapter=new MySqlDataAdapter();
          myDataAdapter.SelectCommand=myCommand;
          DataSet userDataset=new DataSet();
          myDataAdapter.Fill(userDataset,"user");
```

```
            if(userDataset.Tables["user"].Rows.Count==1)
            {  StaticMember.userClass=
                  Convert.ToInt32(userDataset.Tables[0].Rows[0][2]);
            StaticMember.userPassword=
                  Convert.ToString(userDataset.Tables[0].Rows[0][1]);
                  successFlag=true;
            }
            else
            {  successFlag=false; }
            myConnection.Close();
        }
        catch(MyException e)
        {  throw e; }
        return successFlag;
      }
    }
}
```

(5) 若验证通过,LoginF登录窗体中运行如下命令,真正打开系统主界面窗体。

```
Main.Show();
this.Hide();
```

5. 成品出库或入库录入模块的实现

成品(即产品)出库或入库录入窗口,其运行界面(只列出子窗口,下同)如图14-25所示。

产品入出库表维护

编号	大类	规格	材质	单位	发货去向	单价	日期	入出库值	经办人	
6152	圆钢	23 ...	35#	吨	X海汽配		2004-10-12	-4.966		0
6731	圆钢	23 ...	35#	吨	X东		2004-10-27	3.146		0
7001	圆钢	23 ...	35#	吨	X海汽配		2004-10-31	-3.146		0
7725	圆钢	23 ...	45#	吨	X备		2004-11-...	0.260		0
8295	圆钢	23 ...	45#	吨	X州至精		2004-11-20	-0.054		0
8400	圆钢	23 ...	Q215	吨	X帐		2004-11-17	0.078		0
9083	圆钢	23 ...	Q215	吨	X备		2004-11-28	0.942		0
9089	圆钢	23 ...	45#	吨	X锡恒威		2004-11-28	-0.054		0
6753	方钢	23*23 ...	45#	吨	X苏		2004-10-28	0.402		0
6937	方钢	23*23 ...	45#	吨	X苏		2004-10-30	1.722		0
7231	方钢	23*23 ...	45#	吨	X苏		2004-11-...	-2.124		0
5078	扁钢	23*26 ...	45#	吨	X越		2004-9-27	1.924		0
5442	扁钢	23*26 ...	45#	吨	X越		2004-10-4	-1.924		0
2565	扁钢	23*29.2 ...	45#	吨			2004-8-2	0.000		0
9019	扁钢	23*29.2 ...	45#	吨	X京		2004-11-27	1.248		0
9373	扁钢	23*29.2 ...	45#	吨	X京瑞远		2004-11-30	-1.248		0
6947	异型钢	23.1*23.6导轨 ...	GCr15	吨	X东		2004-10-30	10.770		0
5236	圆钢	23.5 ...	45#	吨	X北		2004-9-28	0.094		0
5352	圆钢	23.5 ...	45#	吨	X北		2004-9-29	-0.094		0
7130	扁钢	23.5*30 ...	45#	吨	X北		2004-10-31	1.760		0

确定

图14-25 成品入出库维护窗体

成品出入库录入窗口以网格形式提供了对入库或出库单的录入、修改、删除等维护原始单据数据的功能,功能设计操作简单又直观。系统中除提供网格形式直观维护成品出入库数据外，还提供单记录输入界面。

成品出入库数据录入后，除了能在录入窗口中查找到出入库原始数据外，还可以通过图 14-26 所示成品出库或入库组合查询窗口更有效地进行查询与数据核对等。

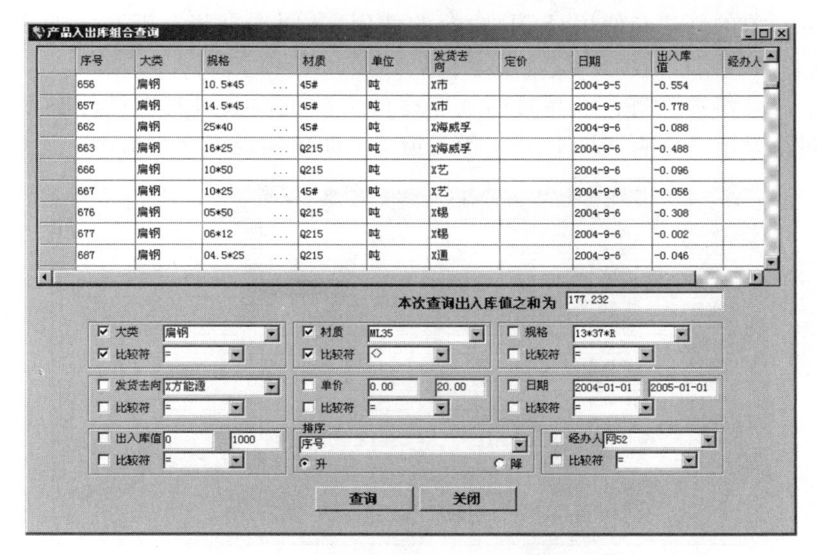

图 14-26　成品出库或入库组合查询窗口

6. 成品月明细库存生成与查询模块的实现

成品月明细库存生成与查询模块的运行界面如图 14-27 所示，模块实现简述：利用组合条件实现查询，能方便并快速地查找到信息。本功能窗体被设计成上下两部分，上部分数据网格控件显示查到的记录；下部分组合三种条件，每个条件能指定独立的比较运算符以形成条件表达式，当单击“显示”按钮时，程序能组合用户的各选择条件形成最终组合条件以查询并显示记录；而“生成并显示”按钮能完成成品月明细库存的及时生

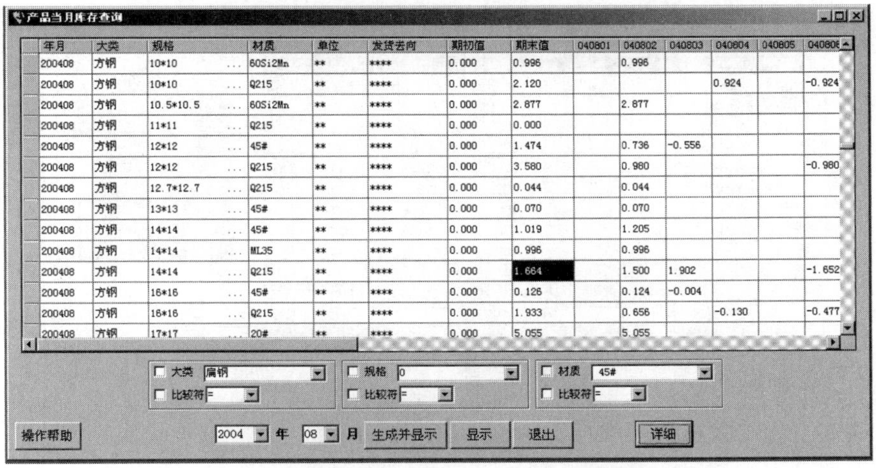

图 14-27　成品月明细库存生成与查询模块的运行界面

成;选择网格数据的某行(代表某产品)与某列(代表某天等),再单击"详细"按钮能弹出窗体显示相应数据对应的入出库原始记录,以便对原始数据的查阅与核对。

成品月明细库存"生成并显示"与"显示"两个按钮实现功能的程序代码(特别注意ADO.NET对象的创建与使用、SQL命令的使用)参阅本书相关资料中的相应程序,此处略。

系统年月设置表控制着成品月明细库存的天数范围及对月明细库存表的创建、生成、结转、删除等管理功能,图14-28所示的窗口简明地实现了这些功能。

年月	起始日期	终止日期	创建标志	生成次数	已结转	已删除
200406	2004-6-1	2004-6-30	是	28	否	否
200407	2004-7-1	2004-7-31	是	35	否	否
200408	2004-8-1	2004-8-31	是	271	否	否
200409	2004-9-1	2004-9-30	是	196	否	否
200410	2004-10-1	2004-10-31	是	203	否	否
200411	2004-11-1	2004-11-30	是	187	否	否
200412	2004-12-1	2004-12-31	是	20	否	否
200501	2005-1-1	2005-1-31	是	2	否	否
200502	2005-2-1	2005-2-28	是	0	否	否
200503	2005-3-1	2005-3-31	否	0	否	否
200504	2005-4-1	2005-4-30	否	0	否	否

系统年月设置(成品)

添加与删除 年月 200808 从 2008年 8月30日 到 2008年 9月26日 添加 删除

第一 上一 下一 末一 日期检测

创建库存表 结转 删除库存表 退出

图 14-28 系统年月设置表的控制功能

7. 成品实时库存计算与组合查询模块的实现

成品实时库存计算与组合查询模块的运行界面如图14-29所示,模块实现简述:本功能窗体被设计成上下两部分,上部分数据网格控件显示查到的库存记录;下部分可组合6种条件。当单击"显示"按钮时,程序能组合用户的各选择条件以查询并显示记录;而"计算库存"按钮能重新统计计算出库存(要说明的是,由于是通过对成品出入库表设置添加、修改、删除触发器来自动更新成品实时库存的,为此"计算库存"按钮是很少需要使用的);选择网格数据的某行(代表某种产品),再单击"详细"按钮能弹出窗体显示相应

大类	规格	材质	入库值	出库值	库存
扁钢	02.4*13	20CrMo	0.646	-0.646	0.000
扁钢	02.5*10	Q215	0.138	0.000	0.138
扁钢	02.5*5.8	Q215	0.012	0.000	0.012
扁钢	02.8*20*R	Q215	0.830	-0.830	0.000
扁钢	03*05	Q215	0.500	-0.200	0.300
扁钢	03*07.5*R	45#	2.674	-2.674	0.000
扁钢	03*08	45#	0.018	0.000	0.018
扁钢	03*08	Q215	0.446	-0.446	0.000

产品实时库存查询

本次查询之和为: 189.232

大类 扁钢 比较符 = ; 规格 0 比较符 = ; 材质 ML35 比较符 =

入库值 0 1000 比较符 <> ; 出库值 0 1000 比较符 <> ; 库存值 0 1000 比较符 <>

排序 大类 升 降

计算库存 查询 关闭 详细

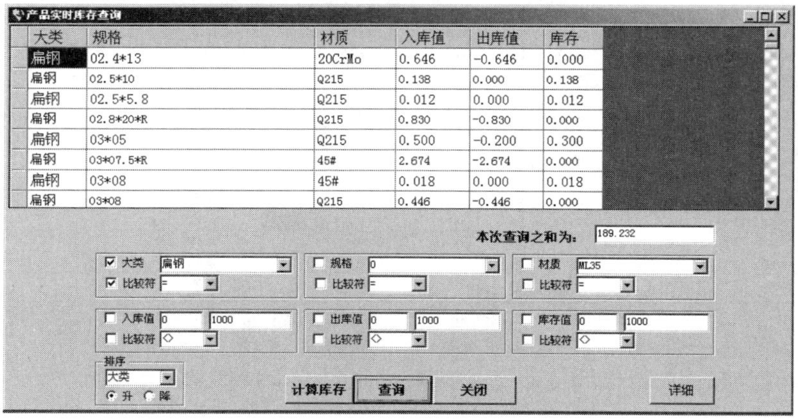

图 14-29 成品实时库存组合查询窗体

产品的入出库原始记录,以便对原始数据的查阅与核对。

成品实时库存的组合查询实现方法同图 14-27 中“显示”按钮组合查询的实现,“计算库存”按钮的实现则采取了调用数据库存储过程的方法,这样能充分利用存储过程的优点。“计算库存”按钮的单击事件代码(使用了存储过程代码显得非常简单)为:

```
//库存重新计算事件
  private void Cmdjskc_Click(object sender,EventArgs e)
  {   if(MessageBox.Show("正常情况下不需要重新统计库存,真的要重新统计库存吗","
  Question",MessageBoxButtons.YesNo,
      MessageBoxIcon.Question)==DialogResult.Yes)
    {   try
      {   _ds_store=_Cpsskc.getByStore("p_refresh_tccpsskc",ref ErrorMessage);
          this.cpView.DataSource=_ds_store.Tables[0];
          MessageBox.Show("库存已经重新统计完毕","Information",MessageBoxButtons.OK,
          MessageBoxIcon.Asterisk);
      }
      catch(Exception ex)
      {   MessageBox.Show(ex.Message+ErrorMessage); }
    }
    else return;
  }
```

其中 p_refresh_tccpsskc 为存储过程,具体请查阅数据库 KCGL。

8. 成品产量与销量月统计模块的实现

成品产量与销量月统计模块的运行界面如图 14-30 所示,模块主要实现月产品结余统计(主要包含月产量、销量及结余等)与显示。本功能的实现主要通过两个存储过程来实现,它们是 P_KCGL_CPTJ 与 P_CPGL_Q,具体请查阅数据库 KCGL。

成品月统计

年月	大类	规格	产量	销量	结余
200408	扁钢	02.5*10 ...	0.000	0.138	0.138
200408	扁钢	02.5*5.8 ...	0.000	0.012	0.012
200408	扁钢	03*05 ...	0.000	0.500	0.500
200408	扁钢	03*08 ...	0.000	0.018	0.018
200408	扁钢	03*10 ...	-1.246	1.246	0.000
200408	扁钢	03*12 ...	-0.006	0.026	0.020
200408	扁钢	03*15 ...	-0.252	0.252	0.000
200408	扁钢	03*16 ...	-5.566	6.790	1.224
200408	扁钢	03*20 ...	-0.852	0.852	0.000
200408	扁钢	03*25 ...	-0.966	1.044	0.078
200408	扁钢	03*32 ...	-0.014	0.366	0.352
200408	扁钢	03.5*17 ...	-1.070	1.964	0.894

本次统计之和为: 产量: -154.702 销量: 295.064 结余: 140.362

☑ 大类 扁钢 ☐ 规格 0
☑ 比较符 = ☐ 比较符 =

生成库存 2004 年 08 月 检查日期 统计并显示月结余 退出

图 14-30 成品产量销售月统计窗口

9. 系统用户表导出到 Excel 模块的实现

为便于熟悉 Excel 电子表格的用户编辑、排版与打印系统的表数据，本系统设计实现了便捷的表记录导出到 Excel 的功能，这样极大地方便了系统应用的灵活性与实用性。该功能窗体的运行界面如图 14-31 所示。左表是所有系统用户表，需要时移到右边列表框中。选定要导出的表，单击“导出到 EXCEL”按钮开始自动导出到某 Excel 文件的过程，过程中可以指定已有 Excel 文件，否则系统会新建一个缺省的 Excel 文件。其具体实现代码略。

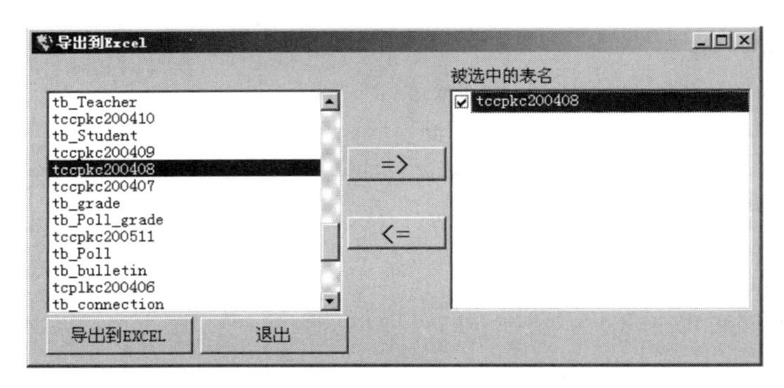

图 14-31 系统用户表导出到 Excel 的实现窗口

限于篇幅，其他功能模块及辅助功能等说明略，请参阅相关资料中的相应程序。

14.2.7 系统的编译与发行

企业库存管理系统的各相关模块设计与调试完成后，接着要对整个系统编译发布。选择“项目”→“属性”命令，打开解决方案 KCGL 属性页，选中“配置属性”中的“配置”节点，在对话框的首行“配置”组合框中选“活动(Release)”，单击“确定”按钮退出对话框。在解决方案资源管理器中，用鼠标右击“解决方案'KCGL'”，在弹出的快捷菜单中选择“重新生成解决方案”命令，系统重新生成解决方案后，即生成了系统可执行文件 kcgl. exe 及相关 DLL(动态连接库)。生成的相关文件在 KCGL\bin\Release 子目录中。Release 子目录中的这些系统文件即是可发布应用系统程序。

14.2.8 网上订购系统的设计与实现

1. 网站操作流程

网上订购系统运行时常常按图 14-32 所示的操作流程进行操作。

2. 网上订购的 Web 首页

利用 ASP. NET 设计的 Web 首页如图 14-33 所示。Web 首页(index. htm)由上、左、中、下 4 部分组成。

上部是图标等显示区，主要显示企业图标、动态宣传图片等。

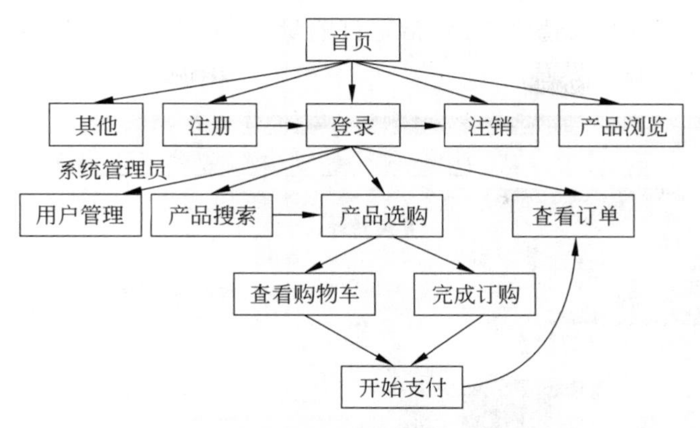

图 14-32　网站操作流程示意图

图 14-33　Web 网上订购子系统的首页界面

左部是带状功能展示区，主要有资源搜索功能，能实现订购产品的组合查询；操作链接区能显示常用功能链接及分用户等级显示的管理功能链接等。另外还有“登录”、“重置”、“退出”等链接。

中部是主显示区，产品的查阅、订阅、支付、Web 信息页面的显示等都在中区进行，为此该区占据显示屏幕的大部分。

本系统产品种类较多，网页应设计成分页显示形式，如图 14-33 所示。

3. 产品选购的实现

操作界面如图 14-33 所示。为了快速选购需要的产品，可以在左上产品搜索区组合设定产品的品名、规格及材质等，单击“搜索”按钮，右边操作区即显示搜索到的产品，接着可以上下移动查阅产品、选定产品、指定订购量(不能超过库存量),全面选购所需产品。图14-34所示为订购界面。

图 14-34 产品订购界面

4. 查看购物车与支付的实现

上一节产品分散选购完成后,单击"购物车"图标或"购物车"超链接均可以进入到查阅购物车来确定完成产品订购的步骤,如图14-35所示。此时单击"确定支付"按钮,则正式完成网上订购任务。

图 14-35 完成产品订购功能的实现窗口

5. 查看订单的实现

查看用户订单功能由文件 LookOrder.aspx 来实现，如图 14-36 所示，页面右中部显示该用户的所有已完成订单。篇幅所限，本系统的所有程序代码主要通过随书资料查阅获得。至此，网上订购系统的主要功能罗列完了。

图 14-36 查看订单功能的实现窗口

14.3 小 结

篇幅所限，这里虽没有给出系统完整模块与完整的程序代码，但我们已能领略到一个完整的基于 C/S 结构与基于 B/S 结构相结合的数据库应用系统的全貌了。把真实企业的小系统介绍给大家，是希望大家能领略到以下几点：

(1) 数据库应用系统的开发设计是一个规范化的过程，需要遵循一定方式、方法与开发设计步骤。

(2) 数据库关系模式设计非常重要，是整个系统设计的中心，其设计合理与否将全面影响整个系统的成功实现。

(3) 应用系统中数据库操作的实质是设计、组织、递交 SQL 命令，并根据 SQL 命令的执行状态决定后序的数据处理与操作。不同开发工具操作各具特色，只有利用 SQL 命令实现数据的存取这一点是共同的。系统功能设计、实现与代码介绍中，我们力求呈现这一特色。为此，大家学习中应抛开表面看本质，关注 SQL 命令的操作特色，这样，换其他开发工具，在数据操作方面将照样得心应手。

(4) 我们介绍的系统，其实现方法及功能并非无懈可击，更不是最优或最完美的。实现中更没有去特意挖掘 Visual C# 与 ASP.NET 网页设计语言的开发技巧。在此只是给出了一个例子,起到抛砖引玉的作用而已。

实验内容与要求(选做)

1. 实验总体内容

从应用出发,分析用户需求,设计数据库概念模型、逻辑模型、物理模型,并创建数据库,优化系统参数,了解数据库管理系统提供的性能监控机制,设计数据库的维护计划,了解并实践 C/S 或 B/S 结构应用系统开发。

2. 实验具体要求

(1) 结合某一具体应用,调查分析用户需求,画出组织机构图、数据流图、判定表或判定树,编制数据字典。

(2) 设计数据库概念模型及应用系统应具有的功能模块。

(3) 选择一个数据库管理系统,根据其所支持的数据模型,设计数据库的逻辑模型(即数据库模式),并针对系统中的各类用户设计用户视图。

(4) 在所选数据库管理系统的功能范围内设计数据库的物理模型。

(5) 根据所设计的数据库的物理模型创建数据库,并加载若干初始数据。

(6) 了解所选数据库管理系统允许设计人员对哪些系统配置参数进行设置,以及这些参数值对系统的性能有何影响,再针对具体应用,选择合适的参数值。

(7) 了解数据库管理系统提供的性能监控机制。

(8) 在所选数据库管理系统的功能范围内设计数据库的维护计划。

(9) 利用某 C/S 或 B/S 结构开发平台或开发工具开发设计,实现某数据库应用系统。

3. 实验报告的主要内容

(1) 数据库设计各阶段的书面文档,说明设计的理由。

(2) 各系统配置参数的功能及参数值的确定。

(3) 描述数据库系统实现的软件、硬件环境,说明采用这样环境的原因。

(4) 说明在数据库设计过程中碰到的主要困难,所使用的数据库系统在哪些方面还有待改进。

(5) 应用系统试运行情况与系统维护计划。

4. 实验系统(或课程设计)参考题目(时间约两周)

1) 邮局订报管理子系统

设计本系统模拟客户在邮局订购报纸的管理内容,包括查询报纸、订报纸、开票、付钱结算、订购后的查询、统计等的处理情况。简化的系统需要管理的情况如下:

(1) 可随时查询出可订购报纸的详细情况，如报纸编号(pno)、报纸名称(pna)、报纸单价(ppr)、版面规格(psi)、出版单位(pdw)等，这样便于客户选订。

(2) 客户查询报纸情况后即可订购所需报纸，可订购多种报纸，每种报纸可订若干份，交清所需金额后，就算订购处理完成。

(3) 为便于邮局投递报纸，客户需写明如下信息：客户姓名(gna)、电话(gte)、地址(gad)及邮政编码(gpo)，邮局将即时为每一个客户编制唯一代码(gno)。

(4) 邮局对每种报纸订购人数不限，每个客户可多次订购报纸，所订报纸也可重复。

根据以上信息完成如下要求：

(1) 请认真做系统需求分析，设计出反映本系统的ER图(需求分析、概念设计)。

(2) 写出相应你设计的ER图的关系模式，根据设计需要也可增加关系模式，并找出各关系模式的关键字(逻辑设计)。

(3) 在你设计的关系模式基础上利用VB、C#或Java+MySQL(或其他开发设计平台)开发设计该子系统，要求子系统能完成如下功能要求(物理设计、设施与试运行)：

① 在MySQL中建立各关系模式对应的库表，并确定索引等；

② 能对各库表进行输入、修改、删除、添加、查询、打印等基本操作；

③ 能根据订报要求订购各报纸，并完成一次订购任务后汇总总金额，模拟付钱、开票操作；

④ 能明细查询某客户的订报情况及某报纸的订出情况；

⑤ 能统计出某报纸的总订数量与总金额及某客户订购报纸种数、报纸份数与总订购金额等；

⑥ 其他你认为子系统应有的查询、统计功能；

⑦ 要求子系统设计界面友好，功能操作方便合理，并适当考虑子系统在安全性、完整性、备份、恢复等方面的功能要求。

(4) 子系统设计完成后请书写课程设计报告，设计报告要围绕数据库应用系统开发设计的步骤来考虑书写，力求清晰流畅。最后根据所设计子系统与书写报告(报告按数据库开发设计6个步骤的顺序逐个说明表达，并说明课程设计体会等)好坏评定成绩。

2) 图书借阅管理子系统

设计本系统模拟学生在图书馆借阅图书的管理内容，包括查询图书、借书、借阅后的查询、统计、超期罚款等的处理情况。简化的系统需要管理的情况如下：

(1) 可随时查询出可借阅图书的详细情况，如图书编号(bno)、图书名称(bna)、出版日期(bda)、图书出版社(bpu)、图书存放位置(bpl)、图书总数量(bnu)等，这样便于学生选借。

(2) 学生查询图书情况后即可借阅所需图书，可借阅多种图书，每种图书一般只借一本，若已有图书超期，请交清罚金后才能开始本次借阅。

(3) 为了唯一标识每一个学生，图书室办借书证需如下信息：学生姓名(sna)、学生系别(sde)、学生所学专业(ssp)、借书上限数(sup)及唯一的借书证号(sno)。

(4) 每个学生一次可借多本书，但不能超出该生允许借阅上限数(上限数自定)，每个学生可多次借阅，允许重复借阅同一本书。规定借书期限为两个月，超期每天罚2分。

根据以上信息完成如下要求：

(1) 请认真做系统需求分析，设计出反映本系统的ER图(需求分析、概念设计)。

(2) 写出相应你设计的ER图的关系模式，根据设计需要也可增加关系模式，并找出各关系模式的关键字(逻辑设计)。

(3) 在你设计的关系模式基础上利用VB、C#或Java+MySQL(或其他开发设计平台)开发设计该子系统，要求子系统能完成如下功能要求(物理设计、设施与试运行)：

① 在MySQL中建立各关系模式对应的库表，并确定索引等；

② 能对各库表进行输入、修改、删除、添加、查询、打印等基本操作；

③ 能根据学生要求借阅图书库中有的书，并完成一次借阅任务后汇总已借书本总数，报告还可借书量，已超期的需付清罚款金额后才可借书；

④ 能明细查询某学生的借书情况及图书的借出情况；

⑤ 能统计出某图书的总借出数量与库存量及某学生借书总数，当天为止总罚金等；

⑥ 其他你认为子系统应有的查询、统计功能；

⑦ 要求子系统设计界面友好，功能操作方便合理，并适当考虑子系统在安全性、完整性、备份、恢复等方面的功能要求。

(4) 子系统设计完成后请书写课程设计报告，设计报告要围绕数据库应用系统开发设计的步骤来考虑书写，力求清晰流畅。最后根据所设计子系统与书写报告(报告按数据库开发设计6个步骤的顺序逐个说明表达，并说明课程设计体会等)好坏评定成绩。

3) 其他可选子系统

(1) 图书销售管理系统。

调查新华书店图书销售业务，设计的图书销售点系统主要包括进货、退货、统计、销售功能，具体如下：

① 进货：根据某种书籍的库存量及销售情况确定进货数量，根据供应商报价选择供应商。输出一份进货单并自动修改库存量，把本次进货的信息添加到进货库中。

② 退货：顾客把已买的书籍退还给书店。输出一份退货单并自动修改库存量，把本次退货的信息添加到退货库中。

③ 统计：根据销售情况输出统计的报表。一般内容为每月的销售总额、销售总量及排行榜。

④ 销售：输入顾客要买书籍的信息，自动显示此书的库存量，如果可以销售。打印销售单并修改库存，同时把此次销售的有关信息添加到日销售库中。

(2) 人事工资管理系统。

考察某中小型企业，要求设计一套企业工资管理系统，其中应具有一定的人事档案管理功能。工资管理系统是企业进行管理不可缺少的一部分，它是建立在人事档案系统之上的，其职能部门是财务处和会计室。通过对职工建立人事档案，根据其考勤情况以及相应的工资级别，算出其相应的工资。为了减少输入账目时的错误，可以根据职工的考勤、职务，部门和各种税费自动求出工资。

为了便于企业领导掌握本企业的工资信息，在系统中应加入各种查询功能，包括个人信息、职工工资、本企业内某一个月或某一部门的工资情况查询，系统应能输出各类统计报表。

(3) 医药销售管理系统。

调查从事医药产品的零售、批发等工作的企业，根据其具体情况设计医药销售管理系统。主要功能包括：

① 基础信息管理：药品信息、员工信息、客户信息、供应商信息等；

② 进货管理：入库登记、入库登记查询、入库报表等；

③ 库房管理：库存查询、库存盘点、退货处理、库存报表等；

④ 销售管理：销售登记、销售退货、销售报表及相应的查询等；

⑤ 财务统计：当日统计、当月统计及相应报表等；

⑥ 系统维护。

(4) 宾馆客房管理系统。

具体考察本市的宾馆，设计客房管理系统，要求：

① 具有方便的登记、结账功能，以及预订客房的功能，能够支持团体登记和团体结账；

② 能快速、准确地了解宾馆内的客房状态，以便管理者决策；

③ 提供多种手段查询客人的信息；

④ 具备一定的维护手段，有一定权利的操作员在密码的支持下才可以更改房价、房间类型、增减客房；

⑤ 完善的结账报表系统。

(5) 车站售票管理系统。

考察本市长途汽车站、火车站售票业务，设计车站售票管理系统。要求：

① 具有方便、快速的售票功能，包括车票的预订和退票功能，能够支持团体的预订票和退票；

② 能准确地了解售票情况，提供多种查询和统计功能，如车次的查洵、时刻表的查询；

③ 能按情况所需实现对车次的更改、票价的变动及调度功能；

④ 完善的报表系统。

(6) 汽车销售管理系统。

调查本地从事汽车销售的企业，根据该企业的具体情况，设计用于汽车销售的管理系统。主要功能有：

① 基础信息管理：厂商信息、车型信息和客户信息等；

② 进货管理：车辆采购、车辆入库；

③ 销售管理：车辆销售、收益统计；

④ 仓库管理：库存车辆、仓库明细、进销存统计；

⑤ 系统维护：操作员管理、权限设置等。

(7) 仓储物资管理系统。

经过调查，对仓库管理的业务流程进行分析。库存的变化通常是通过入库、出库操作进行的。系统对每个入库操作均要求用户填写入库单，对每个出库操作均要求用户填写出库单。在出入库操作的同时可以进行增加、删除和修改等操作。用户可以随时进行各种查询、统计、报表打印、账目核对等工作。另外，也可以用图表形式来反映查询结果。

(8) 企业人事管理系统。

调查本地的企业，根据企业的具体情况设计企业人事管理系统。主要功能有：

① 人事档案管理：户口状况、政治面貌、生理状况、合同管理等；

② 考勤加班出差管理；

③ 人事变动：新进员工登记、员工离职登记、人事变更记录；

④ 考核奖惩；

⑤ 员工培训；

⑥ 系统维护：操作员管理、权限设置等。

附录 A appendix A

MySQL 编程简介

MySQL 5.5 版支持存储程序和函数。一个存储程序是可以被存储在服务器中的一套 SQL 语句。一旦它被存储了，客户端不需要再重新发布单独的语句，而是可以引用存储程序来替代。

下面一些情况下更需要使用存储程序：

(1) 当用不同语言编写多客户应用程序，或多客户应用程序在不同平台上运行且需要执行相同的数据库操作。

(2) 安全性操作。比如，银行对所有普通操作使用存储程序。这提供一个坚固而安全的环境，程序可以确保每一个操作都被记入日志。在这样一个设置中，应用程序和用户不可能直接访问数据库表，仅可以执行指定的存储程序。

(3) 存储程序可以提供更好的性能，因为在服务器和客户端之间需要传送较少的信息。代价是增加数据库服务器系统的负荷，因为更多的工作在服务器完成，更少的在客户端(应用程序)完成。如果许多客户端机器(如网页服务器)只由一个或少数几个数据库服务器提供服务，可以考虑一下存储程序。

(4) 存储程序也允许在数据库服务器上有函数库。这是一个被现代应用程序语言所共享的特征，使用这些客户端应用程序语言特征对数据库使用范围以外的编程人员都有好处。

MySQL 中的存储程序遵循 SQL:2003 语法，但是未完全实现。在 MySQL 的存储过程和触发器中常用的 sql 编程方式如下文所述。

1. 变量

MySQL 中，变量分为用户变量和系统变量。用户变量与连接有关，即一个客户端定义的变量不能被其他客户端看到或使用，当该客户端退出时，与该客户端连接的所有变量将自动释放。

(1) 用户变量。

形式为@variablename，其中变量名可以由当前字符集的数字文字字符及“_”、“$”和“.”组成。

① 变量声明的语法格式：

```
DECLARE var_name[,…] type [DEFAULT value]
```

这个语句被用来声明局部变量。要给变量提供一个默认值,请包含一个 DEFAULT 子句。值可以被指定为一个表达式,不需要为一个常数。如果没有 DEFAULT 子句,初始值为 NULL。

局部变量的作用范围在它被声明的 BEGIN … END 块内。

② 变量赋值的语法格式:

```
SET @variablename={ integer expression|real expression|string expression }
[,@variable=…].
```

或使用语句代替 SET 来为用户变量分配一个值。

例 1 局部变量的定义和使用。

解:

```
mysql>SET @t1=0,@t2=0,@t3=0;
```

或

```
mysql> select @t1:=(@t2:=1)+@t3:=4,@t1,@t2,@t3;
+----------------------+------+------+------+
|@t1:=(@t2:=1)+@t3:=4  |@t1   |@t2   |@t3   |
+----------------------+------+------+------+
|                    5 |5     |1     |4     |
+----------------------+------+------+------+
```

(注意:第二种方式使用“:=”句法,因为在非 set 语句中“=”表示比较)

(2) 系统变量。

MySQL 可以访问许多系统和连接变量。当服务器运行时许多变量可以动态更改。这样通常允许修改服务器操作而不需要停止并重启服务器。

2. MySQL 注释

MySQL 服务器支持三种注释风格:

(1) 从“#”字符到行尾。

(2) 从“--”序列到行尾。请注意“--”(双破折号)注释风格要求第二个破折号后面至少跟一个空格符(例如空格、tab、换行符等)。

(3) 从“/*”序列到后面的“*/”序列。结束序列不一定在同一行中,因此该语法允许注释跨越多行。

例 2 注释的使用。

解:

```
mysql>SELECT 1+1;        #This comment continues to the end of line
mysql>SELECT 1+1;        --This comment continues to the end of line
mysql>SELECT 1 /* this is an in-line comment */+1;
mysql>SELECT 1+
/*
```

```
this is a
multiple-line comment
*/
1;
```

3. 控制流程函数

请参见附录B中的B.2节，此处略。

4. 流程控制语句

(1) BEGIN… END复合语句。

语法：

```
[begin_label:] BEGIN
    [statement_list]
END [end_label]
```

存储子程序可以使用BEGIN… END复合语句来包含多个语句。statement_list代表一个或多个语句的列表。statement_list之内每个语句都必须用分号(;)来结尾。

可以标注复合语句。begin_label和end_label成对出现，且要一样。使用多重语句需要客户端能发送包含语句定界符“;”的查询字符串。这个符号在命令行客户端使用delimiter命令。

(2) IF语句。

语法：

```
IF search_condition THEN statement_list
    [ELSEIF search_condition THEN statement_list] …
    [ELSE statement_list]
END IF
```

IF实现了一个基本的条件构造。如果search_condition求值为真，相应的SQL语句列表被执行。如果没有search_condition匹配，在ELSE子句里的语句列表被执行。statement_list可以包括一个或多个语句。

(3) CASE语句。

语法：

```
CASE case_value
    WHEN when_value THEN statement_list
    [WHEN when_value THEN statement_list] …
    [ELSE statement_list]
END CASE
```

或

```
CASE
```

```
    WHEN search_condition THEN statement_list
    [WHEN search_condition THEN statement_list] …
    [ELSE statement_list]
END CASE
```

存储程序的 CASE 语句实现一个复杂的条件构造。如果 search_condition 求值为真，相应的 SQL 被执行。如果没有搜索条件匹配，在 ELSE 子句里的语句被执行。

注意：这里的 CASE 语句不能有 ELSE NULL 子句，并且用 END CASE 替代 END 来终止。

(4) LOOP 语句。

语法：

```
[begin_label: ] LOOP
    statement_list
END LOOP [end_label]
```

LOOP 允许某特定语句或语句群的重复执行，实现一个简单的循环构造。在循环内的语句一直重复直到循环被退出，退出通常伴随着一个 LEAVE 语句。

可以标注 LOOP 语句。begin_label 和 end_label 成对出现，且要一样。

(5) LEAVE 语句。

语法：

```
LEAVE label
```

这个语句被用来退出任何被标注的流程控制构造。它和 BEGIN… END 或循环一起使用。

例 3 练习使用 loop 和 leave。

解：

```
mysql>delimiter //
mysql>CREATE PROCEDURE p1()
-> BEGIN
-> DECLARE v INT;
-> SET v=0;
->   loop_label: LOOP
->     SET v=v+1;
->     IF v>=5 THEN
->       LEAVE loop_label;
->     END IF;
->   END LOOP;
-> END; //
Query OK, 0 rows affected(0.00 sec)
```

(6) ITERATE 语句。

语法：

```
ITERATE label
```

ITERATE 只可以出现在 LOOP、REPEAT 和 WHILE 语句内。ITERATE 的意思为“再次循环”。

例 4 sum=1+2+…+100。

解：

```
mysql>delimiter //
mysql>CREATE PROCEDURE psum()
-> BEGIN
->   SET @v=1;
->   Set @sum=0;
->   loop_label: LOOP
->     set @sum=@v+@sum;
->     SET @v=@v+1;
->     IF @v>100 THEN
->       LEAVE loop_label;
->     ELSE
->       ITERATE loop_label;
->     END IF;
->   END LOOP;
-> END; //
Query OK,0 rows affected(0.00 sec)
mysql>CALL psum()//
Query OK,0 rows affected(0.00 sec)
mysql>SELECT @sum//
+-------+
|@sum   |
+-------+
|5050   |
+-------+
1 row in set(0.00 sec)
```

(7) REPEAT 语句。

语法：

```
[begin_label: ] REPEAT
    statement_list
UNTIL search_condition
END REPEAT [end_label]
```

REPEAT 语句内的语句或语句群被重复，直至 search_condition 为真。

REPEAT 语句可以被标注。begin_label 和 end_label 成对出现，且要一样。

例 5 示例 repeat 的使用。

解：

```
mysql>delimiter //
mysql>CREATE PROCEDURE do_repeat(p1 INT)
```

```
->BEGIN
->   SET @x=0;
->   REPEAT SET @x=@x+1; UNTIL @x>p1 END REPEAT;
->END //
Query OK,0 rows affected(0.00 sec)
mysql>CALL do_repeat(1000)//
Query OK,0 rows affected(0.00 sec)
mysql>SELECT @x//
+-------+
|@x     |
+-------+
|1001   |
+-------+
1 row in set(0.00 sec)
```

(8) WHILE 语句。

语法：

```
[begin_label: ] WHILE search_condition DO
    statement_list
END WHILE [end_label]
```

WHILE 语句内的语句或语句群被重复，直至 search_condition 为真。

WHILE 语句可以被标注。除非 begin_label 也存在，end_label 才能被用。如果两者都存在，它们必须是一样的。

例 6 示例 while 的使用。

解：

```
mysql>delimiter //
mysql> CREATE PROCEDURE dowhile()
->BEGIN
->   Set @v1=5;
->   WHILE @v1>0 DO
->     SET @v1=@v1-1;
->   END WHILE;
-> END//
mysql>CALL dowhile()//
Query OK,0 rows affected(0.00 sec)
mysql>SELECT @v1//
+-------+
|@v1    |
+-------+
|0      |
+-------+
1 row in set(0.00 sec)
```

附录 B appendix B

常用函数与操作符

在 SQL 语句中，表达式可用于一些诸如 SELECT 语句的 ORDER BY 或 HAVING 子句、SELECT、DELETE 或 UPDATE 语句的 WHERE 子句或 SET 语句之类的地方。使用文本值、column 值、NULL 值、函数、操作符来书写表达式。下面主要介绍用于编写存储过程、触发器的常用函数和操作符。

除非在文档编制中对一个函数或操作符另有指定的情况，否则一个包含 NULL 的表达式通常产生一个 NULL 值。

注释：在默认状态下，在函数和紧随其后的括号之间不得存在空格。这能帮助 MySQL 分析程序区分一些同函数名相同的函数调用以及表或列。不过，函数自变量周围允许有空格出现。

可以通过选择"--sql-mode=IGNORE_SPACE"来打开 MySQL 服务器的方法使服务器接受函数名后的空格。个人客户端程序可通过选择 mysql_real_connect()的 CLIENT_IGNORE_SPACE 实现这一状态。在以上两种情况中，所有的函数名都成为保留字。

为节省时间，对大多数例子使用简写形式展示了 mysql 程序的输出结果。全部函数的详细介绍见 http://dev.mysql.com/doc/refman/5.1/zh/functions.html#other-functions。

B.1 操 作 符

B.1.1 操作符优先级

以下列表显示了操作符优先级由低到高的顺序。排列在同一行的操作符具有相同的优先级(操作符都应为英文符号)。

1. :=
2. ||,OR,XOR
3. &&,AND
4. NOT
5. BETWEEN,CASE,WHEN,THEN,ELSE
6. =,<=>,>=,>,<=,<,<>,!=,IS,LIKE,REGEXP,IN
7. |

8. &

9. ＜＜,＞＞

10. －,＋

11. *,/,DIV,%,MOD

12. ^

13. －(一元减号),～(一元位反转)

14. !

15. BINARY,COLLATE

注释：假如 HIGH_NOT_PRECEDENCE SQL 模式被激活，则 NOT 的优先级同 the!操作符相同。

B.1.2　圆括号

(…)：使用括弧来规定表达式的运算顺序。例如：

```
mysql>SELECT (1+2) * 3;              --9(本注释中的 9 是结果,下同)
```

B.1.3　比较函数和操作符

比较运算产生的结果为 1(TRUE)、0(FALSE)或 NULL。这些运算可用于数字和字符串。根据需要，字符串可自动转换为数字，而数字也可自动转换为字符串。

一些函数(如 LEAST()和 GREATEST())的所得值不包括 1(TRUE)、0(FALSE)和 NULL。然而，其所得值乃是基于按照下述规则运行的比较运算。

MySQL 按照以下规则进行数值比较：

(1) 若有一个或两个参数为 NULL，除了 NULL-safe 比较运算符＜＝＞外，比较运算的结果为 NULL。

(2) 若同一个比较运算中的两个参数都是字符串，则按照字符串进行比较。

(3) 若两个参数均为整数，则按照整数进行比较。

(4) 十六进制值在不需要作为数字进行比较时，则按照二进制字符串进行处理。

(5) 假如参数中的一个为 TIMESTAMP 或 DATETIME 列，而其他参数均为常数，则在进行比较前将常数转为 timestamp。这样做的目的是为了使 ODBC 的进行更加顺利。注意，这不适合 IN()中的参数。为了更加可靠，在进行对比时通常使用完整的 datetime/date/time 字符串。

(6) 在其他情况下，参数作为浮点数进行比较。

在默认状态下，字符串比较不区分大小写，并使用现有字符集(默认为 cp1252 Latin1，同时对英语也适合)。为了进行比较，可使用 CAST()将某个值转为另外一种类型。使用 CONVERT()将字符串值转为不同的字符集。

以下例子说明了比较运算中将字符串转为数字的过程(说明：以下举例 mysql＞省略，并紧凑排版)：

```
SELECT 1>'6x';        --0        SELECT 7>'6x';      --1
SELECT 0>'x6';        --0        SELECT 0='x6';      --1
```

注意，在将一个字符串列同一个数字进行比较时，MySQL 不能使用列中的索引进行快速查找。假如 str_col 是一个编入索引的字符串列，则在以下语句中，索引不能执行查找功能：

```
SELECT * FROM tbl_name WHERE str_col=1;
```

其原因是许多不同的字符串都可被转换为数值 1：'1'、'1'、'1a'、…

① =(等于)：SELECT 1= 0；-- 0 SELECT '0'= 0；-- 1 SELECT '0.0'= 0；-- 1 SELECT '0.01'= 0；-- 0 SELECT '.01'= 0.01；-- 1

② <=> NULL-safe equal(即空值安全等于运算符)。这个操作符和=操作符执行相同的比较操作，不过在两个操作码均为 NULL 时，其所得值为 1 而不为 NULL；而当一个操作码为 NULL 时，其所得值为 0 而不为 NULL。

```
SELECT 1<=>1,NULL <=>NULL,1 <=>NULL;          --1,1,0
SELECT 1=1,NULL=NULL,1=NULL;                  --1,NULL,NULL
```

③ <> !=(不等于)：SELECT '.01' <> '0.01'；-- 1 SELECT .01 <> '0.01'；-- 0 SELECT 'zapp' <> 'zappp'；-- 1

④ <=(小于或等于)：SELECT 0.1 <= 2；-- 1

⑤ <(小于)：SELECT 2 < 2；-- 0

⑥ >=(大于或等于)：SELECT 2 >= 2；-- 1

⑦ >(大于)：SELECT 2 > 2；-- 0

⑧ IS boolean_value IS NOT boolean_value：根据一个布尔值来检验一个值，在这里，布尔值可以是 TRUE、FALSE 或 UNKNOWN。

```
SELECT 1 IS TRUE,0 IS FALSE,NULL IS UNKNOWN;                        --1,1,1
SELECT 1 IS NOT UNKNOWN,0 IS NOT UNKNOWN,NULL IS NOT UNKNOWN;       --1,1,0
```

⑨ IS NULL IS NOT NULL：检验一个值是否为 NULL。

```
SELECT 1 IS NULL,0 IS NULL,NULL IS NULL;                            --0,0,1
SELECT 1 IS NOT NULL,0 IS NOT NULL,NULL IS NOT NULL;                --1,1,0
```

⑩ expr BETWEEN min AND max。

假如 expr 大于或等于 min 且 expr 小于或等于 max，则 BETWEEN 的返回值为 1，或是 0。若所有参数都是同一类型，则上述关系相当于表达式(min <= expr AND expr <= max)。其他类型的转换根据本节开始所述规律进行，且适用于三种参数中的任意一种。

```
SELECT 1 BETWEEN 2 AND 3;               --0
SELECT 'b' BETWEEN 'a' AND 'c';         --1
SELECT 2 BETWEEN 2 AND '3';             --1
SELECT 2 BETWEEN 2 AND 'x-3';           --0
```

⑪ expr NOT BETWEEN min AND max：这相当于 NOT(expr BETWEEN min AND max)。

⑫ COALESCE(value,…)：返回值为列表当中的第一个非 NULL 值。在没有非 NULL 值的情况下返回值为 NULL。

```
SELECT COALESCE(NULL,1);                    --1
SELECT COALESCE(NULL,NULL,NULL);            --NULL
```

⑬ GREATEST(value1,value2,…)：当有两个或多个参数时，返回值为最大(最大值的)参数。比较参数所依据的规律同 LEAST()相同。

```
SELECT GREATEST(2,0);                       --2
SELECT GREATEST(34.0,3.0,5.0,767.0);        --767.0
SELECT GREATEST('B','A','C');               --'C'
```

在没有自变量为 NULL 的情况下，GREATEST()的返回值为 NULL。

⑭ expr IN(value,…)：若 expr 为 IN 列表中的任意一个值，则其返回值为 1，否则返回值为 0。假如所有的值都是常数，则其计算和分类根据 expr 的类型进行。这时，使用二分搜索来搜索信息。如 IN 值列表全部由常数组成，则意味着 IN 的速度非常快。如 expr 是一个区分大小写的字符串表达式，则字符串比较也按照区分大小写的方式进行。

```
SELECT 2 IN(0,3,5,'wefwf');                 --0
SELECT 'wefwf' IN(0,3,5,'wefwf');           --1
```

为了同 SQL 标准相一致，在左侧表达式为 NULL 的情况下，或是表中找不到匹配项或表中一个表达式为 NULL 的情况下，IN 的返回值均为 NULL。IN()语句结构也可用于书写某些类型的子查询。

⑮ expr NOT IN(value,…)：这与 NOT(expr IN(value,…))相同。

⑯ ISNULL(expr)：如 expr 为 NULL，那么 ISNULL()的返回值为 1，否则返回值为 0。

```
SELECT ISNULL(1+1);                         --0
SELECT ISNULL(1/0);                         --1
```

使用=的 NULL 值对比通常是错误的。ISNULL()同 IS NULL 比较操作符具有一些相同的特性。

⑰ INTERVAL(N,N1,N2,N3,…)：假如 N<N1，则返回值为 0；假如 N<N2 等，则返回值为 1；假如 N 为 NULL，则返回值为−1。所有的参数均按照整数处理。为了这个函数的正确运行，必须满足 N1<N2<N3<…<Nn。其原因是使用了二分查找(极快速)。

```
SELECT INTERVAL(23,1,15,17,30,44,200);      --3
SELECT INTERVAL(10,1,10,100,1000);          --2
SELECT INTERVAL(22,23,30,44,200);           --0
```

⑱ LEAST(value1,value2,…)：在有两个或多个参数的情况下，返回值为最小(最小值)参数。用一下规则将自变量进行对比：假如返回值被用在一个 INTEGER 语言环

境中，或是所有参数均为整数值，则将其作为整数值进行比较。假如返回值被用在一个REAL语境中，或所有参数均为实值，则将其作为实值进行比较。假如任意一个参数是一个区分大小写的字符串，则将参数按照区分大小写的字符串进行比较。在其他情况下，将参数作为区分大小写的字符串进行比较。

假如任意一个自变量为NULL，则LEAST()的返回值为NULL。

```
SELECT LEAST(2,0);                          --0
SELECT LEAST(34.0,3.0,5.0,767.0);           --3.0
SELECT LEAST('B','A','C');                  --'A'
```

注意：上面的转换规则在一些边界情形中会产生一些奇特的结果：

```
SELECT CAST(LEAST(3600,-9223372036854775808.0) as SIGNED);
                                            ---9223372036854775808
```

B.1.4 逻辑操作符

在SQL中，所有逻辑操作符的求值所得结果均为TRUE、FALSE或NULL（UNKNOWN）。在MySQL中，它们体现为1(TRUE)、0(FALSE)和NULL。其大多数都与不同的数据库SQL通用，然而一些服务器对TRUE的返回值可能是任意一个非零值。

① NOT!(逻辑NOT)。当操作数为0时，所得值为1；当操作数为非零值时，所得值为0；而当操作数为NOT NULL时，所得的返回值为NULL。

```
SELECT NOT 10;              --0
SELECT NOT 0;               --1
SELECT NOT NULL;            --NULL
SELECT !(1+1);              --0
SELECT ! 1+1;               --1
```

最后一个例子产生的结果为1，原因是表达式的计算方式和(!1)+1相同。

② AND &&(逻辑AND)。当所有操作数均为非零值，并且不为NULL时，计算所得结果为1；当一个或多个操作数为0时，所得结果为0；其余情况返回值为NULL。

```
SELECT 1 && 1;              --1
SELECT 1 && 0;              --0
SELECT 1 && NULL;           --NULL
SELECT 0 && NULL;           --0
SELECT NULL && 0;           --0
```

③ OR||(逻辑OR)。当两个操作数均为非NULL值时，如有任意一个操作数为非零值，则结果为1，否则结果为0。当有一个操作数为NULL时，如另一个操作数为非零值，则结果为1，否则结果为NULL。假如两个操作数均为NULL，则所得结果为NULL。

```
SELECT 1||1;                --1
```

```
SELECT 1||0;                    --1
SELECT 0||0;                    --0
SELECT 0||NULL;                 --NULL
SELECT 1||NULL;                 --1
```

④ XOR(逻辑 XOR)。当任意一个操作数为 NULL 时,返回值为 NULL。对于非 NULL 的操作数,假如一个奇数操作数为非零值,则计算所得结果为 1,否则为 0。

```
SELECT 1 XOR 1;                 --0
SELECT 1 XOR 0;                 --1
SELECT 1 XOR NULL;              --NULL
SELECT 1 XOR 1 XOR 1;           --1
```

a XOR b 的计算等同于(a AND(NOT b))OR((NOT a)和 b)。

B.2 控制流程函数

(1) CASE value WHEN [compare-value] THEN result [WHEN [compare-value] THEN result …] [ELSE result] END CASE WHEN [condition] THEN result [WHEN [condition] THEN result …] [ELSE result] END

在第一个方案的返回结果中,value=compare-value。而第二个方案的返回结果是第一种情况的真实结果。如果没有匹配的结果值,则返回结果为 ELSE 后的结果;如果没有 ELSE 部分,则返回值为 NULL。

```
SELECT CASE 1 WHEN 1 THEN 'one' WHEN 2 THEN 'two' ELSE 'more' END;     --'one'
SELECT CASE WHEN 1>0 THEN 'true' ELSE 'false' END;                     --'true'
SELECT CASE BINARY 'B' WHEN 'a' THEN 1 WHEN 'b' THEN 2 END;            --NULL
```

一个 CASE 表达式的默认返回值类型是任何返回值的相容集合类型,但具体情况视其所在语境而定。如果用在字符串语境中,则返回结果为字符串。如果用在数字语境中,则返回结果为十进制值、实值或整数值。

(2) IF(expr1,expr2,expr3)。如果 expr1 是 TRUE(expr1 <> 0 and expr1 <> NULL),则 IF()的返回值为 expr2,否则返回值为 expr3。IF()的返回值为数字值或字符串值,具体情况视其所在语境而定。

```
SELECT IF(1>2,2,3);                                  --3
SELECT IF(1<2,'yes ','no');                          --'yes'
SELECT IF(STRCMP('test','test1'),'no','yes');        --'no'
```

如果 expr2 或 expr3 中只有一个明确是 NULL,则 IF()的结果类型为非 NULL 表达式的结果类型。expr1 作为一个整数值进行计算,就是说,假如正在验证浮点值或字符串值,那么应该使用比较运算进行检验。

```
SELECT IF(0.1,1,0);                                  --0
```

```
SELECT IF(0.1<>0,1,0);                                    --1
```

在所示的第一个例子中，IF(0.1)的返回值为0，原因是0.1被转化为整数值，从而引起一个对IF(0)的检验。这或许不是你想要的情况。在第二个例子中，比较检验了原始浮点值，目的是为了了解是否其为非零值。比较结果使用整数。

IF()(这一点在其被储存到临时表时很重要)的默认返回值类型按照以下方式计算：expr2或expr3返回值为一个字符串，返回值类型为字符串；expr2或expr3返回值为一个浮点值，返回值类型为浮点；expr2或expr3返回值为一个整数，返回值类型为整数。

假如expr2和expr3都是字符串，且其中任何一个字符串区分大小写，则返回结果是区分大小写的。

(3) IFNULL(expr1,expr2)。假如expr1不为NULL，则IFNULL()的返回值为expr1，否则其返回值为expr2。IFNULL()的返回值是数字或字符串，具体情况取决于其所使用的语境。

```
SELECT IFNULL(1,0);                  --1
SELECT IFNULL(NULL,10);              --10
SELECT IFNULL(1/0,10);               --10.0000
SELECT IFNULL(1/0,'yes');            --'yes'
```

IFNULL(expr1,expr2)的默认结果值为两个表达式中更加“通用”的一个，顺序为STRING、REAL或INTEGER。假设一个基于表达式的表的情况，或MySQL必须在内存储器中储存一个临时表中IFNULL()的返回值：

```
CREATE TABLE tmp SELECT IFNULL(1,'test') AS test;
```

在这个例子中，测试列的类型为CHAR(4)。

(4) NULLIF(expr1,expr2)。如果expr1＝expr2成立，那么返回值为NULL，否则返回值为expr1。这和CASE WHEN expr1＝ expr2 THEN NULL ELSE expr1 END相同。

```
SELECT NULLIF(1,1);                  --NULL
SELECT NULLIF(1,2);                  --1
```

注意：如果参数不相等，则MySQL两次求得的值为expr1。

B.3 字符串函数

假如结果的长度大于max_allowed_packet系统变量的最大值，字符串值函数的返回值为NULL。对于在字符串位置操作的函数，第一个位置的编号为1。

B.3.1 字符串一般函数

(1) ASCII(str)。返回值为字符串str的最左字符的数值。假如str为空字符串，则返回值为 0。假如 str 为 NULL,则返回值为 NULL。ASCII()用于带有数值 0~255 的字符。

```
SELECT ASCII('2');                              --50
SELECT ASCII(2);                                --50
SELECT ASCII('dx');                             --100
```

(2) BIN(N)。返回值为 N 的二进制值的字符串表示,其中 N 为一个 longlong (BIGINT)数字。这等同于 CONV(N,10,2)。假如 N 为 NULL,则返回值为 NULL。

```
SELECT BIN(12);                                 --'1100'
```

(3) BIT_LENGTH(str)。返回值为二进制的字符串 str 长度。

```
SELECT BIT_LENGTH('text');                      --32
```

(4) CHAR(N,…[USING charset])。CHAR()将每个参数 N 理解为一个整数,其返回值为一个包含这些整数的代码值所给出的字符的字符串。NULL 值被省略。

```
SELECT CHAR(77,121,83,81,'76');                 --'MySQL'
SELECT CHAR(77,77.3,'77.3');                    --'MMM'
```

大于 255 的 CHAR()参数被转换为多结果字符。例如,CHAR(256)相当于 CHAR(1,0),而 CHAR(256 * 256)则相当于 CHAR(1,0,0)。

```
SELECT HEX(CHAR(1,0)),HEX(CHAR(256));           --0100   0100
SELECT HEX(CHAR(1,0,0)),HEX(CHAR(256 * 256));   --010000   010000
```

CHAR()的返回值为一个二进制字符串。可选择使用 USING 语句产生一个给出的字符集中的字符串:

```
SELECT CHARSET(CHAR(0x65)),CHARSET(CHAR(0x65 USING utf8));    --binary utf8
```

如果 USING 已经产生,而结果字符串不符合给出的字符集,则会发出警告。同样,如果严格的 SQL 模式被激活,则 CHAR()的结果会成为 NULL。

(5) CHAR_LENGTH(str)。返回值为字符串 str 的长度,长度的单位为字符。一个多字节字符算作一个单字符。对于一个包含 5 个二字节字的符集,LENGTH()的返回值为 10,而 CHAR_LENGTH()的返回值为 5。

(6) CHARACTER_LENGTH(str)。CHARACTER_LENGTH()是 CHAR_LENGTH()的同义词。

(7) COMPRESS(string_to_compress)。压缩一个字符串。这个函数要求 MySQL 已经用一个诸如 zlib 的压缩库压缩过。否则,返回值始终是 NULL。UNCOMPRESS()可将压缩过的字符串进行解压缩。

```
SELECT LENGTH(COMPRESS(REPEAT('a',1000)));              --21
SELECT LENGTH(COMPRESS(''));                            --0
SELECT LENGTH(COMPRESS('a'));                           --13
```

```
SELECT LENGTH(COMPRESS(REPEAT('a',16)));                    --15
```

压缩后的字符串的内容按照以下方式存储：空字符串按照空字符串存储。非空字符串未压缩字符串的4字节长度进行存储(首先为低字节)，后面是压缩字符串。如果字符串以空格结尾，就会在后面加一个“.”号，以防止当结果值是存储在CHAR或VARCHAR类型的字段列时，出现自动把结尾空格去掉的现象(不推荐使用CHAR或VARCHAR来存储压缩字符串。最好使用一个BLOB列代替)。

(8) CONCAT(str1,str2,…)。返回结果为连接参数产生的字符串。如有任何一个参数为NULL，则返回值为NULL。或许有一个或多个参数。如果所有参数均为非二进制字符串，则结果为非二进制字符串。如果自变量中含有任一二进制字符串，则结果为一个二进制字符串。一个数字参数被转化为与之相等的二进制字符串格式。若要避免这种情况，可使用显式类型cast。例如：

```
SELECT CONCAT(CAST(int_col AS CHAR),char_col)
SELECT CONCAT('My','S','QL');          --'MySQL'
SELECT CONCAT('My',NULL,'QL');         --NULL SELECT CONCAT(14.3);--'14.3'
```

(9) CONCAT_WS(separator,str1,str2,…)。CONCAT_WS()代表CONCAT With Separator，是CONCAT()的特殊形式。第一个参数是其他参数的分隔符。分隔符的位置放在要连接的两个字符串之间。分隔符可以是一个字符串，也可以是其他参数。如果分隔符为NULL，则结果为NULL。函数会忽略任何分隔符参数后的NULL值。

```
SELECT CONCAT_WS(',','First name','Second name','Last Name');
                                  --'First name,Second name,Last Name'
SELECT CONCAT_WS(',','First name',NULL,'Last Name');
 --'First name,Last Name'--CONCAT_WS()不会忽略任何空字符串，然而会忽略所有的NULL
```

(10) CONV(N,from_base,to_base)。不同数基间转换数字。返回值为数字的N字符串表示，由from_base基转化为to_base基。如有任意一个参数为NULL，则返回值为NULL。自变量N被理解为一个整数，但是可以被指定为一个整数或字符串。最小基数为2，而最大基数则为36。If to_base是一个负数，则N被看做一个带符号数。否则，N被看做无符号数。CONV()的运行精确度为64位。

```
SELECT CONV('a',16,2);                        --'1010'
SELECT CONV('6E',18,8);                       --'172'
SELECT CONV(-17,10,-18);                      --'-H'
SELECT CONV(10+'10'+'10'+0xa,10,10);          --'40'
```

(11) ELT(N,str1,str2,str3,…)。若N=1，则返回值为str1；若N=2，则返回值为str2；依此类推。若N小于1或大于参数的数目，则返回值为NULL。ELT()是FIELD()的补数。

```
SELECT ELT(1,'ej','Heja','hej','foo');         --'ej'
SELECT ELT(4,'ej','Heja','hej','foo');         --'foo'
```

(12) EXPORT_SET(bits,on,off[,separator[,number_of_bits]])。返回值为一个字符串,其中对于 bits 值中的每个位组,可以得到一个 on 字符串;而对于每个清零位,可以得到一个 off 字符串。bits 中的位值按照从右到左的顺序接受检验(由低位到高位)。字符串被分隔字符串分开(默认为逗号“,”),按照从左到右的顺序被添加到结果中。number_of_bits 会给出被检验的二进制位数(默认为 64)。

```
SELECT EXPORT_SET(5,'Y','N',',',4);                --'Y,N,Y,N'
SELECT EXPORT_SET(6,'1','0',',',10);               --'0,1,1,0,0,0,0,0,0,0'
```

(13) FIELD(str,str1,str2,str3,…)。返回值为 str1,str2,str3,…列表中的 str 指数。在找不到 str 的情况下,返回值为 0。

如果所有对于 FIELD()的参数均为字符串,则所有参数均按照字符串进行比较。如果所有的参数均为数字,则按照数字进行比较。否则,参数按照双边(指 str 与 str1,str2,…中的每个间)进行比较。

如果 str 为 NULL,则返回值为 0,原因是 NULL 不能同任何值进行同等比较。FIELD()是 ELT()的补数。

```
SELECT FIELD('ej','Hej','ej','Heja','hej','foo');   --2
SELECT FIELD('fo','Hej','ej','Heja','hej','foo');   --0
```

(14) FIND_IN_SET(str,strlist)。假如字符串 str 在由 N 子链组成的字符串列表 strlist 中,则返回值的范围在 1～N 之间。一个字符串列表就是一个由一些被“,”符号分开的自链组成的字符串。如果第一个参数是一个常数字符串,而第二个是 type SET 列,则 FIND_IN_SET()被优化,使用位计算。如果 str 不在 strlist 或 strlist 为空字符串,则返回值为 0。如任意一个参数为 NULL,则返回值为 NULL。这个函数在第一个参数包含一个逗号(“,”)时将无法正常运行。

```
SELECT FIND_IN_SET('b','a,b,c,d');                 --2
```

(15) FORMAT(X,D)。将 number X 设置为格式“#,###,###.##”,以四舍五入的方式保留到小数点后 D 位,而返回结果为一个字符串。

- HEX(N_or_S)。如果 N_OR_S 是一个数字,则返回一个十六进制值 N 的字符串表示。在这里,N 是一个 longlong(BIGINT)数。这相当于 CONV(N,10,16)。

如果 N_OR_S 是一个字符串,则返回值为一个 N_OR_S 的十六进制字符串表示。其中 N_OR_S 里的每个字符被转化为两个十六进制数字。

```
SELECT HEX(255);                                   --'FF'
SELECT 0x616263;                                   --'abc'
SELECT HEX('abc');                                 --616263
```

(16) INSERT(str,pos,len,newstr)。返回字符串 str,其子字符串起始于 pos 位置和长期被字符串 newstr 取代的 len 字符。如果 pos 超过字符串长度,则返回值为原始字符串。假如 len 的长度大于其他字符串的长度,则从位置 pos 开始替换。若任何一个参数为 null,则返回值为 NULL。这个函数支持多字节字元。

```
SELECT INSERT('Quadratic',3,4,'What');          --'QuWhattic'
SELECT INSERT('Quadratic',-1,4,'What');         --'Quadratic'
SELECT INSERT('Quadratic',3,100,'What');        --'QuWhat'
```

(17) INSTR(str,substr)。返回字符串 str 中子字符串的第一个出现位置。这和 LOCATE()的双参数形式相同,除非参数的顺序被颠倒。

```
SELECT INSTR('foobarbar','bar');                --4
SELECT INSTR('xbar','foobar');                  --0
```

这个函数支持多字节字元,并且只有当至少有一个参数是二进制字符串时区分大小写。

(18) LCASE(str)。LCASE()是 LOWER()的同义词。

(19) LEFT(str,len)。返回从字符串 str 开始的 len 最左字符。

```
SELECT LEFT('foobarbar',5);                     --'fooba'
```

(20) LENGTH(str)。返回值为字符串 str 的长度,单位为字节。一个多字节字符算作多字节。这意味着对于一个包含 5 个 2 字节字符的字符串,LENGTH()的返回值为 10,而 CHAR_LENGTH()的返回值则为 5。

```
SELECT LENGTH('text');                          --4
```

(21) LOAD_FILE(file_name)。读取文件并将这一文件按照字符串的格式返回。文件的位置必须在服务器上,必须为文件指定路径全名,而且还必须拥有 FILE 特许权。文件必须可读取,文件容量必须小于 max_allowed_packet 字节。

若文件不存在,或因不满足上述条件而不能被读取,则函数返回值为 NULL。如:

```
UPDATE tbl_name SET blob_column=LOAD_FILE('/tmp/picture') WHERE id=1;
```

(22) LOCATE(substr,str),LOCATE(substr,str,pos)。第一个语法返回字符串 str 中子字符串 substr 的第一个出现位置。第二个语法返回字符串 str 中子字符串 substr 的第一个出现位置,起始位置在 pos。如若 substr 不在 str 中,则返回值为 0。

```
SELECT LOCATE('bar','foobarbar');               --4
SELECT LOCATE('xbar','foobar');                 --0
SELECT LOCATE('bar','foobarbar',5);             --7
```

这个函数支持多字节字元,并且只有当至少有一个参数是二进制字符串时区分大小写。

(23) LOWER(str)。返回字符串 str 以及所有根据最新的字符集映射表变为小写字母的字符(默认为 cp1252 Latin1)。

```
SELECT LOWER('QUADRATICALLY');                  --'quadratically'
```

(24) LPAD(str,len,padstr)。返回字符串 str,其左边由字符串 padstr 填补到 len 字符长度。假如 str 的长度大于 len,则返回值被缩短至 len 字符。

```
SELECT LPAD('hi',4,'?? ');                                --'?? hi'
SELECT LPAD('hi',1,'?? ');                                --'h'
```

(25) LTRIM(str)。返回字符串 str,其引导空格字符被删除。

```
SELECT LTRIM('? barbar');                      --'barbar' 这个函数支持多字节字元
```

(26) MAKE_SET(bits,str1,str2,…)。返回一个设定值(一个包含被逗号分开的字字符串的字符串),由在 bits 组中具有相应位的字符串组成。str1 对应位 0,str2 对应位 1,依此类推。str1,str2,…中的 NULL 值不会被添加到结果中。

```
SELECT MAKE_SET(1,'a','b','c');                            --'a'
SELECT MAKE_SET(1|4,'hello','nice','world');               --'hello,world'
SELECT MAKE_SET(1|4,'hello','nice',NULL,'world');          --'hello'
SELECT MAKE_SET(0,'a','b','c');                            --''
```

(27) MID(str,pos,len)。MID(str,pos,len)是 SUBSTRING(str,pos,len)的同义词。

(28) OCT(N)。返回一个 N 的八进制值的字符串表示,其中 N 是一个 longlong (BIGINT)数。这等同于 CONV(N,10,8)。若 N 为 NULL,则返回值为 NULL。

```
SELECT OCT(12);                                            --'14'
```

(29) OCTET_LENGTH(str)。OCTET_LENGTH() 是 LENGTH()的同义词。

(30) ORD(str)。若字符串 str 的最左字符是一个多字节字符,则返回该字符的代码。代码的计算通过使用以下公式计算其组成字节的数值而得出:

```
(1st byte code)+(2nd byte code * 256)+(3rd byte code * 2562)
```

假如最左字符不是一个多字节字符,那么 ORD()和函数 ASCII()返回相同的值。

```
SELECT ORD('2');                                           --50
```

(31) POSITION(substr IN str) POSITION(substr IN str)。LOCATE(substr, str)的同义词。

(32) QUOTE(str)。引证一个字符串,由此产生一个在 SQL 语句中可用作完全转义数据值的结果。返回的字符串由单引号标注,每例都带有单引号("'")、反斜线符号("\")、ASCII NUL 以及前面有反斜线符号的 Control-Z。如果自变量的值为 NULL,则返回不带单引号的单词 NULL。

```
SELECT QUOTE('Don\'t!');                                   --'Don\'t!'
SELECT QUOTE(NULL);                                        --NULL
```

(33) REPEAT(str,count)。返回一个由重复的字符串 str 组成的字符串,字符串 str 的数目等于 count。若 count <= 0,则返回一个空字符串。若 str 或 count 为 NULL,则返回 NULL。

```
SELECT REPEAT('MySQL',3);                                  --'MySQLMySQLMySQL'
```

(34) REPLACE(str,from_str,to_str)。返回字符串 str 以及所有被字符串 to_str 替代的字符串 from_str。这个函数支持多字节字元。

```
SELECT REPLACE('www.mysql.com','w','Ww');          --'WwWwWw.mysql.com'
```

(35) REVERSE(str)。返回字符串 str,顺序和字符顺序相反。这个函数支持多字节字元。

```
SELECT REVERSE('abc');                    --'cba'
```

(36) RIGHT(str,len)。从字符串 str 开始,返回最右 len 字符。

```
SELECT RIGHT('foobarbar',4);              --'rbar' 这个函数支持多字节字元
```

(37) RPAD(str,len,padstr)。返回字符串 str,其右边被字符串 padstr 填补至 len 字符长度。假如字符串 str 的长度大于 len,则返回值被缩短到与 len 字符相同长度。

```
SELECT RPAD('hi',5,'? ');                 --'hi???'
SELECT RPAD('hi',1,'? ');                 --'h' 这个函数支持多字节字元
```

(38) RTRIM(str)。返回字符串 str,结尾空格字符被删去。

```
SELECT RTRIM('barbar  ');                 --'barbar' 这个函数支持多字节字元
```

(39) SOUNDEX(str)。从 str 返回一个 soundex 字符串。两个具有几乎同样探测的字符串应该具有同样的 soundex 字符串。一个标准的 soundex 字符串的长度为 4 个字符,然而 SOUNDEX()会返回一个任意长度的字符串。可使用结果中的 SUBSTRING() 来得到一个标准 soundex 字符串。在 str 中会忽略所有未按照字母顺序排列的字符。所有不在 A～Z 范围之内的国际字母符号被视为元音字母。

```
SELECT SOUNDEX('Hello');                  --'H400'
SELECT SOUNDEX('Quadratically');          --'Q36324'
```

注意：这个函数执行原始的 Soundex 算法,而非更加流行的加强版本(如 D. Knuth 所述)。其区别在于原始版本首先会删去元音,其次是重复,而加强版则首先删去重复,而后删去元音。

(40) expr1 SOUNDS LIKE expr2。这相当于 SOUNDEX(expr1)=SOUNDEX(expr2)。

(41) SPACE(N)。返回一个由 N 间隔符号组成的字符串。

```
SELECT SPACE(6);                          --'      '
```

(42) SUBSTRING(str,pos),SUBSTRING(str FROM pos) SUBSTRING(str,pos,len),SUBSTRING(str FROM pos FOR len)。不带有 len 参数的格式从字符串 str 返回一个子字符串,起始于位置 pos。带有 len 参数的格式从字符串 str 返回一个长度同 len 字符相同的子字符串,起始于位置 pos。使用 FROM 的格式为标准 SQL 语法。也可能对 pos 使用一个负值。假若这样,则子字符串的位置起始于字符串结尾的 pos 字符,而

不是字符串的开头位置。在以下格式的函数中可以对 pos 使用一个负值。

```
SELECT SUBSTRING('Quadratically',5);                --'ratically'
SELECT SUBSTRING('foobarbar' FROM 4);               --'barbar'
SELECT SUBSTRING('Quadratically',5,6);              --'ratica'
SELECT SUBSTRING('Sakila',-3);                      --'ila'
SELECT SUBSTRING('Sakila',-5,3);                    --'aki'
SELECT SUBSTRING('Sakila' FROM-4 FOR 2);            --'ki'
```

注意,如果对 len 使用的是一个小于 1 的值,则结果始终为空字符串。

SUBSTR()是 SUBSTRING()的同义词。

(43) SUBSTRING_INDEX(str,delim,count)。在定界符 delim 以及 count 出现前,从字符串 str 返回子字符串。若 count 为正值,则返回最终定界符(从左边开始)左边的一切内容;若 count 为负值,则返回定界符(从右边开始)右边的一切内容。

```
SELECT SUBSTRING_INDEX('www.mysql.com','.',2);      --'www.mysql'
SELECT SUBSTRING_INDEX('www.mysql.com','.',-2);     --'mysql.com'
```

(44) TRIM([{BOTH | LEADING | TRAILING} [remstr] FROM] str) TRIM (remstr FROM] str)。返回字符串 str,其中所有 remstr 前缀和/或后缀都已被删除。若分类符 BOTH、LEADIN 或 TRAILING 中没有一个是给定的,则假设为 BOTH。remstr 为可选项,在未指定情况下可删除空格。

```
SELECT TRIM('  bar   ');                            --'bar'
SELECT TRIM(LEADING 'x' FROM 'xxxbarxxx');          --'barxxx'
SELECT TRIM(BOTH 'x' FROM 'xxxbarxxx');             --'bar'
SELECT TRIM(TRAILING 'xyz' FROM 'barxxyz');         --'barx'
```

(45) UCASE(str)。UCASE()是 UPPER()的同义词。

(46) UNCOMPRESS(string_to_uncompress)。对经 COMPRESS()压缩后的字符串进行解压缩。若参数为压缩值,则结果为 NULL。这个函数要求 MySQL 已被诸如 zlib 之类的压缩库编译过。否则,返回值将始终是 NULL。

```
SELECT UNCOMPRESS(COMPRESS('any string'));          --'any string'
SELECT UNCOMPRESS('any string');                    --NULL
```

(47) UNCOMPRESSED_LENGTH(compressed_string)。返回压缩字符串压缩前的长度。

```
SELECT UNCOMPRESSED_LENGTH(COMPRESS(REPEAT('a',30)));                --30
```

(48) UNHEX(str)。执行从 HEX(str)的反向操作。就是说,它将参数中的每一对十六进制数字理解为一个数字,并将其转化为该数字代表的字符。结果字符以二进制字符串的形式返回。

```
SELECT UNHEX('4D7953514C');     --'MySQL' SELECT 0x4D7953514C;        --'MySQL'
SELECT UNHEX(HEX('string'));    --'string' SELECT HEX(UNHEX('1267')); --'1267'
```

(49) UPPER(str)。返回字符串 str，以及根据最新字符集映射转化为大写字母的字符(默认为 cp1252 Latin1)。

```
SELECT UPPER('Hej');                              --'HEJ'该函数支持多字节字元
```

B.3.2 字符串比较函数

MySQL 会自动将数字转化为字符串，反之亦然。例如：

```
SELECT 1+'1';                                     --2
SELECT CONCAT(2,' test');                         --'2 test'
```

若想要将数字明确地转化为字符串，可使用 CAST()或 CONCAT()。

```
SELECT 38.8,CAST(38.8 AS CHAR);                   --38.8,'38.8'
SELECT 38.8,CONCAT(38.8);                         --38.8,'38.8'
```

(1) expr LIKE pat [ESCAPE 'escape-char']。模式匹配。使用 SQL 简单正规表达式比较。返回 1(TRUE)或 0(FALSE)。若 expr 或 pat 中任何一个为 NULL，则结果为 NULL。

模式不需要为文字字符串。例如，可以被指定为一个字符串表达式或表列。

在模式中可以同 LIKE 一起使用以下两种通配符：

“%”匹配任何数目的字符，甚至包括 0 字符；“_”只能匹配一种字符。

```
SELECT 'David!' LIKE 'David_';                    --1
SELECT 'David!' LIKE '%D%v%';                     --1
```

若要对通配符的文字实例进行检验，可将转义字符放在该字符前面。如果没有指定 ESCAPE 字符，则假设为“\”。

“\%”匹配一个“%”字符；“_”匹配一个“_”字符。

```
SELECT 'David!' LIKE 'David\_';                   --0
SELECT 'David_' LIKE 'David\_';                   --1
```

要指定一个不同的转义字符，可使用 ESCAPE 语句：

```
SELECT 'David_' LIKE 'David|_' ESCAPE '|';        --1
```

转义序列可以为空，也可以是一个字符的长度。从 MySQL 5.1.2 开始，如若 NO_BACKSLASH_ESCAPES SQL 模式被激活，则该序列不能为空。以下两个语句举例说明了字符串比较不区分大小写，除非其中一个操作数为二进制字符串。

```
SELECT 'abc' LIKE 'ABC';                          --1
SELECT 'abc' LIKE BINARY 'ABC';                   --0
```

在 MySQL 中，LIKE 允许出现在数字表达式中(这是标准 SQL LIKE 的延伸)。

```
SELECT 10 LIKE '1%';                              --1
```

注释：由于MySQL在字符串中使用C转义语法(例如,用"\n"代表一个换行字符),在LIKE字符串中,必须将用到的"\"双写。例如,若要查找"\n",必须将其写成"\\n"。而若要查找"\",则必须将其写成it as '\\\\';,原因是反斜线符号会被语法分析程序剥离一次,在进行模式匹配时又会被剥离一次,最后会剩下一个反斜线符号接受匹配。

(2) expr NOT LIKE pat [ESCAPE'escape-char']。这相当于NOT(expr LIKE pat [ESCAPE 'escape-char'])。

(3) expr NOT REGEXP pat expr NOT RLIKE pat。这相当于NOT(expr REGEXP pat)。

(4) expr REGEXP pat expr RLIKE pat。执行字符串表达式expr和模式pat的模式匹配。该模式可以被延伸为正规表达式。正规表达式的语法在附录G的MySQL正则表达式中有详细讨论。若expr匹配pat,则返回1,否则返回0。若expr或pat的任意一个为NULL,则结果为NULL。RLIKE是REGEXP的同义词,作用是为mSQL提供兼容性。

模式不需要为文字字符串。例如,可以被指定为一个字符串表达式或表列。

注释：由于在字符串中,MySQL使用C转义语法(例如,用"\n"代表换行字符),在REGEXP字符串中必须将用到的"\"双写。

REGEXP不区分大小写,除非将其同二进制字符串同时使用。

```
SELECT 'Monty!' REGEXP 'm%y%%';                          --0
SELECT 'Monty!' REGEXP '.*';                             --1
SELECT 'new*\n*line' REGEXP 'new\\*.\\*line';            --1
SELECT 'a' REGEXP 'A','a' REGEXP BINARY 'A';             --1  0
SELECT 'a' REGEXP '^[a-d]';                              --1
```

在确定字符类型时,REGEXP和RLIKE使用当前字符集(默认为cp1252 Latin1)。警告：这些操作符不支持多字节字元。

(5) STRCMP(expr1,expr2)。若所有的字符串均相同,则返回STRCMP()。若根据当前分类次序,第一个参数小于第二个,则返回-1,其他情况返回1。

```
SELECT STRCMP('text','text2');                           ---1
SELECT STRCMP('text2','text');                           --1
SELECT STRCMP('text','text');                            --0
```

在执行比较时,STRCMP()使用当前字符集。这使得默认的比较区分大小写,当操作数中的一个或两个都是二进制字符串时除外。

B.4 数值函数

B.4.1 算术操作符

可使用常见的算术操作符。注意,就-、+和*而言,若两个参数均为正数,则其计算结果的精确度为BIGINT(64位);若其中一个参数为无符号整数,而其他参数也是整数,则结果为无符号整数。

(1) +(加号)：SELECT 3+5;-- 8

(2) -(减号)：SELECT 3-5;-- -2

(3) -(一元减号)：更换参数符号。SELECT - 2; -- -2

注意：若该操作符同一个 BIGINT 同时使用，则返回值也是一个 BIGINT。这意味着应当尽量避免对可能产生-263 的整数使用-。

(4) *(乘号)：SELECT 3 * 5;-- 15

```
SELECT 18014398509481984 * 18014398509481984.0;
                                        --324518553658426726783156020576256.0
SELECT 18014398509481984 * 18014398509481984;             --0
```

最后一个表达式的结果是不正确的。原因是整数相乘的结果超过了 BIGINT 计算的 64 位范围。

(5) /(除号)：SELECT 3/5;--0.60

被 0 除的结果为 NULL。SELECT 102/(1-1);-- NULL

(6) DIV(整数除法)：类似于 FLOOR()，然而使用 BIGINT 算法也是可靠的。

```
SELECT 5 DIV 2;                                            -- 2
```

B.4.2 数学函数

若发生错误，所有数学函数会返回 NULL。

(1) ABS(X)：返回 X 的绝对值。该函数支持使用 BIGINT 值。

```
SELECT ABS(2);                 --2
SELECT ABS(-32);               --32
```

(2) ACOS(X)：返回 X 的反余弦，即余弦是 X 的值。若 X 不在-1～1 的范围之内，则返回 NULL。

```
SELECT ACOS(1);                --0
SELECT ACOS(1.0001);           --NULL
SELECT ACOS(0);                --1.5707963267949
```

(3) ASIN(X)：返回 X 的反正弦，即正弦为 X 的值。若 X 不在-1～1 的范围之内，则返回 NULL。

```
SELECT ASIN(0.2);              --0.20135792079033
SELECT ASIN('foo');            --0
SHOW WARNINGS;
+---------+------+---------------------------------------+
|Level    |Code  |Message                                |
+---------+------+---------------------------------------+
|Warning  |1292  |Truncated incorrect DOUBLE value: 'foo'|
+---------+------+---------------------------------------+
```

(4) ATAN(X)：返回X的反正切，即正切为X的值。

```
SELECT ATAN(2);                           --1.1071487177941
SELECT ATAN(-2);                          ---1.1071487177941
```

(5) ATAN(Y,X)，ATAN2(Y,X)：返回两个变量X及Y的反正切。它类似于Y或X的反正切计算，除非两个参数的符号均用于确定结果所在象限。

```
SELECT ATAN(-2,2);                        ---0.78539816339745
SELECT ATAN2(PI(),0);                     --1.5707963267949
```

(6) CEILING(X)，CEIL(X)：返回不小于X的最小整数值。

```
SELECT CEILING(1.23);                     --2
SELECT CEIL(-1.23);                       ---1
```

这两个函数的意义相同。注意，返回值会被转化为一个BIGINT。

(7) COS(X)：返回X的余弦，其中X在弧度上已知。SELECT COS(PI())；-- -1

(8) COT(X)：返回X的余切。

```
SELECT COT(12);                           ---1.5726734063977
SELECT COT(0);                            --NULL
```

(9) CRC32(expr)：计算循环冗余码校验值并返回一个32位无符号值。若参数为NULL，则结果为NULL。该参数应为一个字符串，而且在不是字符串的情况下会被作为字符串处理(若有可能)。

```
SELECT CRC32('MySQL');                    --3259397556
SELECT CRC32('mysql');                    --2501908538
```

(10) DEGREES(X)：返回参数X，该参数由弧度转化为度。

```
SELECT DEGREES(PI());                     --180
SELECT DEGREES(PI() / 2)                  --90
```

(11) EXP(X)：返回e的X乘方后的值(自然对数的底)。

```
SELECT EXP(2);                            --7.3890560989307
SELECT EXP(-2);                           --0.13533528323661
SELECT EXP(0);                            --1
```

(12) FLOOR(X)：返回不大于X的最大整数值。注意，返回值会被转化为一个BIGINT。

```
SELECT FLOOR(1.23);                       --1
SELECT FLOOR(-1.23);                      ---2
```

(13) FORMAT(X,D)：将数字X写成"#,###,###.##"格式，即保留小数点后D位，而第D位的保留方式为四舍五入，然后将结果以字符串的形式返回。

(14) LN(X)：返回X的自然对数，即X相对于基数e的对数。同LOG(X)。

```
SELECT LN(2);                              --0.69314718055995
SELECT LN(-2);                             --NULL
```

(15) LOG(X),LOG(B,X)：若用一个参数调用，这个函数就会返回X的自然对数。

```
SELECT LOG(2);                             --0.69314718055995
SELECT LOG(-2);                            --NULL
```

若用两个参数进行调用，这个函数会返回X对于任意基数B的对数。

```
SELECT LOG(2,65536);                       --16
SELECT LOG(10,100);                        --2
```

LOG(B,X)就相当于LOG(X)/LOG(B)。

(16) LOG2(X)：返回X的基数为2的对数。

```
SELECT LOG2(65536);                        --16
SELECT LOG2(-100);                         --NULL
```

对于查出存储一个数字需要多少位，LOG2()非常有效。这个函数相当于表达式LOG(X)/LOG(2)。

(17) LOG10(X)：返回X的基数为10的对数。LOG10(X)相当于LOG(10,X)。

```
SELECT LOG10(2);                           --0.30102999566398
SELECT LOG10(100);                         --2
SELECT LOG10(-100);                        --NULL
```

(18) MOD(N,M),N % M N MOD M模操作：返回N被M除后的余数。支持使用BIGINT值。

```
SELECT MOD(234,10);                        --4
SELECT 253 %7;                             --1
SELECT MOD(29,9);                          --2
SELECT 29 MOD 9;                           --2
```

MOD()对于带有小数部分的数值也起作用，它返回除法运算后的精确余数。

```
SELECT MOD(34.5,3);                        --1.5
```

(19) PI()：返回π(pi)的值。默认的显示小数位数是7位，然而MySQL内部会使用完全双精度值。

```
SELECT PI();                               --3.141593
SELECT PI()+0.000000000000000000;          --3.141592653589793116
```

(20) POW(X,Y),POWER(X,Y)：返回X的Y乘方的结果值。

```
SELECT POW(2,2);                           --4
SELECT POW(2,-2);                          --0.25
```

(21) RADIANS(X)：返回由度转化为弧度的参数X(注意π(3.14…)弧度等

于 180°)。

```
SELECT RADIANS(90);                    --1.5707963267949
```

(22) RAND(),RAND(N):返回一个随机浮点值 v,范围在 0~1 之间(即其范围为 0≤v≤1.0)。若已指定一个整数参数 N,则它被用作种子值,用来产生重复序列。

```
SELECT RAND();       --0.9233482386203 SELECT RAND(20);    --0.15888261251047
SELECT RAND(20);     --0.15888261251047 SELECT RAND();     --0.63553050033332
SELECT RAND();       --0.70100469486881 SELECT RAND(20);   --0.15888261251047
```

若要在 i≤R≤j 范围得到一个随机整数 R,需要用到表达式 FLOOR(i+RAND() * (j−i+1))。例如,若要在 7~12 的范围(包括 7 和 12)内得到一个随机整数,可使用以下语句:

```
SELECT FLOOR(7+(RAND() * 6));
```

在 ORDER BY 语句中,不能使用一个带有 RAND()值的列,原因是 ORDER BY 会计算列的多重时间。然而,可按照如下的随机顺序检索数据行:

```
SELECT * FROM tbl_name ORDER BY RAND();
```

ORDER BY RAND()同 LIMIT 的结合从一组列中选择随机样本很有用。

```
SELECT * FROM table1,table2 WHERE a=b AND c<d ORDER BY RAND() LIMIT 1000;
```

注意:在 WHERE 语句中,WHERE 每执行一次,RAND()就会被再计算一次。

RAND()的作用不是作为一个精确的随机发生器,而是一种用来发生在同样的 MySQL 版本的平台之间的可移动 ad hoc 随机数的快速方式。

(23) ROUND(X),ROUND(X,D):返回参数 X,其值接近于最近似的整数。在有两个参数的情况下返回 X,其值保留到小数点后 D 位,而第 D 位的保留方式为四舍五入。若要保留 X 值小数点左边的 D 位,可将 D 设为负值。

```
SELECT ROUND(-1.23);        ---1 SELECT ROUND(-1.58);     ---2
SELECT ROUND(1.58);         --2 SELECT ROUND(1.298,1);    --1.3
SELECT ROUND(1.298,0);      --1 SELECT ROUND(23.298,-1); --20
```

返回值的类型与第一个自变量相同(假设它是一个整数、双精度数或小数)。这意味着对于一个整数参数,结果也是一个整数(无小数部分)。

当第一个参数是十进制常数时,对于准确值参数,ROUND()使用精密数学题库。

① 对于准确值数字,ROUND()使用“四舍五入”或“舍入成最接近的数”的规则:对于一个分数部分为.5 或大于.5 的值,正数则上舍入到邻近的整数值,负数则下舍入到邻近的整数值(换言之,其舍入的方向是数轴上远离 0 的方向)。对于一个分数部分小于.5 的值,正数则下舍入到下一个整数值,负数则下舍入到邻近的整数值,而正数则上舍入到邻近的整数值。

② 对于近似值数字,其结果根据 C 库而定。在很多系统中,这意味着 ROUND()的

使用遵循"舍入成最接近的偶数"的规则：一个带有任何小数部分的值会被舍入成最接近的偶数整数。

下面举例说明舍入法对于精确值和近似值的不同之处：

```
SELECT ROUND(2.5),ROUND(25E-1);                    --3  2
```

(24) SIGN(X)：返回参数作为－1、0 或 1 的符号，该符号取决于 X 的值为负、0 或正。

```
SELECT SIGN(-32);                                  ---1
SELECT SIGN(0);                                    --0
SELECT SIGN(234);                                  --1
```

(25) SIN(X)：返回 X 的正弦，其中 X 在弧度中被给定。

```
SELECT SIN(PI());                                  --1.2246063538224e-16
SELECT ROUND(SIN(PI()));                           --0
```

(26) SQRT(X)：返回非负数 X 的二次方根。

```
SELECT SQRT(4);                                    --2
SELECT SQRT(20);                                   --4.4721359549996
SELECT SQRT(-16);                                  --NULL
```

(27) TAN(X)：返回 X 的正切，其中 X 在弧度中被给定。

```
SELECT TAN(PI());                                  ---1.2246063538224e-16
SELECT TAN(PI()+1);                                --1.5574077246549
```

(28) TRUNCATE(X,D)：返回被舍去至小数点后 D 位的数字 X。若 D 的值为 0，则结果不带有小数点或不带有小数部分。可以将 D 设为负数，若要截去(归 0)X 小数点左起第 D 位开始后面所有低位的值，所有数字的舍入方向都接近于 0。

```
SELECT TRUNCATE(1.223,1);                          --1.2
SELECT TRUNCATE(1.999,1);                          --1.9
SELECT TRUNCATE(1.999,0);                          --1
SELECT TRUNCATE(-1.999,1);                         ---1.9
SELECT TRUNCATE(122,-2);                           --100
SELECT TRUNCATE(10.28 * 100,0);                    --1028
```

B.5 日期和时间函数

前面已经介绍了一些可用于操作时间值的函数。下面的例子使用了时间函数。以下询问选择了最近 30 天内所有带有 date_col 值的记录：

```
SELECT something FROM tbl_name WHERE DATE_SUB(CURDATE(),INTERVAL 30 DAY)< =date_col;
```

注意,这个询问也能选择将来的日期记录。

用于日期值的函数通常会接受时间日期值而忽略时间部分,而用于时间值的函数通常接受时间日期值而忽略日期部分。

返回各自当前日期或时间的函数在每次询问执行开始时计算一次。这意味着在一个单一询问中,对诸如NOW()的函数多次访问总是会得到同样的结果(未达到我们的目的,单一询问也包括对存储程序或触发器和被该程序/触发器调用的所有子程序的调用)。这项原则也适用于CURDATE()、CURTIME()、UTC_DATE()、UTC_TIME()、UTC_TIMESTAMP(),以及所有和它们意义相同的函数。

CURRENT_TIMESTAMP()、CURRENT_TIME()、CURRENT_DATE()以及FROM_UNIXTIME()返回连接当前时区内的值,这个值可用作time_zone系统变量的值。此外,假设UNIX_TIMESTAMP()的参数为一个当前时区的时间日期值。

以下函数的论述中返回值的范围会请求完全日期。若一个日期为"零"值,或者是一个诸如"2001-11-00"之类的不完全日期,提取部分日期值的函数可能会返回0。例如,DAYOFMONTH('2001-11-00')会返回0。

(1) ADDDATE(date,INTERVAL expr type),ADDDATE(expr,days):当被第二个参数的INTERVAL格式激活后,ADDDATE()就是DATE_ADD()的同义词。相关函数SUBDATE()则是DATE_SUB()的同义词。

```
SELECT DATE_ADD('1998-01-02',INTERVAL 31 DAY);          --'1998-02-02'
SELECT ADDDATE('1998-01-02',INTERVAL 31 DAY);           --'1998-02-02'
```

若days参数只是整数值,则MySQL 5.1将其作为天数值添加至expr。

```
SELECT ADDDATE('1998-01-02',31);                        --'1998-02-02'
```

(2) ADDTIME(expr,expr2):ADDTIME()将expr2添加至expr,然后返回结果。expr是一个时间或时间日期表达式,而expr2是一个时间表达式。

```
SELECT ADDTIME('1997-12-31 23: 59: 59.999999','1 1: 1: 1.000002');
                                              --'1998-01-02 01: 01: 01.000001'
SELECT ADDTIME('01: 00: 00.999999','02: 00: 00.999998');    --'03: 00: 01.999997'
```

CONVERT_TZ(dt,from_tz,to_tz) CONVERT_TZ()将时间日期值dt从from_tz给出的时区转到to_tz给出的时区,然后返回结果值。若自变量无效,则这个函数会返回NULL。

若从from_tz到UTC的转化过程中,该值超出TIMESTAMP类型的被支持范围,那么转化不会发生。

```
SELECT CONVERT_TZ('2004-01-01 12: 00: 00','GMT','MET');
                                                  --'2004-01-01 13: 00: 00'
SELECT CONVERT_TZ('2004-01-01 12: 00: 00','+00: 00','+10: 00');
                                                  --'2004-01-01 22: 00: 00'
```

注释:若要使用诸如MET或Europe/Moscow之类的指定时间区,首先要设置正确的时区表。

(3) CURDATE():将当前日期按照 YYYY-MM-DD 或 YYYYMMDD 格式的值返回,具体格式根据函数用在字符串或是数字语境中而定。

```
SELECT CURDATE();                                --'1997-12-15'
SELECT CURDATE()+0;                              --19971215
```

(4) CURRENT_DATE,CURRENT_DATE():CURRENT_DATE 和 CURRENT_DATE()是同义词。

(5) CURTIME():将当前时间以 HH:MM:SS 或 HHMMSS 的格式返回,具体格式根据函数用在字符串或是数字语境中而定。

```
SELECT CURTIME();                                --'23: 50: 26'
SELECT CURTIME()+0;                              --235026
```

(6) CURRENT_TIME:CURRENT_TIME()是 CURTIME()的同义词。

(7) CURRENT_TIMESTAMP:CURRENT_TIMESTAMP()是 NOW()的同义词。

(8) DATE(expr):提取日期或时间日期表达式 expr 中的日期部分。

```
SELECT DATE('2003-12-31 01: 02: 03');           --'2003-12-31'
```

(9) DATEDIFF(expr,expr2):DATEDIFF()返回起始时间 expr 和结束时间 expr2 之间的天数。Expr 和 expr2 为日期或 date-and-time 表达式。计算中只用到这些值的日期部分。

```
SELECT DATEDIFF('1997-12-31 23: 59: 59','1997-12-30');          --1
SELECT DATEDIFF('1997-11-30 23: 59: 59','1997-12-31');          ---31
```

(10) DATE_ADD(date,INTERVAL expr type),DATE_SUB(date,INTERVAL expr type)。

这些函数执行日期运算。date 是一个 DATETIME 或 DATE 值,用来指定起始时间。expr 是一个表达式,用来指定从起始日期添加或减去的时间间隔值。Expr 是一个字符串,对于负值的时间间隔,它可以以一个"—"开头。type 为关键词,它指示了表达式被解释的方式。关键词 INTERVA 及 type 分类符均不区分大小写。MySQL 允许任何 expr 格式中的标点分隔符。表中所显示的是建议的分隔符。若 date 参数是一个 DATE 值,而你的计算只会包括 YEAR、MONTH 和 DAY 部分(即没有时间部分),其结果是一个 DATE 值。否则,结果将是一个 DATETIME 值。

若位于另一端的表达式是一个日期或日期时间值,则 INTERVAL expr type 只允许在+操作符的两端。对于—操作符,INTERVAL expr type 只允许在其右端,原因是从一个时间间隔中提取一个日期或日期时间值是毫无意义的(见下面的例子)。

```
SELECT '1997-12-31 23: 59:59'+INTERVAL 1 SECOND;      --'1998-01-01 00: 00: 00'
SELECT INTERVAL 1 DAY+'1997-12-31';                   --'1998-01-01'
```

```
SELECT '1998-01-01'-INTERVAL 1 SECOND;                    --'1997-12-31 23:59:59'
SELECT DATE_ADD('1997-12-31 23:59:59',INTERVAL 1 SECOND);
                                                          --'1998-01-01 00:00:00'
SELECT DATE_ADD('1997-12-31 23:59:59',INTERVAL 1 DAY);
                                                          --'1998-01-01 23:59:59'
SELECT DATE_ADD('1997-12-31 23:59:59',INTERVAL '1:1' MINUTE_SECOND);
                                                          --'1998-01-01 00:01:00'
SELECT DATE_SUB('1998-01-01 00:00:00',INTERVAL '1 1:1:1' DAY_SECOND);
                                                          --'1997-12-30 22:58:59'
SELECT DATE_ADD('1998-01-01 00:00:00',INTERVAL '-1 10' DAY_HOUR);
                                                          --'1997-12-30 14:00:00'
SELECT DATE_SUB('1998-01-02',INTERVAL 31 DAY);            --'1997-12-02'
SELECT DATE_ADD('1992-12-31 23:59:59.000002',INTERVAL '1.999999' SECOND_
MICROSECOND);                                             --'1993-01-01 00:00:01.
000001'
SELECT DATE_ADD('1999-01-01',INTERVAL 1 DAY);             --'1999-01-02'
SELECT DATE_ADD('1999-01-01',INTERVAL 1 HOUR);            --'1999-01-01 01:00:00'
SELECT DATE_ADD('1998-01-30',INTERVAL 1 MONTH);           --'1998-02-28'
```

(11) DATE_FORMAT(date,format)：根据format字符串安排date值的格式。

以下说明符可用在format字符串中：

%a：工作日的缩写名称(Sun..Sat)；%b：月份的缩写名称(Jan..Dec)；%c：月份，数字形式(0..12)；%D：带有英语后缀的该月日期(0th,1st,2nd,…)；%d：该月日期，数字形式(00..31)；%e：该月日期，数字形式(0..31)；%f：微秒(000000..999999)；%H：小时(00..23)；%h：小时(01..12)；%I：小时(01..12)；%i：分钟，数字形式(00..59)；%j：一年中的天数(001..366)；%k：小时(0..23)；%l：小时(1..12)；%M：月份名称(January..December)；%m：月份，数字形式(00..12)；%p：上午(AM)或下午(PM)；%r：时间，12小时制(小时hh:分钟mm:秒数ss，后加AM或PM)；%S：秒(00..59)；%s：秒(00..59)；%T：时间，24小时制(小时hh:分钟mm:秒数ss)；%U：周(00..53)，其中周日为每周的第一天；%u：周(00..53)，其中周一为每周的第一天；%V：周(01..53)，其中周日为每周的第一天，和%X同时使用；%v：周(01..53)，其中周一为每周的第一天，和%x同时使用；%W：工作日名称(周日..周六)；%w：一周中的每日(0=周日..6=周六)；%X：该周的年份，其中周日为每周的第一天，数字形式，4位数，和%V同时使用；%x：该周的年份，其中周一为每周的第一天，数字形式，4位数，和%v同时使用；%Y：年份，数字形式，4位数；%y：年份，数字形式(2位数)；%%：“%”文字字符。

注意，“%”字符要求在格式指定符之前。月份和日期说明符的范围从0开始，原因是MySQL允许存储诸如“2004-00-00”的不完全日期。

```
SELECT DATE_FORMAT('1997-10-04 22:23:00','%W %M %Y');  --'Saturday October 1997'
SELECT DATE_FORMAT('1997-10-04 22:23:00','%H:%i:%s');          --'22:23:00'
SELECT DATE_FORMAT('1997-10-04 22:23:00','%D %y %a %d %m %b %j');
```

```
                                        --'4th 97 Sat 04 10 Oct 277'
SELECT DATE_FORMAT('1997-10-04 22: 23: 00','%H %k %I %r %T %S %w');
                                        --'22 22 10 10: 23: 00 PM 22: 23: 00 00 6'
SELECT DATE_FORMAT('1999-01-01','%X %V');--'1998 52'
```

(12) DAY(date)：DAY() 和 DAYOFMONTH()的意义相同。

(13) DAYNAME(date)：返回 date 对应的工作日名称。

```
SELECT DAYNAME('1998-02-05');           --'Thursday'
```

(14) DAYOFMONTH(date)：返回 date 对应的该月日期，范围是 1～31。

```
SELECT DAYOFMONTH('1998-02-03');        --3
```

(15) DAYOFWEEK(date)：返回 date(1＝周日，2＝周一，…，7＝周六)对应的工作日索引。这些索引值符合 ODBC 标准。

```
SELECT DAYOFWEEK('1998-02-03');         --3
```

(16) DAYOFYEAR(date)：返回 date 对应的一年中的天数，范围是 1～366。

```
SELECT DAYOFYEAR('1998-02-03');         --34
```

(17) EXTRACT(type FROM date)：EXTRACT()函数所使用的时间间隔类型说明符同 DATE_ADD()或 DATE_SUB()的相同，但它从日期中提取其部分，而不是执行日期运算。

```
SELECT EXTRACT(YEAR FROM '1999-07-02');                              --1999
SELECT EXTRACT(YEAR_MONTH FROM '1999-07-02 01: 02: 03');             --199907
SELECT EXTRACT(DAY_MINUTE FROM '1999-07-02 01: 02: 03');             --20102
SELECT EXTRACT(MICROSECOND FROM '2003-01-02 10: 30: 00.00123');      --123
```

(18) FROM_DAYS(N)：给定一个天数 N，返回一个 DATE 值。使用 FROM_DAYS()处理古老日期时务必谨慎，它不用于处理阳历出现前的日期(1582)。

```
SELECT FROM_DAYS(729669);               --'1997-10-07'
```

(19) FROM_UNIXTIME(unix_timestamp)，FROM_UNIXTIME(unix_timestamp,format)：返回 YYYY-MM-DD HH:MM:SS 或 YYYYMMDDHHMMSS 格式值的 unix_timestamp 参数表示，具体格式取决于该函数是否用在字符串中或是数字语境中。

若 format 已经给出，则结果的格式是根据 format 字符串而定。format 可以包含同 DATE_FORMAT()函数输入项列表中相同的说明符。

```
SELECT FROM_UNIXTIME(875996580);        --'1997-10-05 04:23:00'
SELECT FROM_UNIXTIME(875996580)+0;      --19971005042300.000000
SELECT FROM_UNIXTIME(UNIX_TIMESTAMP(),'%Y %D %M %h: %i: %s %x');
                                        --'2011 6th August 06:22:58 2003'
```

(20) GET_FORMAT(DATE | TIME | DATETIME,'EUR' | 'USA' | 'JIS' | 'ISO' | 'INTERNAL')：返回一个格式字符串。这个函数在同DATE_FORMAT()及STR_TO_DATE()结合时很有用。

第一个参数的三个可能值和第二个参数的5个可能值产生15个可能格式字符串。

```
SELECT DATE_FORMAT('2003-10-03',GET_FORMAT(DATE,'EUR'));     --'03.10.2003'
SELECT STR_TO_DATE('10.31.2003',GET_FORMAT(DATE,'USA'));     --'2003-10-31'
```

(21) HOUR(time)：返回time对应的小时数。对于日时值的返回值范围是0～23。然而，TIME值的范围实际上非常大，所以HOUR可以返回大于23的值。

```
SELECT HOUR('10: 05: 03');                                   --10
SELECT HOUR('272: 59: 59');                                  --272
```

(22) LAST_DAY(date)：获取一个日期或日期时间值，返回该月最后一天对应的值。若参数无效，则返回NULL。

```
SELECT LAST_DAY('2003-02-05');                               --'2003-02-28'
SELECT LAST_DAY('2004-02-05');                               --'2004-02-29'
SELECT LAST_DAY('2004-01-01 01: 01: 01');                    --'2004-01-31'
SELECT LAST_DAY('2003-03-32');                               --NULL
```

(23) LOCALTIME, LOCALTIME()：LOCALTIME 及 LOCALTIME() 和 NOW()具有相同意义。

(24) LOCALTIMESTAMP：LOCALTIMESTAMP() 与 NOW() 具有相同意义。

(25) MAKEDATE(year,dayofyear)：给出年份值和一年中的天数值，返回一个日期。dayofyear必须大于0，否则结果为NULL。

```
SELECT MAKEDATE(2001,31),MAKEDATE(2001,32);          --'2001-01-31','2001-02-01'
SELECT MAKEDATE(2001,365),MAKEDATE(2004,365);        --'2001-12-31','2004-12-30'
SELECT MAKEDATE(2001,0);                             --NULL
```

(26) MAKETIME(hour,minute,second)：返回由hour、minute和second参数计算得出的时间值。

```
SELECT MAKETIME(12,15,30);                           --'12:15:30'
```

(27) MICROSECOND(expr)：从时间或日期时间表达式expr返回微秒值，其数字范围为0～999999。

```
SELECT MICROSECOND('12: 00: 00.123456');                  --123456
SELECT MICROSECOND('1997-12-31 23: 59: 59.000010');       --10
```

(28) MINUTE(time)：返回time对应的分钟数，范围是0～59。

```
SELECT MINUTE('98-02-03 10: 05: 03');                     --5
```

(29) MONTH(date)：返回 date 对应的月份，范围是 1～12。

```
SELECT MONTH('1998-02-03');                    --2
```

(30) MONTHNAME(date)：返回 date 对应月份的全名。

```
SELECT MONTHNAME('1998-02-05');                --'February '
```

(31) NOW()：返回当前日期和时间值，其格式为 YYYY-MM-DD HH：MM：SS 或 YYYYMMDDHHMMSS，具体格式取决于该函数是否用在字符串中或数字语境中。

```
SELECT NOW();                                  --'1997-12-15 23: 50: 26'
SELECT NOW()+0;                                --19971215235026
```

在一个存储程序或触发器内，NOW()返回一个常数时间，该常数指示了该程序或触发语句开始执行的时间。这同 SYSDATE()的运行有所不同。

(32) PERIOD_ADD(P,N)：添加 N 个月至周期 P(格式为 YYMM 或 YYYYMM)，返回值的格式为 YYYYMM。注意，周期参数 P 不是日期值。

```
SELECT PERIOD_ADD(9801,2);                     --199803
```

(33) PERIOD_DIFF(P1,P2)：返回周期 P1 和 P2 之间的月份数。P1 和 P2 的格式应该为 YYMM 或 YYYYMM。注意，周期参数 P1 和 P2 不是日期值。

```
SELECT PERIOD_DIFF(9802,199703);               --11
```

(34) QUARTER(date)：返回 date 对应的一年中的季度值，范围是 1～4。

```
SELECT QUARTER('98-04-01');                    --2
```

(35) SECOND(time)：返回 time 对应的秒数，范围是 0～59。

```
SELECT SECOND('10: 05: 03');                   --3
```

(36) SEC_TO_TIME(seconds)：返回被转化为小时、分钟和秒数的 seconds 参数值，其格式为 HH:MM:SS 或 HHMMSS，具体格式根据该函数是否用在字符串或数字语境中而定。

```
SELECT SEC_TO_TIME(2378);                      --'00: 39: 38'
SELECT SEC_TO_TIME(2378)+0;                    --3938
```

(37) STR_TO_DATE(str,format)：DATE_FORMAT()的倒转。它获取一个字符串 str 和一个格式字符串 format。若格式字符串包含日期和时间部分，则 STR_TO_DATE()返回一个 DATETIME 值；若该字符串只包含日期部分或时间部分，则返回一个 DATE 或 TIME 值。

```
SELECT STR_TO_DATE('00/00/0000','%m/%d/%Y');   --'0000-00-00'
SELECT STR_TO_DATE('04/31/2004','%m/%d/%Y');   --'2004-04-31'
```

(38) SUBDATE(date,INTERVAL expr type),SUBDATE(expr,days)。

当被第二个参数的 INTERVAL 型式调用时,SUBDATE()和 DATE_SUB()的意义相同。有关 INTERVAL 参数的信息,见有关 DATE_ADD()的讨论。

```
SELECT DATE_SUB('1998-01-02',INTERVAL 31 DAY);     --'1997-12-02'
SELECT SUBDATE('1998-01-02',INTERVAL 31 DAY);      --'1997-12-02'
```

第二个形式允许对 days 使用整数值。在这些情况下,它被算作在日期或日期时间表达式 expr 中提取的天数。

```
SELECT SUBDATE('1998-01-02 12: 00: 00',31);        --'1997-12-02 12: 00: 00'
```

注意:不能使用格式"%X%V"将一个 year-week 字符串转化为一个日期,原因是当一个星期跨越一个月份界限时,一个年和星期的组合不能标示一个唯一的年和月份。若要将 year-week 转化为一个日期,也应指定具体工作日。

```
select str_to_date('200442 Monday','%X%V %W');   -2004-10-18
```

(39) SUBTIME(expr,expr2):SUBTIME()从 expr 中提取 expr2,然后返回结果。expr 是一个时间或日期时间表达式,而 expr2 是一个时间表达式。

```
SELECT SUBTIME('1997-12-31 23: 59: 59.999999','1 1: 1: 1.000002');
                                                  --'1997-12-30 22: 58: 58.999997'
SELECT SUBTIME('01: 00: 00.999999','02: 00: 00.999998');  --'-00: 59: 59.999999'
```

(40) SYSDATE():返回当前日期和时间值,格式为 YYYY-MM-DDHH:MM:SS 或 YYYYMMDDHHMMSS,具体格式根据函数是否用在字符串或数字语境中而定。

(41) TIME(expr):提取一个时间或日期时间表达式的时间部分,并将其以字符串形式返回。

```
SELECT TIME('2003-12-31 01: 02: 03');               --'01: 02: 03'
SELECT TIME('2003-12-31 01: 02: 03.000123');        --'01: 02: 03.000123'
```

(42) TIMEDIFF(expr,expr2):TIMEDIFF()返回起始时间 expr 和结束时间 expr2 之间的时间。expr 和 expr2 为时间或 date-and-time 表达式,两个的类型必须一样。

```
SELECT TIMEDIFF('2000: 01: 01 00: 00: 00','2000: 01: 01 00: 00: 00.000001');
                                                        --'-00: 00: 00.000001'
SELECT TIMEDIFF('1997-12-31 23: 59: 59.000001','1997-12-30 01: 01: 01.000002');
                                                        --'46: 58: 57.999999'
```

(43) TIMESTAMP(expr),TIMESTAMP(expr,expr2):对于一个单参数,该函数将日期或日期时间表达式 expr 作为日期时间值返回。对于两个参数,它将时间表达式 expr2 添加到日期或日期时间表达式 expr 中,将 theresult 作为日期时间值返回。

```
SELECT TIMESTAMP('2003-12-31');                        --'2003-12-31 00: 00: 00'
SELECT TIMESTAMP('2003-12-31 12: 00: 00','12: 00: 00'); --'2004-01-01 00: 00:00'
```

(44) TIMESTAMPADD(interval,int_expr,datetime_expr):将整型表达式 int_expr 添加到日期或日期时间表达式 datetime_expr 中。int_expr 的单位被时间间隔参数给定,该参数必须是以下值中的一个:FRAC_SECOND、SECOND、MINUTE、HOUR、DAY、WEEK、MONTH、QUARTER 或 YEAR。

可使用所显示的关键词指定 Interval 值,或使用 SQL_TSI_前缀。例如,DAY 或 SQL_TSI_DAY 都是正确的。

```
SELECT TIMESTAMPADD(MINUTE,1,'2003-01-02');          --'2003-01-02 00:01:00'
SELECT TIMESTAMPADD(WEEK,1,'2003-01-02');            --'2003-01-09'
```

(45) TIMESTAMPDIFF(interval,datetime_expr1,datetime_expr2):返回日期或日期时间表达式 datetime_expr1 和 datetime_expr2the 之间的整数差。其结果的单位由 interval 参数给出。interval 的法定值同 TIMESTAMPADD()说明中所列出的相同。

```
SELECT TIMESTAMPDIFF(MONTH,'2003-02-01','2003-05-01');          --3
SELECT TIMESTAMPDIFF(YEAR,'2002-05-01','2001-01-01');           ---1
```

(46) TIME_FORMAT(time,format):其使用和 DATE_FORMAT()相同,然而 format 字符串可能仅会包含处理小时、分钟和秒的格式说明符。其他说明符产生一个 NULL 值或 0。

若 time value 包含一个大于 23 的小时部分,则%H 和%k 小时格式说明符会产生一个大于 0..23 的通常范围的值。另一个小时格式说明符产生小时值模数 12。

```
SELECT TIME_FORMAT('100:00:00','%H %k %h %I %l');          --'100 100 04 04 4'
```

(47) TIME_TO_SEC(time):返回已转化为秒的 time 参数。

```
SELECT TIME_TO_SEC('22:23:00');                      --80580
SELECT TIME_TO_SEC('00:39:38');                      --2378
```

(48) TO_DAYS(date):给定一个日期 date,返回一个天数(从年份 0 开始的天数)。

```
SELECT TO_DAYS(950501);                              --728779
SELECT TO_DAYS('1997-10-07');                        --729669
```

TO_DAYS()不用于阳历出现(1582)前的值,原因是当日历改变时,遗失的日期不会被考虑在内。'1997-10-07'和'97-10-07'被视为同样的日期。

```
SELECT TO_DAYS('1997-10-07'),TO_DAYS('97-10-07');          --729669,729669
```

对于 1582 年之前的日期(或许在其他地区为下一年),该函数的结果是不可靠的。

(49) UNIX_TIMESTAMP(),UNIX_TIMESTAMP(date):若无参数调用,则返回一个 Unix timestamp('1970-01-0100:00:00'GMT 之后的秒数)作为无符号整数。若用 date 调用 UNIX_TIMESTAMP(),它会将参数值以'1970-01-01 00:00:00' GMT 后的秒数的形式返回。date 可以是一个 DATE 字符串、一个 DATETIME 字符串、一个 TIMESTAMP 或一个当地时间的 YYMMDD 或 YYYMMDD 格式的数字。

```
SELECT UNIX_TIMESTAMP();                                    --882226357
SELECT UNIX_TIMESTAMP('1997-10-04 22: 23: 00');             --875996580
```

(50) UTC_DATE,UTC_DATE()：返回当前 UTC 日期值,其格式为 YYYY-MM-DD 或 YYYYMMDD,具体格式取决于函数是否用在字符串或数字语境中。

```
SELECT UTC_DATE(),UTC_DATE()+0;             --'2003-08-14',20030814
```

(51) UTC_TIME,UTC_TIME()：返回当前 UTC 值,其格式为 HH:MM:SS 或 HHMMSS,具体格式根据该函数是否用在字符串或数字语境中而定。

```
SELECT UTC_TIME(),UTC_TIME()+0;             --'18: 07: 53',180753
```

(52) UTC_TIMESTAMP,UTC_TIMESTAMP()：返回当前 UTC 日期及时间值,格式为 YYYY-MM-DD HH:MM:SS 或 YYYYMMDDHHMMSS,具体格式根据该函数是否用在字符串或数字语境中而定。

```
SELECT UTC_TIMESTAMP(),UTC_TIMESTAMP()+0;
                                --'2003-08-14 18:08:04',20030814180804
```

(53) WEEK(date[,mode])：该函数返回 date 对应的星期数。WEEK()的双参数形式允许指定该星期是否起始于周日或周一,以及返回值的范围是否为 0～53 或 1～53。若 mode 参数被省略,则使用 default_week_format 系统自变量的值。

```
SELECT WEEK('1998-02-20');                  --7
SELECT WEEK('1998-02-20',0);                --7
SELECT WEEK('1998-02-20',1);                --8
SELECT WEEK('1998-12-31',1);                --53
```

注意：假如有一个日期位于前一年的最后一周,若不使用 2、3、6 或 7 作为 mode 参数选择,则 MySQL 返回 0。

```
SELECT YEAR('2000-01-01'),WEEK('2000-01-01',0);             --2000,0
```

假如更希望所计算的关于年份的结果包括给定日期所在周的第一天,则应使用 0、2、5 或 7 作为 mode 参数选择。

```
SELECT WEEK('2000-01-01',2);                                --52
```

作为选择,可使用 YEARWEEK()：

```
SELECT YEARWEEK('2000-01-01');                              --199952
WSELECT MID(YEARWEEK('2000-01-01'),5,2);                    --'52'
```

(54) WEEKDAY(date)：返回 date(0＝ 周一,1＝ 周二,…,6＝ 周日)对应的工作日索引。

```
SELECT WEEKDAY('1998-02-03 22: 23: 00');                    --1
SELECT WEEKDAY('1997-11-05');                               --2
```

(55) WEEKOFYEAR(date)：将该日期的阳历周以数字形式返回，范围是1～53。它是一个兼容度函数，相当于WEEK(date,3)。

```
SELECT WEEKOFYEAR('1998-02-20');                --8
```

(56) YEAR(date)：返回date对应的年份，范围是1000～9999。

```
SELECT YEAR('98-02-03');                        --1998
```

(57) YEARWEEK(date)，YEARWEEK(date,start)：返回一个日期对应的年或周。start参数的功能同start参数对WEEK()的功能相同。结果中的年份可以和该年的第一周和最后一周对应的日期参数有所不同。

```
SELECT YEARWEEK('1987-01-01');                  --198653
```

附录C appendix C

C API

本附录涵盖了 MySQL 提供的 C API。第一部分提供如何连接 MySQL,以及如何用 C 语言和 C API 查询 MySQL 的基本指南。第二部分提供了 MySQL 的常用函数。第三部分为 C API 数据类型说明。

C.1 使用 C 和 MySQL

1. 连接 MySQL

编写 C 程序和 MySQL 进行交互时,首先需要创建几个变量来存储必需的数据,如 MySQL 连接以及查询结果,然后需要创建一个 MySQL 连接。要想方便地完成这些工作,需要导入两个 C 语言头文件:stdio. h 提供基本的 C 函数以及变量,mysql. h 提供 MySQL 专有函数以及定义。这两个文件是 C 和 MySQL 自带的,如果 MySQL 和 C 都已经正确安装,就无需在网站上下载了。

```
#include<stdio.h>
#include "/usr/include/mysql/mysql.h"
int main(int argc,char * argv[])
{  MYSQL mysql;
   MYSQL_RES * result;
   MYSQL_ROW row;
```

stdio. h 包含在符号"<"和">"之间,表示 C 程序在 C 头文件默认的目录下。mysql. h 包含在引号之间,表示 mysql. h 在用户目录下(例如 C:\Program Files\MySQL\MySQL Server 5. 5\include)查找头文件。

给出的 main 函数中已经定义了用来连接数据库的变量,第一行代码创建了一个对象,为 MySQL 类型。第二行基于 mysql. h 中 MYSQL_RES 的定义命名了一个指向 result 的指针变量,结果集放在 result 数组中,它是 MySQL 数据库中记录的集合。第三行使用 MYSQL_ROW 的定义建立了 row 变量,用于存放结果集中的行。

导入头文件并建立初始变量后,现在可以使用 mysql_init()在内存中建立一个对象,该对象用于同 MySQL 服务器之间进行交互:

```
if(mysql_init(&mysql)==NULL)
{  printf(stderr,"cannot initialize MySQL");
   return 1;
}
```

上面的if语句用来检验是否可以初始化MySQL对象。如果初始化失败，则打印出错信息并终止程序。函数mysql_init()使用main函数中声明的MySQL结构初始化MySQL对象，如果初始化成功，则会建立一个MySQL连接：

```
if(mysql_real_connect(&mysql,"localhost","user","password","jxgl",0,NULL,0))
{  fprintf(stderr,"%d:%s \n",mysql_errno(&mysql),mysql_error(&mysql));
   return 1;
}
```

mysql_real_connect()中参数的意思很明了，第一个参数为MySQL的对象；第二个参数是主机名或IP地址；第三个参数为用户名；第四个参数为密码；第五个参数为要连接的数据库。最后三个是端口号、UNIX套接字文件名以及客户端标记。将后三个的值设置为0和NULL是告知函数使用参数项的默认值。如果程序不能连接到数据库，则输出由服务器生成的标准错误流信息以及错误代码(格式符%d指示输出值为数字)，最后是包含MySQL出错信息的字符串(%s)以及换行符(\n)。实际值在格式后面显示，格式符和实际值之间用逗号分隔。

2. 查询MySQL

如果程序的连接MySQL的部分已经操作成功，则可以使用查询函数对MySQL数据库进行查询，例如使用函数mysql_query()：

```
if(mysql_query(&mysql,"select * from student"))
{ fprintf(stderr,"%d: %s\n",mysql_errno(&mysql),mysql_error(&mysql));
}
else
{  result=mysql_store_result(&mysql);
    while(row==mysql_fetch_row(result))
    {printf("\%d-\%s \n",row[0],row[1]);}
    mysql_free_result(result);
  }
  mysql_close(&mysql);
  return 0;
}
```

这段代码中使用了mysql_query()，但是也可以使用mysql_real_query()，两者之间的区别为mysql_real_query()允许包含二进制数据查询。mysql_query()如果操作成功返回0，否则返回非零值。因此，如果操作失败，会显示错误提示信息；如果操作成功，会执行else程序块，在else程序块中，第一行获取查询结果，并使用mysql_store_result()将结果存入内存。

使用while循环遍历结果集中的每一行，并将结果显示给用户。while循环的条件为

row==mysql_fetch_row(result)，使用mysql_fetch_row()一次在结果集中取出一行数据，并将每一行数据存储在变量row中。然后，printf语句根据给出的格式打印每行的结果。需要注意，每个字段都是使用数组语法获取的。当遍历结果集中的每一行之后，使用mysql_free_result()释放result所占用的内存空间，程序退出else程序块。

程序的最后使用mysql_close()结束MySQL会话，并断开与MySQL的连接。大括号结束了main函数的执行。

3. 编译运行

当编译器试图编译C程序时，首先检查代码中的语法错误。如果发现语法错误，编译器将提示编译失败并显示出错信息；如果通过，则可以执行编译后的程序。

C.2 常用API函数

表C1归纳了C API可使用的函数，详细说明请参考MySQL的说明文档。

表C1 C API可使用的函数

函　　数	描　　述
mysql_affected_rows()	返回上次UPDATE、DELETE或INSERT查询更改/删除/插入的行数
mysql_autocommit()	切换autocommit模式，ON/OFF
mysql_change_user()	更改打开连接上的用户和数据库
mysql_charset_name()	返回用于连接的默认字符集的名称
mysql_close()	关闭服务器连接
mysql_commit()	提交事务
mysql_data_seek()	在查询结果集中查找属性行编号
mysql_debug()	用给定的字符串执行DBUG_PUSH
mysql_dump_debug_info()	让服务器将调试信息写入日志
mysql_errno()	返回上次调用的MySQL函数的错误编号
mysql_error()	返回上次调用的MySQL函数的错误消息
mysql_escape_string()	为了用在SQL语句中，对特殊字符进行转义处理
mysql_fetch_field()	返回下一个表字段的类型
mysql_fetch_field_direct()	给定字段编号，返回表字段的类型
mysql_fetch_fields()	返回所有字段结构的数组
mysql_fetch_lengths()	返回当前行中所有列的长度
mysql_fetch_row()	从结果集中获取下一行
mysql_field_seek()	将列光标置于指定的列
mysql_field_count()	返回上次执行语句的结果列的数目

续表

函　　数	描　　述
mysql_field_tell()	返回上次 mysql_fetch_field()所使用字段光标的位置
mysql_free_result()	释放结果集使用的内存
mysql_get_client_info()	以字符串形式返回客户端版本信息
mysql_get_client_version()	以整数形式返回客户端版本信息
mysql_get_host_info()	返回描述连接的字符串
mysql_get_server_version()	以整数形式返回服务器的版本号
mysql_get_proto_info()	返回连接所使用的协议版本
mysql_get_server_info()	返回服务器的版本号
mysql_info()	返回关于最近所执行查询的信息
mysql_init()	获取或初始化 MYSQL 结构
mysql_insert_id()	返回上一个查询为 AUTO_INCREMENT 列生成的 ID
mysql_kill()	杀死给定的线程
mysql_library_end()	最终确定 MySQL C API 库
mysql_library_init()	初始化 MySQL C API 库
mysql_list_dbs()	返回与简单正则表达式匹配的数据库名称
mysql_list_fields()	返回与简单正则表达式匹配的字段名称
mysql_list_processes()	返回当前服务器线程的列表
mysql_list_tables()	返回与简单正则表达式匹配的表名
mysql_more_results()	检查是否还存在其他结果
mysql_next_result()	在多语句执行过程中返回/初始化下一个结果
mysql_num_fields()	返回结果集中的列数
mysql_num_rows()	返回结果集中的行数
mysql_options()	为 mysql_connect()设置连接选项
mysql_ping()	检查与服务器的连接是否工作，如有必要重新连接
mysql_query()	执行指定为“以 Null 终结的字符串”的 SQL 查询
mysql_real_connect()	连接到 MySQL 服务器
mysql_real_escape_string()	考虑到连接的当前字符集，为了在 SQL 语句中使用，对字符串中的特殊字符进行转义处理
mysql_real_query()	执行指定为计数字符串的 SQL 查询
mysql_refresh()	刷新或复位表和高速缓冲
mysql_reload()	通知服务器再次加载授权表

续表

函　　数	描　　述
mysql_rollback()	回退事务
mysql_row_seek()	使用从 mysql_row_tell()返回的值,查找结果集中的行偏移
mysql_row_tell()	返回行光标位置
mysql_select_db()	选择数据库
mysql_server_end()	最终确定嵌入式服务器库
mysql_server_init()	初始化嵌入式服务器库
mysql_set_server_option()	为连接设置选项(如多语句)
mysql_sqlstate()	返回关于上一个错误的 SQLSTATE 错误代码
mysql_shutdown()	关闭数据库服务器
mysql_stat()	以字符串形式返回服务器状态
mysql_store_result()	检索完整的结果集至客户端
mysql_thread_id()	返回当前线程 ID
mysql_thread_safe()	如果客户端已编译为线程安全的,返回 1
mysql_use_result()	初始化逐行的结果集检索
mysql_warning_count()	返回上一个 SQL 语句的告警数

C.3　C API 数据类型

下面是 mysql.h 中的 C API 数据类型列表:

- MYSQL: mysql_init()创建的数据库句柄结构。可以使用 mysql_close()释放内存。
- MYSQL_RES: 从 SQL 查询语句获取的查询结果集的结构。取回函数会用到这个数据类型,可以使用 mysql_free_result()释放内存。
- MYSQL_ROW: 该结构用于存放结果集的行数据。使用函数 mysql_fetch_row()可以检索该结构中的数据。
- MYSQL_FIELD: 该结构用于存放结果集中的字段信息,通过函数 mysql_fetch_field()可以创建存放字段信息的数组。数组元素包含 name(字段名)、table(表名)和 def(该字段的缺省值)。
- MYSQL_FIELD_OFFSET: 该类型用于记录结果集指针偏移位置。函数 mysql_row_tell()可以取得偏移量,函数 mysql_row_seek()使用。偏移量是在一行以内的字段编号,从 0 开始。

附录 D appendix D

MySQL 命令与帮助

发送你发出的每条 SQL 语句到服务器执行。MySQL 也有一个自己解释执行的命令集。在一一或\h 的每个命令都有一个长格式和短格式的命令形式。长格式命令(又称为文本命令)不区分大小写,而短格式命令是大小写敏感的。长格式命令后可选地跟一个";"分隔符,但是短格式命令不应跟";"分隔符。

下面列出所有 MySQL 命令:

?	(\?)同'help'命令。如? 或 help。
clear	(\c)清除当前输入语句,开始输入执行新命令。如 badcommand \c show tables;。
connect	(\r)重新连接到服务器,可选的参数为 db 和 host。如 connect test localhost;或\r test localhost。
delimiter	(\d)设置语句分隔符。如\d //。
ego	(\G)发送命令到 mysql 服务器,并垂直方式显示结果。如 select * from user\G。
exit	(\q)退出 MySQL,同命令 quit。
go	(\g)发送命令到 mysql 服务器,如 select * from user\g。
help	(\h)显示 mysql 命令帮助。
notee	(\t)不要写入输出文件。如\t select * from user;。
print	(\p)打印当前命令。如 \p select * from user;。
prompt	(\R)改变 mysql 提示符。如\R >。
quit	(\q)退出 mysql。
rehash	(\#)重建 hash。
source	(\.)执行一个 SQL 脚本文件。以文件名为参数。如\. C:\test.sql。
status	(\s)获取服务器的状态信息。如\s。
tee	(\T)设置输出文件,能把命令、命令结果信息等都输出到指定的输出文件。如\T c:\out.txt。
use	(\u)打开另一个数据库,使之成为当前数据库,数据库名为参数。如\u mysql。
charset	(\C)切换到另一个字符集。可能要用多字节字符集处理 binlog(二进制日志)。如\C gbk。

warnings (\W)在每个语句后显示警告信息。

nowarning (\w)在每个语句后不显示警告信息。

可输入服务器端命令的帮助信息，如：

```
mysql>help contents;
```

帮助分类 Contents 含有的一级分类目录，如下：

Account Management Administration
Compound Statements Data Definition
Data Manipulation Data Types
Functions
Functions and Modifiers for Use with GROUP BY
Geographic Features Help Metadata
Language Structure Plugins
Table Maintenance Transactions
User-Defined Functions Utility

更多的信息，输入“help <item>”，其中<item>为上面一级分类目录项，如 Data Manipulation。

```
mysql>help Data Manipulation;                --获取其他一级分类目录项帮助的方法类似
```

帮助分类 Data Manipulation 含有的二级分类目录，如下：

CALL DELETE DO
DUAL HANDLER INSERT
INSERT DELAYED INSERT SELECT JOIN
LOAD DATA REPLACE SELECT
TRUNCATE TABLE UNION UPDATE

更多的信息，输入“help <item>”，其中<item>为上面二级分类目录项，如 INSERT。

```
mysql>help insert;
Name: 'INSERT'
Description:
Syntax:
INSERT [LOW_PRIORITY|DELAYED|HIGH_PRIORITY] [IGNORE]
    [INTO] tbl_name [(col_name,…)]
    {VALUES|VALUE}({expr|DEFAULT},…),(…),…
    [ ON DUPLICATE KEY UPDATE
      col_name=expr
        [,col_name=expr] … ]
Or:
INSERT [LOW_PRIORITY|DELAYED|HIGH_PRIORITY] [IGNORE]
    [INTO] tbl_name
```

```
    SET col_name={expr|DEFAULT},…
    [ ON DUPLICATE KEY UPDATE
      col_name=expr
        [,col_name=expr] … ]
Or:
INSERT [LOW_PRIORITY|HIGH_PRIORITY] [IGNORE]
    [INTO] tbl_name [(col_name,…)]
    SELECT …
    [ ON DUPLICATE KEY UPDATE
      col_name=expr
        [,col_name=expr] … ]
INSERT inserts new rows into an existing table. The INSERT … VALUES
and INSERT … SET forms of the statement insert rows based on
explicitly specified values. The INSERT … SELECT form inserts rows
selected from another table or tables. INSERT … SELECT is discussed
further in [HELP INSERT SELECT].
URL: http://dev.mysql.com/doc/refman/5.1/en/insert.html
```

需要关于 MySQL 产品与服务的信息，请访问网址 http://www.mysql.com。
需要 MySQL 的开发信息，包括参考手册等，请访问网址 http://dev.mysql.com。
要购买 MySQL 企业支持、培训或其他产品，请访问网址 https://shop.mysql.com。

参考文献

[1] 萨师煊,王珊.数据库系统概论.第3版.北京：高等教育出版社,2000.

[2] 施伯乐,丁宝康.数据库技术.北京：科学出版社,2002.

[3] 徐洁磐.现代数据库系统教程.北京：北京希望电子出版社,2003.

[4] 钱雪忠,罗海驰,钱鹏江.数据库系统原理学习辅导.北京：清华大学出版社,2004.

[5] 钱雪忠,陶向东.数据库原理及应用实验指导.北京：北京邮电大学出版社,2005.

[6] 钱雪忠,周黎,钱瑛,周阳花.新编 Visual Basic 程序设计实用教程.北京：机械工业出版社,2004.

[7] 钱雪忠,黄学光,刘肃平.数据库原理及应用.北京：北京邮电大学出版社,2005.

[8] 钱雪忠,黄建华.数据库原理及应用.第2版.北京：北京邮电大学出版社,2007.

[9] 钱雪忠,罗海驰,钱鹏江.SQL Server 2005 实用技术及案例系统开发.北京：清华大学出版社,2007.

[10] 钱雪忠.数据库与 SQL Server 2005 教程.北京：清华大学出版社,2007.

[11] 钱雪忠,罗海驰,陈国俊.数据库原理及技术课程设计.北京：清华大学出版社,2009.

[12] 钱雪忠,李京.数据库原理及应用.第3版.北京：北京邮电大学出版社,2010.

[13] 钱雪忠,陈国俊.数据库原理及应用实验指导.第2版.北京：北京邮电大学出版社,2010.

[14] 单建魁,赵启升.数据库系统实验指导.北京：清华大学出版社,2004.

[15] 施瓦茨著.高性能 MySQL 中文版.第2版.王小东,等译.北京：电子工业出版社,2010.

[16] [美]迪布瓦著.MySQL Cookbook.第2版.瀚海时光团队译.北京：电子工业出版社,2008.

[17] [美]范斯瓦尼著.徐小青等译.MySQL 完全手册.北京：电子工业出版社,2004.

[18] [美]Michael Kofler 著.MySQL5 权威指南.第3版.杨晓云,等译.北京：人民邮电出版社,2006.

[19] 简朝阳著.MySQL 性能调优与架构设计.北京：电子工业出版社,2009.

[20] 唐汉明等著.深入浅出 MySQL 数据库开发、优化与管理维护.北京：人民邮电出版社,2008.

[21] [美]贝尔著.深入理解 MySQL.杨涛等,译.北京：人民邮电出版社,2010.

[22] http://dev.mysql.com/doc/refman/5.5/en/index.html.

[23] http://download.oracle.com/docs/cd/E17952_01/refman-5.1-en.